# 媒体产品设计与创作实例研究（2024）

主编 李岭涛 徐若寒 杨颖

中国广播影视出版社

图书在版编目（CIP）数据

媒体产品设计与创作实例研究 . 2024 / 李岭涛 , 徐若寒 , 杨颖主编 . -- 北京 : 中国广播影视出版社, 2025.2. -- ISBN 978-7-5043-9303-6

Ⅰ . TN948.4；F713.365.2

中国国家版本馆 CIP 数据核字第 2024QH2310 号

## 媒体产品设计与创作实例研究（2024）

李岭涛　徐若寒　杨　颖　主编

| 责任编辑 | 毛冬梅 |
| 封面设计 | 文人雅士文化传媒 |
| 责任校对 | 张　哲 |

| 出版发行 | 中国广播影视出版社 |
| 电　　话 | 010-86093580　010-86093583 |
| 社　　址 | 北京市西城区真武庙二条 9 号 |
| 邮　　编 | 100045 |
| 网　　址 | www.crtp.com.cn |
| 电子邮箱 | crtp8@sina.com |

| 经　　销 | 全国各地新华书店 |
| 印　　刷 | 廊坊市海涛印刷有限公司 |

| 开　　本 | 710 毫米 × 1000 毫米　1/16 |
| 字　　数 | 322（千）字 |
| 印　　张 | 21.75 |
| 版　　次 | 2025 年 2 月第 1 版　2025 年 2 月第 1 次印刷 |
| 书　　号 | ISBN 978-7-5043-9303-6 |
| 定　　价 | 92.00 元 |

（版权所有　翻印必究·印装有误　负责调换）

## 编 委 会

**主　任**　李岭涛　徐若寒　杨　颖

**常务副主任**　王　俊

**副主任**（以姓氏笔画排序）

　　王文哲　席　彪　翟思睿

**委　员**（以姓氏笔画排序）

　　王晓玥　田煜薇　刘洋序

　　刘悦琪　刘　静　孙溢函

　　李　嘉　杨龙姣　何　叶

　　张芷潇　张若木　陈宝琦

　　邵一平　范　烨　单　昕

　　栾暮冬　崔丽君

## 节目制作宝典创作人员

| 案例名称 | 创作者 |
| --- | --- |
| 《十三邀第七季》节目设计宝典 | 席 彪 |
| 《闪闪的儿科医生》节目制作宝典 | 李 嘉 |
| 《守护解放西》节目制作宝典 | 翟思睿 |
| 《我在岛屿读书》节目制作宝典 | 范 烨 |
| 《一起看球！》节目制作宝典 | 王文哲 |
| 《今晚80后脱口秀》节目制作宝典 | 张若木 |
| 《天赐的声音》节目制作宝典 | 崔丽君 |
| 《说唱新世代》节目制作宝典 | 张芷潇 |
| 《声生不息·宝岛季》节目制作宝典 | 刘洋序 |
| 《Show Me The Money 10》节目制作宝典 | 陈宝琦 |
| 《2022中国诗词大会》节目制作宝典 | 田煜薇 |
| 《明星大侦探第八季》节目设计宝典 | 刘 静 |
| 《心动的信号》节目制作宝典 | 孙溢函 |
| 《海妖的呼唤》节目制作宝典 | 杨龙姣 |
| 《这是蛋糕吗？》节目制作宝典 | 何 叶 |
| 《再见爱人第一季》节目制作宝典 | 刘悦琪 |
| 《声临其境》节目设计宝典 | 王晓玥 |
| 《娱乐6翻天》节目设计宝典 | 栾暮冬 |
| 《抖音TopView》产品设计宝典 | 单 昕 |

## 原创节目创作手册创作人员

| 节目名称 | 创作者 |
| --- | --- |
| 《翻转食堂》节目制作宝典 | 范 烨　王晓玥　张若木　张芷潇 |
| 《慢慢喜欢你》节目制作宝典 | 王文哲　单 昕　孙溢函　栾暮冬 |
| 《文化传送带》节目制作宝典 | 刘 静　刘悦琪　邵一平　翟思睿 |
| 《古妆里的中国》节目制作宝典 | 陈宝琦　崔丽君　刘洋序　李 嘉 |
| 《文化织锦：丝路传承之旅》节目制作宝典 | 田煜薇　杨龙姣　何 叶　席 彪 |

# PREFACE
# 序　言

　　当下，媒体格局和传播方式发生了深刻变化。人工智能、大数据、超高清等技术飞速发展，移动应用、社交媒体、网络直播、聚合平台等新应用新业态不断涌现，深刻改变了受众获取信息以及与媒体互动的方式，特别是以ChatGPT为代表的新兴生成式人工智能技术，正引领着一场媒体领域的深刻转型，促使我国媒体产品以前所未有的速度更新迭代。媒体产品作为信息传播的重要载体，在革新过程中不断塑造着受众的行为模式、偏好观念乃至整个生活方式，也在潜移默化地影响着媒体及其相关行业的思维方式、组织架构，甚至是整体的发展道路。这不仅体现了媒体技术的进步与发展，更深层次地反映了我们的社会环境所经历的巨大转型。在复杂多变的媒介环境中，媒体产品的设计与创作已经不再是单一、孤立的活动，而是与社会各因素密切关联、互相建构的过程。

　　本书正是在这一背景下，基于高校实验性课程的实践成果编写而成，充分体现了理论与实践相结合的教育理念。内容紧密围绕体育赛事制作人才的培养需求和行业发展实际，注重教学内容与一线实践的直接对接，促进学生与专业人员的实时互动，呈现最新的成果与案例。本课程在确保学生掌握基本理论知识的同时，更注重培养学生的实战能力和动手操作能力，力求实现学生素质与市场人才需求的高度契合。在教学过程中，我们特别关注到Z世代的声音和需求，着重展示Z世代的光芒与风采。作为数字时代的原住民，Z世代对于媒体产品的理解和期待有着独特的视角，这些作品不仅展现了青年学生群体对媒体产品的深刻思考和独到见解，更展示了新一代媒体人的潜力与才华。我们欣喜地看到，年青一代的学生群体对媒体产品的理解和热爱，他们的创新思维和想象力,正在成为这个行业的原动力,为整个行业带来新的生机和启示。

　　本书"节目制作宝典"部分的十九个案例分别来自席彪、李嘉、翟思睿、范烨、王文哲、张若木、崔丽君、张芷潇、刘洋序、陈宝琦、田煜薇、刘静、孙溢函、杨龙姣、何叶、刘悦琪、王晓玥、栾暮冬、单昕;"原创节目创作手册"部分则是同学们团队合作的成果,其中范烨、王晓玥、张若木、张芷潇四位同学共同创作了《翻转食堂》,王文哲、单昕、孙溢函、栾暮冬四位同学共同创作了节目《慢慢喜欢你》,刘静、刘悦琪、邵一平、翟思睿四位同学共同创作了节目《文化传送带》,陈宝琦、崔丽君、刘洋序、李嘉四位同学共同创作了节目《古妆里的中国》,田煜薇、杨龙姣、何叶、席彪四位同学共同创作了节目《文化织锦:丝路传承之旅》。

　　本书中的每一个实例分析,都是学生们经过深入学习和广泛实践后积累的宝贵经验,是他们不懈努力的智慧结晶。每个案例都融入了同学们在思维碰撞中迸发的创意,将这些精彩的作品汇集成书,不仅是对他们成长历程的珍贵记录,更是对他们才华与努力的高度肯定。同时,我们希望通过这本书为业界注入新鲜的思维,为年轻人提供一些创新的灵感和创意。《媒体产品设计与创作实例研究》系列书籍凝聚着年轻人的创造力,也期待着为媒体行业的未来发展点燃一抹亮光,带来新的活力与灵感。本书也可以作为相关课程的教辅用书来使用,相信能够为课堂教学和学生学习提供一些鲜活的帮助。

　　作为一本汇聚年轻力量的作品,书中可能存在不足之处。我们真诚期望得到读者们的宝贵意见与指正,共同推动媒体产品设计与创作的进步。

# CONTENTS 目 录

## ○ 纪实类节目

**003 案例一：**
《十三邀第七季》节目设计宝典

**011 案例二：**
《闪闪的儿科医生》节目制作宝典

**023 案例三：**
《守护解放西》节目制作宝典

**036 案例四：**
《我在岛屿读书》节目制作宝典

## ○ 脱口秀类节目

**047 案例五：**
《一起看球！》节目制作宝典

**061 案例六：**
《今晚80后脱口秀》节目制作宝典

## ○ 音乐类综艺节目

**075** 案例七：
《天赐的声音》节目制作宝典

**084** 案例八：
《说唱新世代》节目制作宝典

**093** 案例九：
《声生不息·宝岛季》节目制作宝典

**104** 案例十：
《Show Me The Money 10》节目制作宝典

## ○ 益智答题类综艺

**117** 案例十一：
《2022中国诗词大会》节目制作宝典

## ○ 真人秀类综艺

**133** 案例十二：
《明星大侦探第八季》节目设计宝典

144 案例十三：
《心动的信号》节目制作宝典

151 案例十四：
《海妖的呼唤》节目制作宝典

170 案例十五：
《这是蛋糕吗？》节目制作宝典

178 案例十六：
《再见爱人第一季》节目制作宝典

## ○ 竞演类节目

189 案例十七：
《声临其境》节目制作宝典

## ○ 直播类节目

209 案例十八：
《娱乐6翻天》节目设计宝典

219 案例十九：
《抖音TopView》产品设计宝典

## ○ 原创节目创作手册

**235 案例一：**
《翻转食堂》节目制作宝典

**250 案例二：**
《慢慢喜欢你》节目制作宝典

**275 案例三：**
《文化传送带》节目制作宝典

**298 案例四：**
《古妆里的中国》节目制作宝典

**314 案例五：**
《文化织锦：丝路传承之旅》节目制作宝典

# 节目制作宝典

节目制作宝典是对当前各类媒体中已有媒体产品的研究，通过对媒体产品背景、嘉宾、内容流程、各要素设计、制作、商业化、受众等要素的分析，将媒体产品的设计与创作具体细化为有形的、实体的、可被复制与借鉴的表达。具体的实例分析主要聚焦于电视媒体和网络媒体的各类节目，主要有纪录片类、脱口秀类、音乐类、益智答题类、真人秀类、竞演类、直播类等七大类型，包含《中国诗词大会》《天赐的声音》《十三邀》《守护解放西》等十九个具体的案例。

具体案例及宝典创作者如下：

案例一：《十三邀第七季》节目设计宝典
    创作者：席 彪

案例二：《闪闪的儿科医生》节目制作宝典
    创作者：李 嘉

案例三：《守护解放西》节目制作宝典
    创作者：翟思睿

案例四：《我在岛屿读书》节目制作宝典
    创作者：范 烨

案例五：《一起看球！》节目制作宝典
    创作者：王文哲

案例六：《今晚80后脱口秀》节目制作宝典
    创作者：张若木

案例七：《天赐的声音》节目制作宝典
　　　　创作者：崔丽君

案例八：《说唱新世代》节目制作宝典
　　　　创作者：张芷潇

案例九：《声生不息·宝岛季》节目制作宝典
　　　　创作者：刘洋序

案例十：《Show Me The Money 10》节目制作宝典
　　　　创作者：陈宝琦

案例十一：《2022中国诗词大会》节目制作宝典
　　　　创作者：田煜薇

案例十二：《明星大侦探第八季》节目设计宝典
　　　　创作者：刘　静

案例十三：《心动的信号》节目制作宝典
　　　　创作者：孙溢函

案例十四：《海妖的呼唤》节目制作宝典
　　　　创作者：杨龙姣

案例十五：《这是蛋糕吗？》节目制作宝典
　　　　创作者：何　叶

案例十六：《再见爱人第一季》节目制作宝典
　　　　创作者：刘悦琪

案例十七：《声临其境》节目设计宝典
　　　　创作者：王晓玥

案例十八：《娱乐6翻天》节目设计宝典
　　　　创作者：栾暮冬

案例十九：《抖音TopView》产品设计宝典
　　　　创作者：单　昕

# 纪实类节目

《十三邀第七季》节目设计宝典
《闪闪的儿科医生》节目制作宝典
《守护解放西》节目制作宝典
《我在岛屿读书》节目制作宝典

# 案例一：

## 《十三邀第七季》节目设计宝典

深度对话、访谈纪实类节目《十三邀》自2016年开播以来，业已七季，正如其名，每季邀请13位不同领域的代表嘉宾和主持人许知远进行对话。在影像构建的审美图景中，故事感人的温暖、过往离心的黯然……对话交往中的思绪情感与嘉宾的文化身份相契合。主持人偶或点评嘉宾，以自我视角在镜头前大胆表达主观感受，这与传统的访谈节目不符，互联网评论对此褒贬不一，却是新意之处，二人对话观念碰撞，舍弃中立客观的态度，从偏见视角让观众觉察人物故事，走近嘉宾的日常生活情境与工作场景。

《十三邀》第七季，许知远对话冯远征《人生的定义性时刻》，本文将以此为例进行剖析。本期叙事拍摄的空间主要包括北京人艺的剧场、排演厅、食堂，以及灯草胡同；叙事内容主要包括冯远征的跳伞爱好、德国留学经历、在北京人艺的工作、过往演绎的角色回顾；情感主线是冯远征个人发展道路上的几个转折瞬间，即定义性时刻以及北京人艺老中青三代对艺术的坚持与传承。

"北京人艺院长冯远征在充满崇敬地传承这份工作。"（来自视频弹幕）他说："老艺术家擎起的这面大旗，我们已经接过来举得很好了，那我不希望传到下面的时候缩水，我不希望大旗慢慢倒下去。"通过浏览腾讯视频原版纪录片的评论弹幕，观众在这期节目内容的深度思考上呈正向反馈，其中不乏对演员冯远征的赞誉、对北京人艺演出的期待，以及对些许言语表达的共鸣。

内容分层包含：冯远征执导话剧《正红旗下》；饰演的安嘉和角色、参演电影《百花深处》；话剧《日出》里面的青年演员与北京人艺的传承、德国留学经历；个人成长（大院子弟、跳伞运动员）。该综艺在生活场景化叙事与观众主体化观赏方面，注重内容与生产的统一性，既有"故事欲"，又具"生活流"。下面就试从三方面浅析，以期参考。

## 一、拍摄制作的"生活流"与专业性

### （一）镜头语言的"生活流"与画面调度的专业性

随着赞助商小片的冠名播报，5秒片头后是许知远与冯远征的采访花絮，工作人员来回走动、摄像机正常开启、各方调整的同时，镜头中的他们从局促和尴尬中开启话题。片引以拍摄日常拉近与观众的距离，引起观众的兴趣，在群像的忙碌中，两位主角即是焦点所在。

镜头跟随许知远深入到幕后，穿过走廊，走进排练厅。摄影师捕捉到许知远专注的神态，以及冯远征匆匆赶来的场景。画面因冯远征的焦急而摇晃，构图呈现出倾斜感，使着急碰面的氛围愈发浓厚。在排练厅的成片画面里，巧妙的机位设置和镜头调配，捕捉到关键对话时二人神情的细微之处。当许知远与冯远征开始对话时，摄影师注意到他们眼睛注视的方向，留白处理使画面切换更为自然。在拍摄人物讲述时，片中运用了运动镜头，避免了枯燥无味的感觉。谈到老舍的话剧作品，思考"如何用表演的方式展现京味特色"，摄影师将焦点放在许知远身上，强调了对话的互动性。二人对话、剧场排演等场景，运用了大量的由虚到实的拍摄技巧，通过逐渐聚焦、将前景虚化，突出讲话的主体，营造出一种梦幻般的效果，使得画面更加生动且富有层次感。这样的拍摄方式，不仅展现了人物的真实情感和互动，也让观众更深入地理解了幕后的故事。同时还有倾斜构图，打破了常规的平衡感，使得画面更具动感和视觉冲击力。不仅突出了人物的情感和动态，还增加了画面的视觉效果，使得整个画面看起来更加丰富和生动。

排演结束镜头跟随着去食堂，一路跟拍用餐人员抬头好奇的神情、二人打菜的场景……拍摄画面抖动、笨拙，却体现了生活化和真实感。采用过肩跟拍的方式，结合全景、中近景等不同景别，捕捉二人吃饭的瞬间，使画面始终保持活力。二分构图法，将画面分成左右两部分，一部分是冯远征，另一部分是许知远，画面均衡有序，一种韦斯安德森的对称美学扑面而来。在整个拍摄过程中，摄影师不断地调整角度和构图，以捕捉到最佳的画面效果。二人的单人近景眼睛占上三分线交点处，也有些许画面不侧重讲究平常的构图，搭配摇摄手法，使画面从对话者的面部转移到手部细微的动作。谈到回国缘由时，冯远征讲"不照镜子不知道自己是外国人，那种局外人的感觉很明显"，此时的画面给到了餐桌一侧的落地镜，镜子里的冯远征款款道来，镜像外是二人的对坐，对应台词的拍摄图景，别有趣味。

话题转变，在二人对话的画面里，飞机起飞的声效渐起，继而衔接到飞机飞行、建筑仰视的空镜，几句旁白字幕交代了冯远征终止德国求学、回到中国的转折。类似以声效、神情动作进行转场的画面调度很多，切换剪辑的操作依照叙事的逻辑线进行，在片引设问"你怎么看待残酷？"冯远征则静默若有所思状，直至片末部分答案方才揭晓，片引制造悬念、吸引观众，而后以做回应……画面调度的构思与设计是专业素养的展现。

### （二）场景选择的"生活流"与版面设计的专业性

实木装修的剧场书店里，许知远与冯远征居画面三分之二，桌角作中线为二分法构图，一人一书，一茶一椅，真趣相生。天台上，灰瓦砖墙、发黄的树叶、阴霾的天气，层次分明的空间结构透露着冬天的冷峻，灰黄的靠椅与轻松对话的二人增添了画面的几番惬意。这个室外场景设计在冬日较为难得，画面的饱和度较低，拍摄设备虚化背景让场景营造出静谧气息，后期也调出了高级的氛围感。

前往露台对话的路上，冯远征指向一家店铺，向主持人分享下班日常，二人望向一侧，画面衔接到所指饭馆，运用眼神动作进行转场，衔接自然。搭配系列空镜，有抬头望向道边树木的穿梭感、露台周边的居所、天空的阵阵飞鸟、路边车辆的行进、店铺的张罗……通过他们的互动和交流，展现了胡同生活的气息和独特韵味。在道路线条的引导下，许知远和冯远征在胡同中的身影渐行渐远，这已是片尾，两人在胡同散步，聊起《百花深处》，人影缩小，片尾升华。冯远征最后说："（变迁中，有时候）最应该留下的，应该是老的东西，能让我们感受到历史感与生活的烟火气。"

话剧《正红旗下》排演的相关简介画面，使用了分屏处理，一半剧场的纪实画面，一半动态字幕的竖式编排，按时人艺演员的新老交替以及因疫情停演后第一次联排等意义。后续几帧画面也是同样的分屏，左半面是不同年龄段冯远征的个人照片，右半面是个人定义性时刻的简述，如"16岁学习跳伞，为跳伞放弃高考……22岁报考电影学院，因为'形象不佳'而落榜……1996年回归人艺舞台，潜心话剧"。字体出画时间舒适，字体大小有异，关键字眼被放大。"征，你应该把格洛托夫斯基学完"这是冯远征自述德国求学起因时的字幕，黑幕白字，居中聚焦，音频与字幕同时进行，这种设计在整个节目的观看节奏中起到了关键作用，是对观众情绪的有效带动。广告赞助的特殊设计，此处略去。片尾挂历般的排版，左侧小竖框是每期节目的上映时间，底部画框是许知远道出的节目标语，中间则是画中画效果的广告视频以及合作方的标志排列，如此排版，既文艺又有视觉舒适性。

## 二、赞助、传播的"生活流"与多样化

### （一）广告画面的"生活流"与曝光手段多样化

广告赞助与节目调性的良性关系，就像星辰与夜空的交相辉映，是相互成就的美景。沃尔沃SUV选择赞助《十三邀》，这不仅因为《十三邀》的观众群体与品牌目标客户有着极高的契合度，更因为这档节目所传递的生活态度、文化思考与品牌理念高度一致。《十三邀》的每一期节目，更像是一部生活的纪录片，记录着那些关于人性、文化、社会的深度对话。而沃尔沃品牌也像是那些在探索人生道路上的旅人的伙伴。品牌理念是"安全、低调、高雅"，与《十三邀》所倡导的真实、深入、有思考的对话风格相得益彰。

该节目对于赞助品牌的特定、单一产品，采用不同的播出时间和广告形式，以保持广告的新鲜感和观众的注意力。在不同的时间段，使用了不同风格的广告画面和时长，避免了观众对同一广告产生视觉疲劳。通过创新广告内容和形式，提升观众的注意力，使他们对广告产生更好的记忆效果。这种多元化的广告策略不仅增加了品牌的曝光度，也提高了观众对产品的认知度和购

买意愿。

节目主持人许知远亲自参与广告拍摄，节目部分场景选择在车内，展现了驾驶的体验性。"去探寻辽阔、无用之事，气候缘何变迁，一个黑洞的质量。去贴近具体、细微之物，用锄头切开泥土，听清晨菜场的叫卖声。世界与生活的肌理，总蕴含意外的感受，引你不断发现，生命与爱的况味。"这是节目中间部分的长广告台词，将品牌的特点、品质和理念融入广告之中。主持人个人魅力与品牌形象构成了一种独特的组合，进一步强化了沃尔沃SUV在消费者心中的形象。另有赞助角标与节目logo的动效转换，"在舞台上创造生命、在戏剧中关注灵魂"等赞助排版设计。这样的广告赞助，不仅是一种商业的合作，更是一种文化的交流和思想的碰撞。沃尔沃SUV通过赞助《十三邀》，成功地将其品牌理念传递给了那些对生活有追求、对文化有思考的消费者。而《十三邀》也因为品牌的赞助，获得了更多的关注和支持，得以继续深入地探索和呈现那些关于生活和人性的真实故事。

### （二）平台传播的"生活流"

《十三邀》在优酷视频上映原版时长的纪录片，在B站以中视频为主，在抖音等平台以短视频为主。其中，除原版纪录片外，片段、花絮的制作都有特定的背景与字体设计，适应不同平台受众的浏览习惯。在微信公众号上，进行海报、采访文摘等宣发，内容篇幅通常短小、易读。大小屏幕联动、适应受众不同生活场景的屏幕使用情况与浏览习惯。作为品牌节目，《十三邀》还出版了相关书籍，宣发运营的矩阵呈立体化、多样化。

## 三、纪实采访的"故事欲"与受众共鸣

### （一）定义性时刻的"故事欲"

拍摄很正式，许知远笑着回答"混乱"，冯远征说"像我的人生一样，在混乱中有序进行"，紧接着，回忆特效展现了冯远征青年时期跳伞的画面，飞机轰鸣、背包打开的音效带来真实感。由冯远征的跳伞陈述引出过肩镜头，冯远征的语言表达极具张力，对跳伞的动作可以用拟声词绘声绘色地表达出来。

他称自己在跳伞的时期学会了骂街,"骂街其实是在骂自己"。

回顾演过的经典角色"安嘉和",以及因出色演绎负面角色给自己现实生活带来的种种影响,冯远征说:"接受(风评受害这件事),因为观众不会把角色和演员本人分开,他永远是带着一种情感。他恨你的时候,说明他爱这个角色。从这个角度来说,这是一个演员的幸福。"与同类节目《开讲啦》不同,"开讲"节目嘉宾的丰富阅历好似一本书待观众起卷阅读,二者的不同在于,《十三邀》不是演播室节目,没有台上的拘束性。纪实采访的形式自由,分享故事也相对轻松,可以按照时间的维度多次拍摄记录。"最初选择落空了,另一个莫名其妙的选择出现了,然后他被这个新的选择所塑造。他有穿墙的欲望,他的人生从各种墙穿过去,最后又回到一堵墙。"许知远在片引部分如是评价,定义性时刻的内心抉择、时代境遇具有激发观众探索"故事欲"的潜在可能性。

### (二)工作场景的"故事欲"

冯远征的日常工作对普通观众具有新鲜感:他在指导年轻演员的台词问题、肢体语言等方面,以自身细腻的表演示范,来引导演员进入角色的情感世界……该片段播放区的评论或弹幕区出现"一针见血""老戏骨的专业性"等字眼。这种深入的情感沟通方式,使演员们能够更好地理解角色的内心世界,进而在表演中呈现出更加真实、生动的效果。

冯远征注重细节的刻画,如调整演员的面光、调整道具站台的位置以营造出特定的氛围和情境。"现在的我是有责任的冯远征"镜头出画,记录了他的关键语句,这也成为节目后半部分提纲挈领的一句话。

排演的观众席上,《十三邀》节目组的工作人员片场找冯远征佩戴小型麦克风,他看着同事顿了顿,回复:"带麦,那万一说点秘密的话就录进去了。"

联排结束后,镜头捕捉到了冯远征去走廊桌子上找眼镜,镜头变焦到暖水瓶,以细微之处作为画面落点。执导话剧时体现的专业技能,背后是他对于情感与细节的敏锐捕捉,是深入角色的内心世界,以及演员与角色之间的情感交流,这些都是观众所想要探索的地方,年轻演员与冯远征演示后的效果反差,以及交流时融洽轻松的气氛，满足了观众的"故事欲"。

### （三）给予受众更多附加价值

有颜有料，观众有持续性观看体验。本期节目的叙事顺序尊重受众观看的主体性，非虚构拍摄记录着生活场景化的镜头画面，让观众感受到可接近性，叙事情绪更易共鸣。例如，冯远征谈到离开德国时，酒醉的自己缺少了归属感，以爆粗口的方式逼自己离开，意识到自己说了脏话后的冯远征即时收了回去，节目正片没有将这段删去，播放区的实时弹幕表露着观众对冯远征的喜爱。这段内容的趣味性，画面可亲、场景可接近，让观众感受到真性情；首次展现的排演画面，因场地灯光缘故得以凸显台上的表演者，周遭暗角、底下滚动字幕介绍着话剧的剧情与背景，仿若置身剧场，给观众以电影感叙事，跟随节目的进度，观众在观看聚焦主体却不失焦。

观众看节目是在寻找观点认同。"我觉得我有新的某种飘零感吧，我想寻找某些思想的力量。"许知远的这种独白和采访手记一样，"如果你生活在一个扩张的时代，其实有很多力量推着你往前走。和嘉宾交流，其实我们最终记住的也是他们人生中的定义性时刻，怎么应对的，我想寻找这种内心的力量。这么容易充满希望，又这么容易破灭，这本身就是问题。"现实生活中，很多人亦是如此，这种共性的共鸣正如巴纳姆效应，描述了笼统和一般性的人格。在节目中，冯远征与濮存昕、与工作人员以及主持人的相处方式，观众亦可找寻到思考的点，这种社交模式承载着人际交往的理念。比如，工作人员问前往排演的冯远征是否要水；走廊里忙碌的人们脚步匆匆，互相致意问候的画面；《正红旗下》首演结束时，冯远征与演员致谢，更衣室相互拥抱鼓舞；再如片末，人艺老中青三代对艺术创造的传承，以及胡同里渐远的背影……娓娓道来的叙事，治愈着观众的期待，给予情感抚慰，在快节奏的时代能够观看长视频，本身就是很难得的事。

## 四、满足观众的"故事欲"，保持制作的一致性

一档综艺纪实类节目，满足观众的"故事欲"是制作的底线思维之一。策划与拍摄时要捕捉到细节，于细微之处显露真情实感。运用专业技巧和敏锐的

观察力，聚焦于那些能够揭示真情实感的微妙元素。这包括嘉宾间的互动、非言语沟通以及环境中的细微变化等。通过捕捉这些细节，我们可以为观众呈现生动而真实的画面，引发他们深层次的情感共鸣。通过环节设计与剪辑处理，让观众有持续性的观看体验。在节目设计中注重节奏感与悬念的设置是提升成片观看体验的重要策略。通过巧妙的剪辑和处理，可以将不同环节进行有机串联，形成流畅而有趣的节目流程。运用适当的剪辑手段，以期有效地引导观众情绪，使他们更加投入于节目中。场景"生活化"带来的可接近性以及融入社交元素，使观众更深入地了解嘉宾和节目背后的故事，得到情绪抚慰、情感共鸣。持续性观看体验可以让广告赞助得到有效曝光，情感共鸣可以进一步细腻传达正向理念。

保持节目定位的统一性和内容制作的一致性是打造节目品牌、实现广泛传播的基础。在策划与拍摄过程中，我们必须确保各种制作手段与节目的主题和定位相一致，这包括前期的拍摄技巧、现场的布局与安排以及后期的版面设计与剪辑等。只有当这些元素相互匹配并形成一个连贯而一致的整体时，才能确保节目的品质与连贯性，从而更好地吸引和留住观众。

# 案例二：

# 《闪闪的儿科医生》节目制作宝典

## 一、节目简介

《闪闪的儿科医生》不仅是一档医疗纪实节目，更是一扇让观众深入了解医生日常工作的窗口。通过镜头，展现儿科医生的专业、奉献与温情，让社会更加理解和尊重这个职业。作为一档无流量明星、原生态记录儿科医生工作日常的纪录片，《闪闪的儿科医生》突破重围，收获了影视与口碑的双赢，也为如何讲好新时代医生故事带来了更多的启示和思考。

1.节目类型：医疗纪实类节目

2.播出平台：深圳卫视、哔哩哔哩

3.播出时间：每周六晚9：30

图1 《闪闪的儿科医生》海报图

（图片来源：https://movie.douban.com/photos/photo/2890844896/）

## 二、节目概述

### （一）节目基本信息

#### 1.节目背景与主题

《闪闪的儿科医生》是一档以儿科医生为主题的纪录片，旨在展现医生们的工作与生活，让观众更加了解和尊重这个职业。中国作为一个拥有庞大医疗体系的大国，儿科医生是医疗体系中的重要一环，但儿科医生一直面临着工作量大、医患关系紧张等问题。随着社会的发展和人们对健康的重视程度不断提高，儿科医生的工作压力和挑战也越来越大。在这样的背景下，一档以"儿科医生"为主题的纪录片应运而生，通过镜头记录他们的真实工作和生活，让更多人了解这个职业的艰辛和付出。

《闪闪的儿科医生》主要聚焦于儿科医生的工作与生活，以及医患关系的处理等方面。通过深入挖掘医生的日常工作和生活，展现了医生们的专业精神和对患者的关爱与责任。同时，节目也呈现了医生与患者及家属之间的互动和信任建立的过程，让观众更加了解和尊重医生的工作。该节目通过真实、客观、深入的拍摄手法，呈现了值班医生的工作状态，记录了他们如何处理各种复杂、棘手的病患的过程。同时，通过讲述人物故事，展现了他们在平凡岗位上的不平凡精神。

《闪闪的儿科医生》通过深入挖掘儿科医生的工作与生活，展现了医生们的专业精神和对患者的关爱与负责，让观众更加了解和尊重这个职业。同时，节目也呼吁社会更加关注医生的付出和医患关系的处理，共同营造一个更加和谐、互信的医疗环境。

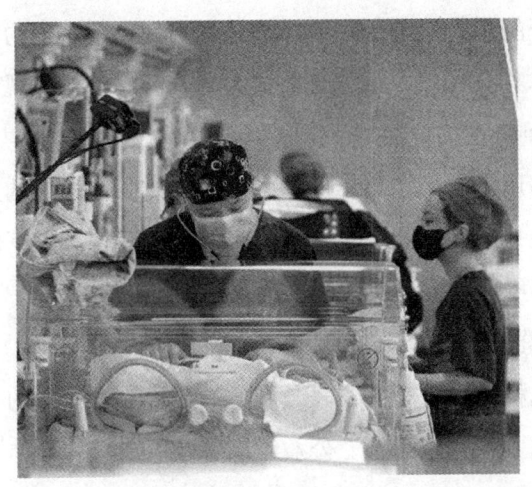

图2 《闪闪的儿科医生》剧照

（图片来源：https://bkimg.cdn.bcebos.com/pic/241f95cad1c8a786c91700bc4551de3d70cf3bc7fa73?x-bce-process=image/format,f_auto/resize,m_lfit,limit_1,h_1000）

2.节目目标与受众

《闪闪的儿科医生》以真实的故事和生动的画面，展现儿科医生的工作与生活，普及医学知识，引导不同群体的关注。

家庭关怀者：节目的主要受众群体。通过观看节目，他们可以更加了解儿科医生的职业特点和工作内容，学习科学育儿的知识，从而更好地照顾孩子的身心健康。

医疗领域爱好者：这个节目可以让观众深入了解医生的日常工作和生活，以及医患关系的处理等方面，满足他们对医疗行业的探索和好奇心。

医学学子与初涉职场者：通过收看节目，医学学子与初涉职场者可以了解这个职业的艰辛和付出，激发他们对医学事业的热情和追求。

3.节目平台与赞助

（1）节目播出平台

《闪闪的儿科医生》由哔哩哔哩、深圳广电集团等联合制作，是一档大型治愈系医疗纪实节目。该节目以深圳市儿童医院儿科医生的工作日常为焦点，通过真实、旁观的角度记录令人动容的场景，刻画了医生的多维形象和医院的人间悲喜。每季共有10期，每集时长约为49分钟。首播电视台为深圳卫视，网络播放平台则为哔哩哔哩。

哔哩哔哩的用户偏年轻化，加上中广天泽传媒在背后的大力支持，使这部医疗纪实类纪录片突破性地在年轻人聚集的平台获得了极高的关注度，使该纪录片具备了更多可能性，激发了年轻观众的兴趣点。

（2）节目赞助

《闪闪的儿科医生》是多方联合制作的节目，合作方的类型多样，因此医疗机构、医药企业、健康品牌、公益组织、政府机关、媒体平台等都有可能去赞助，例如节目目前的广告商是999小儿感冒药。

医疗机构：儿童医院、儿科诊所等医疗机构可能会赞助这档节目，以此提高公众对儿童健康的关注，同时展示其专业服务和医疗技术。

医药企业：生产儿童药品、疫苗或医疗器械的企业可能会出资赞助，以期在节目中展示其产品，提升品牌形象，并与目标受众建立联系。

健康品牌：专注于儿童营养、健康食品或生活用品的品牌可能会对该节目感兴趣，希望通过赞助传达其关注儿童健康成长的理念。

公益组织：致力于儿童健康、医疗援助或医患关系改善的公益组织可能会提供资金支持，以推动节目传递正能量，促进社会对医疗行业的理解和尊重。

政府机构：地方政府或卫生部门可能会提供赞助或支持，以推动公众健康教育和医疗知识的普及。

广告代理商：广告代理商会代表其客户（即上述提到的任何类型的企业或组织）与节目制作方接触，协商赞助事宜。

媒体平台：播出该节目的电视台或在线媒体平台可能会提供制作资金或资源共享，以确保节目的顺利播出和推广。

### （二）节目形式与特色（核心竞争力）

节目呈现形式在传统新闻纪录片基础上大胆突破，融入大量综艺元素，不同于以往"高大上"的医疗宣传，节目在构思之初就定位于展示更接地气、更有人情味儿的儿科医生形象。该节目采用纪实类节目的形式，以现场拍摄和采访为主，结合后期制作和编辑，呈现出真实、生动、感人的画面与故事。节目的特色在于真实性和客观性，通过现场拍摄和采访，让观众能够真实地了解儿科医生的工作日常，以及他们如何处理各种复杂、棘手的病情。同时，节目还注重深度和广度，不仅关注病例的处理过程，还通过人物故事的讲述，展现出他们在平凡岗位上的不平凡精神。

《闪闪的儿科医生》作为一档医疗纪实节目，具有多种形式与特色。从纪实风格、故事化叙事到情感关怀、科普知识与医学教育等方面，节目都展现了独特的魅力和价值。通过这些形式与特色的呈现，节目成功地为观众提供了一个了解儿科医生职业的窗口，传递了医生的专业精神和对患者的关爱与负责，同时也呼吁社会更加关注医患关系的和谐发展。

## 三、节目流程与内容策划

### （一）节目流程

表1　节目流程表单

| 序号 | 环节 | 时间 | 内容 |
| --- | --- | --- | --- |
| 1 | 片头小片 | 10秒 | 展示播出平台 |
| 2 | 广告小片 | 30秒 | 本期节目赞助商 |
| 3 | 节目高光混剪小片 | 1分钟~1分钟30秒 | 本期节目主题及看点 |
| 4 | 节目标识 | 5秒 | 展示节目logo及本期主题 |
| 5 | 广告 | 8秒 | |

续表

| 序号 | 环节 | 时间 | 内容 |
|---|---|---|---|
| 6 | 素材法律隐私声明 | 3秒 | |
| 7 | 正片1 | 5~8分钟 | 展示第一个病例,包括人物介绍、患者病情、治疗过程、主治医师介绍及解读、医疗科普、病情总结等环节 |
| 8 | 正片2 | 5~10分钟 | 展示第二个比较有代表性的病例,病例之间可能会插入病例合集片段,一般是情况较为相同的病例,大概是5~8个,时间为3分钟 |
| 9 | 正片3 | 20分钟左右 | 比较具有代表性的病例,会较为详细地展示,并且有手术画面和术后回访,有些还会邀请病患在术后参与广告拍摄 |
| 10 | 本期节目总结 | 2~3分钟 | 对本期节目内容和主题进行总结,一般是用现实画面素材+后期制作 |
| 11 | 下期预告 | 1分钟左右 | 对下期节目的主题和内容进行预告,放出较为精彩的画面内容以吸引观众 |
| 12 | 广告 | 1分钟左右 | |

## (二)内容策划

**1.人物故事与情感展现**

《闪闪的儿科医生》在拍摄上选择了全实景拍摄手法,没有事先彩排,一切素材和人物故事都取决于在医院中发生过的真实场景。在最终的内容呈现上,不仅包括紧张焦灼的手术情景,更聚焦于一幕幕真挚温情的医患互动和家属情感。

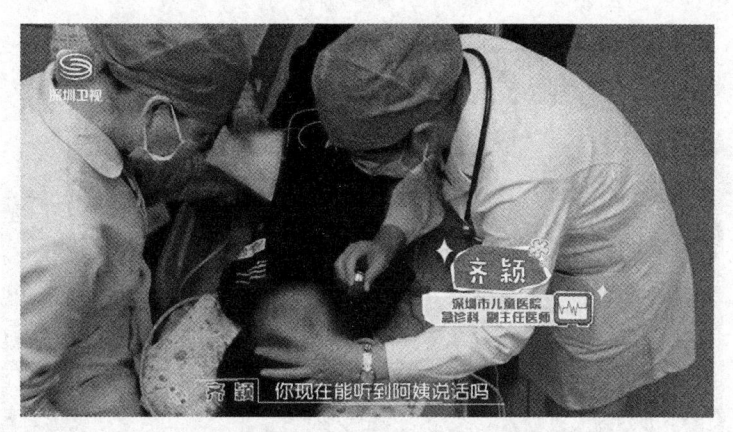

图3 《闪闪的儿科医生》节目截图

（图片来源：https://www.bilibili.com/bangumi/play/ep747478?vd_source=013de6d4abf2cdc05df197c110bbeef4）

节目以儿科医院为背景，展现了诸多儿科疾病及相应的治疗过程，通过真实的案例，所呈现的儿科医生形象，不再是严肃刻板、一丝不苟的手术机器，而是有血有肉、专业耐心的健康守护者，不仅让观众了解到儿科医生的辛勤付出和专业技能，也提醒家长要关注孩子的身心健康。

2.病情总结与医学科普

每个病例的呈现中，交替展示医生对病情的解说、儿童健康知识的科普，内容涵盖常见的儿科疾病、预防方法、患者病情和手术分析、手术步骤解读等。每期节目结束后，对整期内容进行总结，强调观众的预防意识，同时为人们提供科学的育儿知识。

3.嘉宾选择与小片设计

第二季的节目延续了以深圳市儿童医院为核心的记录主线，深入展示了都市儿科医生的日常工作。此外，节目还邀请了相关资深医师对病例进行纵深分析和深度科普，取得了良好的社会反响。主要的出镜嘉宾依然是深圳市儿童医院的医师，因此在节目中间穿插了相关人物小片和海报，采用童趣漫画感的设计，增添了综艺的趣味。

图4 《闪闪的儿科医生》节目截图

（图片来源：https://www.bilibili.com/bangumi/play/ep747478?vd_source=013de6d4abf2cdc05df197c110bbeef4）

## 四、拍摄规划

### （一）拍摄设备选择与使用

拍摄团队不仅充分利用医院原有的监控素材，还精心选取多个场景进行布点，拍摄了11个重点科室，包括急诊、心胸外科及泌尿外科、骨科等。节目组在长达两个月的拍摄过程中，大致记录了3000~4000个病例，但最终成片只有40~50个。以无介入式跟拍记录下深圳市儿童医院各个科室医生和医护人员的日常工作。在使用设备时，团队特别注意保护设备的安全和稳定性。在拍摄之前，与当地医院和相关机构进行了充分沟通，了解可用的拍摄场地，并做出明智的选择。如果需要租赁场地或设备，也提前制订了预算和详细的安排。

### （二）拍摄内容选取

《闪闪的儿科医生》拍摄内容主要围绕儿科医生的日常工作展开，包括日常看诊、医学知识与科普教育、热门育儿话题以及医患关系处理等多方面的内容。节目力求以多角度、全方位的方式还原最真实的儿科医院场景。在选取内容时，特别注重选择最真实的日常病例，并将相关联的病例巧妙地合成为一期节目，以展示儿科医生的专业素养和医疗实力。

## 五、隐私保护

### （一）拍摄要征得当事人同意

在拍摄过程中，要尊重被拍摄对象的隐私权，不侵犯他们的个人隐私。确保拍摄内容仅限于公开场合和公共事件，避免拍摄私人场所和私人活动。在拍摄前，要与被拍摄对象充分沟通，并征得他们的同意。确保他们了解拍摄的目的、内容和方式，并同意接受拍摄。对于涉及敏感信息的被拍摄对象，要采取更加严格的保密措施。

节目在开始之前也会有相应的提示："本节目出镜主人公均已获得本人或其监护人同意拍摄，其个人信息和隐私受法律保护，任何人未经授权不得擅自非法使用、泄漏或传播。"

图5 《闪闪的儿科医生》节目截图

（图片来源：https://www.bilibili.com/bangumi/play/ep747478?vd_source=013de6d4abf2cdc05df197c110bbeef4）

### （二）模糊处理并严格保密

对涉及个人隐私的敏感信息，要进行模糊处理或打码处理，以保护被拍摄对象的隐私。例如，对于人脸、姓名、地址等敏感信息，可以通过模糊、剪裁、打码、变声等处理。同时，对于拍摄内容和素材，要严格保密，避免泄漏给无关人员。加强后期制作人员的培训和管理，确保他们了解隐私保护的重要性，并遵守相关规定。

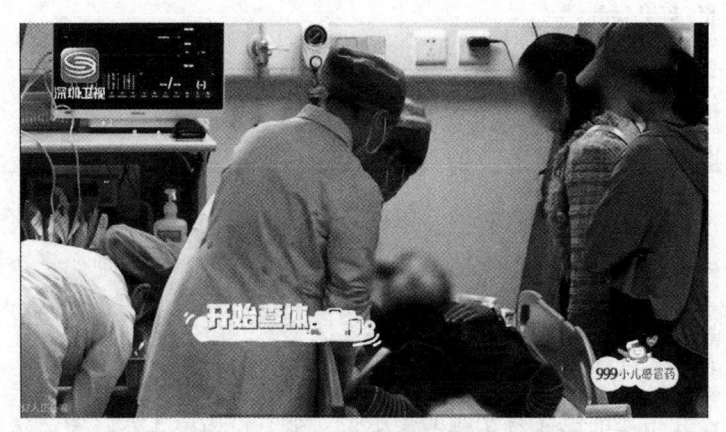

图 6 《闪闪的儿科医生》节目截图

（图片来源：https://www.bilibili.com/bangumi/play/ep747478?vd_source=013de6d4abf2cdc05df197c110bbeef4）

## 六、后期制作

### （一）画面剪辑技巧与应用

在画面剪辑中，制作方注重剪辑的流畅性和连贯性。通过合理的剪辑技巧和应用，使得画面更加生动、有趣。同时，制作方也关注到画面的色调、对比度等方面的调整和优化，提高了画面的视觉效果。剪辑时有效借鉴了国际优秀医疗类节目的叙事表达、特效包装。

### （二）音效处理技巧与应用

在音效处理中，制作方注重节目音效的选择和搭配。通过合理的音效处理技巧，使得节目更加生动有趣。同时，对音效的音量、音质也进行了调整和优化，以提高音效的听觉效果。

### （三）特效制作技巧与应用

在特效制作中，制作方着重注意特效的选择和搭配。通过合理的特效制作技巧和应用，使节目更加生动、有趣。同时，也积极调整和优化特效的渲染质量和流畅度等相关内容，提高特效的视觉效果和观感体验。

## （四）节目包装设计与呈现

《闪闪的儿科医生》的制作团队由《守护解放西》的原班人马组成，其借鉴了之前的节目拍摄和制作经验，由该团队承担节目的整体包装设计和呈现效果，有效提升了节目的观感和吸引力。

在包装设计中，特别注重色彩搭配、字体选择、图形元素等方面的设计，营造出符合节目主题和风格的视觉效果，并打造出了具有独特性和辨识度的节目品牌形象。在呈现方面，注重节目的整体效果和细节处理，以确保节目以高质量和高水平呈现，给观众带来良好的观感体验。

本节目主要采用蓝白两色进行字幕和画面的包装，与医疗主题相贴合，花体的字幕、俏皮的动画也有益于在观众观看时缓解紧张的情绪。

图7 《闪闪的儿科医生》节目截图

（图片来源：https://www.bilibili.com/bangumi/play/ep747478?vd_source=013de6d4abf2cdc05df197c110bbeef4）

## 七、节目审核与发布

### （一）节目内容和制作审核

节目内容经过严格的审核，确保不含有违法、违规、不良信息或误导观众的内容，除此之外有涉及医学知识、诊疗过程、患者隐私等内容还会特别谨慎处理，包括梳理病情和治疗过程、给手术画面打码等，避免误导观众或侵犯他人权益。同时会邀请一些具有医学背景和知识的人员参与到审核工作中去，以确保节目内容的准确性和专业性。

节目组在制作过程中遵守相关的制作规范和标准，确保节目质量和技术水平符合要求。节目在播出前也经过了相关机构的审核，确保节目内容符合播出要求和播出标准。审核人员对节目进行全面审查，包括片头、片尾、字幕、配乐等各个方面，确保节目整体符合播出要求。

### （二）节目发布与反馈机制

《闪闪的儿科医生》采用互联网平台与深圳卫视同步播放的网台联动模式，传统的"电视大屏"与新媒体"移动小屏"的结合，使节目脱颖而出。

节目导演组持续跟踪网络平台的评论区与弹幕区，及时发布导演手记，积极听取观众对于节目内容和制作形式的意见与反馈，及时处理观众的投诉和意见，对节目中出现的问题和争议积极回应并采取措施进行整改。

哔哩哔哩极具特色的弹幕文化使得纪录片在平台播放的同时，可以实时获取到观众的反馈，形成观众和主创的讨论氛围，为节目后期的创作提供思路，缩短节目组反应和调整周期。同时网络平台为大量博主提供了二次创作的土壤，很多博主选取节目素材进行二次剪辑和包装宣传，增强了发酵时间，这种"自来水式"的宣传也有利以多种形式进行普及，让更多人看到。

# 案例三：

# 《守护解放西》节目制作宝典

## 一、节目概述

《守护解放西》是一档警务纪实观察类真人秀节目，以湖南省长沙市坡子街派出所民警为人物核心，深度展示大都市核心商圈的城市警察日常工作。[①]通过观察记录式的拍摄手法，节目展现了法、理、情、事在警情复杂地带的处理，同时通过故事普及相关安全和法律常识，呈现了有担当、有理性、有人情的人民警察形象。[②]

## 二、节目宗旨

2019年是中华人民共和国成立70周年，《守护解放西》以真实的镜头和年轻化的表达方式，还原了派出所民警的日常工作场景。通过展示基层人民警察的形象和警民关系，反映社会问题，进行法律教育，普及和推广相关法律常识，倡导观众关注构建富有活力和效率的新型基层社会治理体系议题，让年轻一代看到国家和民族真正的英雄。

---

[①] 百度百科.守护解放西[EB/OL].（2023-10-20）[2023-11-25].http://baike.baidu.com/view/22218458.html.

[②] 孙慧.基于互动仪式链理论的用户弹幕刷屏现象探究——以B站《守护解放西第三季》为例[J].科技传播，2023（15）：116-119.

## 三、前期策划

### （一）选题策划

1.主题选择——派出所案件

派出所里面没有大案要案，一天几十上百个案子，坡子街派出所出警的最高纪录是一天171起警情，最少的时候一天也有30起。70%~80%都是鸡毛蒜皮、家常里短的小事，处理这些事情既需要街头智慧，又不能失去法律原则。以调解为主，又能够跟观众距离很近，能引发情感的共鸣。

2.播放平台——B站（哔哩哔哩平台，以下简称B站）

B站是一个专业性强、受众定位精准的平台，拥有丰富的内容类型，包括纪录片、影视剧、动画、综艺等。具备强大的传播力，可以通过平台推荐、热门榜单等方式，将纪录片《守护解放西》推送给更多的潜在观众，提高知名度和影响力。

B站用户热衷于参与互动、评论、弹幕等功能，可以让观众在观看纪录片的同时，实时发表自己的看法和感悟，形成一个良好的讨论氛围。

3.目标观众

B站用户对应主体画像为15~30岁人群，是Z世代、觉醒的一代，怀抱着信仰和激情，对于公平正义等更加在意，是自信阳光的一代。

B站数据显示，95后的年轻人对制服系相关内容特别感兴趣，但是平台上并没有太多优质的内容可以提供给年轻人。

4.节目时长

节目定位是纪实性的观察类节目，根据网络时间来定一般是45分钟一集，《守护解放西》每集30分钟左右，基本符合受众收视习惯。

5.分析市场需求

（1）现实题材：当前社会对现实题材的关注度较高，尤其是涉及警察执法、社会治安等方面的内容。该片以真实案例为背景，具有较高的市场吸引力。

（2）法制教育：随着社会法治意识的不断提高，观众对法制教育类节目的需求也在增长。《守护解放西》通过真实案例的讲述，起到了普及法律知识、增强观众法治意识的作用，具有积极的社会意义。

（3）年轻化需求空白：在基层工作的宣传节目当中，缺乏拥抱年轻态的表达，在新时代新语境下贴近年轻人的作品，从传播效果的层面实现节目对于社会普法教育的真正意义。[1]

6.分析观众兴趣

（1）节目用真实的镜头、网感的语言、搞笑的情节、多元化包装、综艺化的剪辑，去掉"剧本"痕迹，融合更多的综艺元素，幽默风趣，深度展示守护长沙市最繁华地带的解放西路人民警察的工作日常，让观众了解到更多更真实、真正为人民服务、有血有肉有故事的警察形象。

（2）足不出户也能凑热闹的"八卦"心理，放大"猎奇"，例如，9岁的弟弟被姐姐揍了，报警称遭到了家暴；醉酒之后，有自称"长沙老大"的15岁少女大闹派出所；本是朋友的一群人开始互殴……鸡毛蒜皮的小事勾起观众的好奇心，吸引眼球。

（3）自创流量，《守护解放西》不靠明星，植根于真实，尊重职业，自创流量，把坡子街的警员变成了新的"网红"，新的偶像派。

7.研究纪录片领域的空白和价值

（1）以往公安干警类节目，主要是一些新闻报道式的专题片，镜头呈现的警察形象是新闻化、固定化的刻板印象。《守护解放西》以新颖的表达形式开创了国内警务纪实真人秀的先河，采用纪录片的呈现形式。

（2）聚焦核心商圈的警务纪实。该片以湖南省长沙市坡子街派出所民警

---

[1] 高妍.媒介景观视域下的警务观察真人秀《守护解放西》研究[D]. 长沙：湖南师范大学，2021。

为人物核心，①②展现了大都市核心商圈城市警察的日常工作。③这一领域此前较少被纪录片所关注。

（3）不仅看故事、看热闹，在每个事件背后，都带着普法的知识点，内容更有看点，也更丰厚。

8.创作资源优势

节目由中广天择传媒股份有限公司制作，④中广天择所有高管核心层全部脱胎于长沙广电政法频道，身上带有强烈的政法"基因"，编导们掌握丰富的渠道与信息资料。

（二）资料搜集

总导演拥有政法节目制作经验，创作团队和警察有长期合作，能够在官方内部收集大量的第一手资料。

（三）确定纪录片的结构和叙事方式

1.节目结构

（1）警情接报：派出所接到各种报警电话，包括突发事件、纠纷、犯罪案件等。

（2）民警出警：民警根据报警内容，迅速赶往现场进行处置。

（3）现场处理：民警在现场进行调查、取证、处置等工作，解决问题并与当事人沟通。

（4）案件审理：民警将案件带回派出所，进行进一步审理，查找线索，核实证据。

---

① 刘玉新.网生警务纪录片的叙事研究[D].广州：广东技术师范大学，2024。
② 北京青年报.青春派艺荐[EB/OL].（2022-03-04）[2023-11-25].http://epaper.ynet.com/html/2022-03/04/content_393875.htm?div=-1。
③ 百度百科.守护解放西[EB/OL].（2023-10-20）[2023-11-25].http://baike.baidu.com/view/22218458.html。
④ 李巧辉.媒体融合下的纪录片年轻化表达与传播策略——以《守护解放西》为例[J].西部广播电视，2023，44：159-161。

（5）教育普及：邀请罗翔老师作为顾问，通过具体的案例，普及相关安全和法律知识，提高群众的法律意识。

2.叙事方式

（1）以案例为主线，穿插民警个人故事和心路历程，突出人物性格和故事情节。

（2）采用多种叙事手法，包括悬念的使用、剧情的前置、插叙和倒叙的使用，叙事节奏快，剧情张弛有度。

（3）日常真实感。好像今天发生一件非常大的事情，但是这个人还要照常吃一日三餐。

（4）确定目标，改变警察在过往节目中相对严肃刻板的形象，将他们还原成鲜活的现实生活中的人，是"守护"系列节目的一种策略和坚持，警察是他们的一种职业身份，但每个具体的警察人物其实跟身边的普通人一样，他们也有不同的性格，有着不同的生活。

## （四）调研成果评估

1.评估选题的可行性和创新性

通过前文中对市场需求、纪录片领域空白与价值以及创作资源优势的分析，确保本片在同类题材中具有独特的视角和亮点。

2.分析潜在的拍摄对象和拍摄地点

（1）典型代表选择——长沙解放西路坡子街派出所

长沙解放西路坡子街派出所，在当地有一句话"每个长沙人在解放西路都有自己的故事"。解放西路坡子街派出所每天都有大量的故事发生。解放西路是整个湖南最繁华的地段，酒吧一条街、文化老街、美食街、沿江风光带，还有高端商场，以及待拆迁的破旧房屋，各种人、各种商业业态、社会形态在解放西路高度聚集、折叠，汇聚成故事的富矿。

（2）"选角"

节目在前期也会进行"选角"，全所100多名辅警中，形象好、有个性的五六位警察被当成核心人物进行记录，长期跟拍、采访和分析，在群像塑造之中也进行了有重点的选择。

"民警，既为警，也为民"，在人民警察代表选择上，挖掘平凡的特点，他们中有人小时候差点被人贩子拐走，因而萌生了当警察的愿望；有人虽然个子不高，但气势十足；有人子承父业，虽然父亲因公牺牲，仍然无怨无悔。他们都有自己的生活，有家庭，有儿女，也有烦恼，镜头所展现的是穿上制服他们背上神圣的使命。

民警的个性是节目好看的关键。长沙人不端着、不捏着，警察更需要这样的人，可以和当事人拉近距离。事实证明，这种人物挑选取得了成功。

### （五）传播思路与商业模式探索

1.广告

B站的生态不同，它的整个架构分为两大块：主站和内容端自制。自制内容是服务主站，服务UP主和粉丝。B站做纪录片不需要广告，因为目标不一样，广告都非常克制。

2.强化品牌效应

《守护解放西》充分抓住传播机遇，持续投入下一季的拍摄制作，基本保持一年一季的更新频率。同时在已经积累良好口碑的基础上，把握好"变与不变"的尺度，保持节目风格和价值观等核心内容不变，同时不断扩充诸如笑气、网络诈骗等新型犯罪案件，力图打造成长沙警务宣传的品牌之作。

3.互动性

密切关注网友的弹幕和反馈，对于部分合理的建议也会在后续节目内容中进行"回复"。

4.预告片推广

制作吸引人的预告片，提前释放节目精彩片段，引发观众期待。

### 5.社交媒体营销

利用微博、抖音、微信公众号等社交媒体平台，[①]发布节目花絮、幕后制作等内容，增加话题讨论度和粉丝互动。

### 6.联合推广

与平台共同进行宣传推广。

### 7.口碑传播

邀请意见领袖、自媒体等进行节目观看和评论，以口碑效应扩大节目的影响力。

### 8.媒体报道

寻求媒体报道，如新闻、娱乐节目、影评，提高节目的曝光率和知名度。

## （六）制订拍摄计划

确定拍摄地点和时间；完成相关的预算规划；获取所需拍摄许可和权利。

## （七）团队人员确定

前期确定70人的强大团队。采用综艺制作架构。团队分为总导演组、总编剧组、执行导演组，同时包括摄像指导、后期编辑等专业人员。

# 四、拍摄录制

## （一）设备准备

### 1.确定拍摄设备和器材

选用高清摄像设备，保证画面质量。

### 2.确保拍摄设备的完备和适用性

（1）准备必要的辅助设备，如灯光、音频设备等。

（2）节目4K拍摄使用到Sony、Canon、DJI、GoPro等多种机型，满足拍摄

---

① 搜狐网.重大疫情中运用"四全媒体"加强舆论引导的策略研究_舆情[EB/OL].（2020-12-31）[2023-11-25]. https://www.sohu.com/a/394603834_644338.

环境和画质的综合要求。

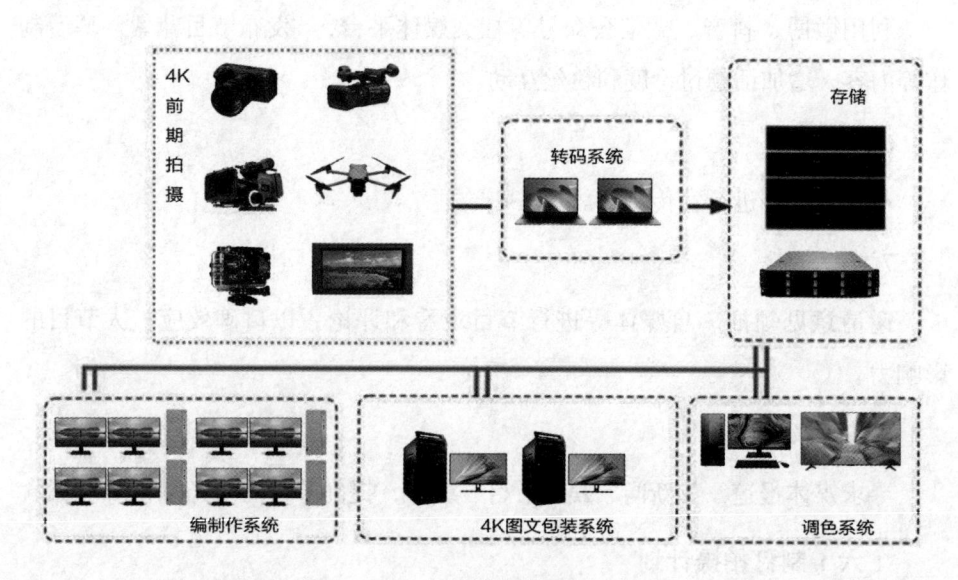

**图1 设备拓扑图**

（图片来源：https://mp.weixin.qq.com/s/YNV4CU_peO_K6kEjm1xU9Q）

3.接收来自前期摄影部门场记单

| 警员类别：交警 | | | 《守护解放西2》场记单 | | 日期：0929 导演姓名： dit姓名：徐志飞 |
|---|---|---|---|---|---|
| 摄像姓名 | 机型 | 卡号 | 拍摄起止时间段 | 备注 | 事件（地点、警员类别、具体内容） |
| 刘* | S1h | s-05 | 18：08-19：29 | | |
| 邓海容 | 280 | X-30 | 18：08-19：29 | | |
| 卜家伟 | 280 | X-4 | 17：55-18：30 | | |
| | | | | | |

**图2 《守护解放西2》场记单**

（图片来源：https://mp.weixin.qq.com/s/YNV4CU_peO_K6kEjm1xU9Q）

## （二）拍摄方式

采用大量综艺拍摄手法，为避免素人面对镜头不自然的表现，选择隐藏式拍摄，原封不动地把故事呈现出来。

### （三）拍摄准备

将派出所部分墙面打通，副所长办公室的墙面打掉改装为单面玻璃，在室内物件上设置隐蔽收音，把整个派出所都改造了，包括食堂、审讯室、调解室、休息室等，布"天罗地网"做非侵入式拍摄，虽然看不到一个摄像机、一个话筒，但现场全部都在摄像机的掌握中。但是，拍摄危险任务如毒贩，要专门用上偷拍眼镜和针孔摄像机，跟在便衣警察身后。

### （四）拍摄过程

1.不设剧本和台词，不请演员，也不进行彩排。

2.制订拍摄时间表，确保拍摄进度符合预期。

为避免错过好故事，制作团队持续三个月全天候不间断地记录和跟拍，甚至两三班轮流倒、和警察24小时工作生活在一起，365度无死角，用近30个摄像头7×24小时全程跟拍，总共拍摄400余个故事素材。

3.对精彩的案件进行跟拍，同时和刑侦大队联系，拍摄专项行动和大案要案。

### （五）拍摄成果验收

1.评估拍摄质量

确保画面和音质达标，保证纪录片的基本品质。

2.素材数据管理

（1）确保拍摄素材的安全存储，对素材进行初步分类和标注，梳理拍摄素材，统计拍摄时长，为后期制作提供便利。

（2）将存储卡插入上载工作站的多卡槽读卡器，运用专门的软件上载数据，包括自动数据校验。

（3）采取单路20GBPS光纤卡，理论可以每秒2GB，每台上载数据工作站拥有20路满速USB3.0，可同时读取CF.SD.TF卡数量为20张。

（4）通过生成的MD5检测报告检查素材是否备份完毕。

（5）素材拷贝完成，检查校对后，把卡发还给摄影部门将存储卡格式化后继续使用。

（6）上载完成的素材转码（如果摄影机能同时记录代理文件的话就可以免去转码）和存储文件夹的命名。

（7）场记单扫描存档；多机位、多场景镜头的合板及声画同步。

## 五、后期制作

### （一）剪辑

**1.筛选有效素材**

（1）民警处理的纠纷都大同小异，为避免在海量素材中话题同质化，现场团队根据时间线记录每天的几十起案件，分门别类进行筛选。在故事的筛选上，每一季会选择更契合当下社会背景的案件。

（2）在海量的故事中挑选，要求故事是有闭环的、有反转、有代表性的，故事的极致性占了节目成功的25%。

（3）筛选掉比较冗长的案件，或者比较敏感的案件。

（4）有些案件还未进入司法环节中，因此会进行一定的取舍，或者采用一个开放性的结尾。

（5）奇葩、荒唐、刷新三观等事件，更要求民警熟悉法律、具备很强的业务知识，具有典型性和话题性。

（6）不仅是猎奇，案件也要能够衔接更多的社会热点。案件只是一个索引，传递给受众的仅是冰山一角，受众要不断地对案件进行追踪，挖出这一类型事件的存在，洞察社会的走向。例如，2020年发生了多起手法相似的情感诈骗案，在节目中把它们剪在了一起，作为一个现在社会的普遍现象进行分析和探讨。

**2.确定剪辑方向**

（1）匡扶正义中展现人间真情。

（2）在荒诞中感喟生活，于真实间审视自我。

（3）能戏谑的地方可以戏谑，但该严肃地方也绝对不能含糊，这是由题材本身所决定的。

（4）具有网感、年轻化。

3.剪辑流程

搭建剪辑台，进行初剪和精剪。首先将全部素材归类，选择最具代表性的类型确定每一期主题，同一主题下挑选最具典型性的几例案件；其次对事件进行串联剪辑，与此同时保证画面连贯性和节奏感，最好形成闭环。

4.故事构建

根据筛选出的素材，构建出有趣、引人入胜的故事线，突出人物性格和事件冲突，展现警察与人民群众之间的紧密联系。

（二）隐私保护

公检法题材算是一种敏感的严肃题材，需要避免引发舆情事件。有以下两个关键点：一是对当事人进行严格甚至过分的隐私保护，所有节目中呈现的主要人物，都需要签署知情同意书和肖像授权，节目组专门有两三个人负责联系当事人，在获得许可的情况下方可播出，当事人不授权，故事再好，也不播出；二是节目组执行打码、化名、变声的"隐私保护三件套"，避免网络暴力事件的发生。

在制作过程中对"度"的精准把握，一方面是主旋律题材表达的严肃性，另一方面是用户的年轻化诉求，要做到二者之间的融合适配与平衡。

（三）调色和音效

（1）优化画面色彩，提升画面质感，使画面更具视觉冲击力。

（2）混音和制作音频效果，增强听觉体验，提升纪录片的氛围感。

（四）包装和特效

节目强调综艺感，强烈的年轻化的视听语言色彩，在讲述案件过程中，节目运用了时下流行的网络用语和表达方式，使得内容更加贴近年轻观众。

（1）花字设计：节目运用生动有趣的花字来表达警情、案件进展以及人物性格等特点。这些花字既增加节目的趣味性，也使得观众更容易理解复杂的案件背景。

（2）鬼畜制作：节目在剪辑上采用新颖的鬼畜手法，如拼接、加速、反转等，以展示案发现场、人物对话和心理变化等。这种手法让观众在观看过程中感受到紧张刺激，提高节目的观赏性。

（3）字幕样式：简洁大方，突出主题。

（4）特效动画：适当运用特效技术，提升画面视觉效果的同时，不过于喧宾夺主。

**（五）设计片头、片尾**

第一季时，节目组投入了大量资金用于制作酷炫的片头。然而，在B站这个播放平台上，观众更倾向于简洁而不是花哨的元素，上线后发现很多观众因为40秒的片头过于慢节奏而流失。基于此，节目组第二季做出了调整，砍掉了片头。

**（六）制作纪录片海报、宣传册等宣传物料**

海报采用简约、大气的设计风格，以深色调为主，给人以严肃、庄重的视觉感受，凸显节目的专业性和纪实性，加入一抹亮色，突出重点，使整体设计更具视觉冲击力。使用简洁、易读的字体，如黑体、雅黑等，确保信息的传递准确无误。运用警务元素、警察形象等，强化节目主题。

海报和宣传册有效地传达了节目的核心信息，如节目名称、播出时间、播出平台等，让观众一眼就能了解节目的基本信息。

**（七）审片和修改**

（1）专家审片：长沙市公安局政治部也全程参与此次节目的策划、编导以及审片，确保节目风格轻松活泼的同时也不失专业水准和正能量导向。

（2）多次审片：组织审片，听取各方专家的意见和建议，确保纪录片质量。每一集从头到尾需要核查五遍，上线前还要进行一遍单独审核和集体审核。上线后第二天再次审核，关注观众的情绪和话题走向，及时发现并处理可能引发负面舆情的因素，确保节目的内容健康；上线一周后再次审核，通过大量弹幕了解观众对影片或节目的喜好、接受程度以及潜在问题，从而在后续的剪辑和调整中加以改进。

（3）反馈修改：根据反馈进行修改，完善纪录片的品质。

## 参考文献

[1] 百度百科.守护解放西[EB/OL].（2023-10-20）[2023-11-25].http://baike.baidu.com/view/22218458.html.

[2] 孙慧.基于互动仪式链理论的用户弹幕刷屏现象探究——以B站《守护解放西第三季》为例[J].科技传播，2023（15）：116-119.

[3] 高妍.媒介景观视域下的警务观察真人秀《守护解放西》研究[D].长沙：湖南师范大学，2021.

[4] 刘玉新.网生警务纪录片的叙事研究[D].广州：广东技术师范大学，2024.

[5] 北京青年报.青春派艺荐[EB/OL].（2022-03-04）[2023-11-25].http://epaper.ynet.com/html/2022-03/04/content_393875.htm?div=-1.

[6] 李巧辉.媒体融合下的纪录片年轻化表达与传播策略——以《守护解放西》为例[J].西部广播电视，2023，44：159-161.

[7] 搜狐网.重大疫情中运用"四全媒体"加强舆论引导的策略研究_舆情[EB/OL].（2020-12-31）[2023-11-25].https://www.sohu.com/a/394603834_644338.

# 案例四：

# 《我在岛屿读书》节目制作宝典

## 一、节目简介

《我在岛屿读书》是今日头条、江苏卫视联合出品的外景纪实类读书节目，节目共12期，于2022年11月10日起每周四12：00在今日头条播出，于2022年11月10日起每周四21：20在江苏卫视播出，节目于2023年2月2日收官。①

《我在岛屿读书》是一档外景纪实类读书节目，邀请写书人、出书人、爱书人作为主要嘉宾，共同前往一座远离喧嚣的岛屿。在这里，他们生活、相处、读书、写作，享受阅读带来的乐趣和意义。节目采用有意思、接地气的内容，将好的书目、好的阅读方式以及嘉宾关于读书写作有意义的思考呈现给观众和用户，拉近普通人与"阅读"的距离。②

## 二、节目主题

党的十八大以来，习近平总书记在国内外不同场合，多次讲述了他与书结下的"不解之缘"，倡导全社会爱读书、读好书、善读书。③2022年"4·23"

---

① 江苏卫视.《我在岛屿读书》第二季定档6月15日，余华、苏童、程永新、叶子在东澳岛等你[EB/OL].（2023-06-09）[2024-05-01].https：//mp.weixin.qq.com/s/sLhGjDEn9hTe_s7ceHQlZw。

② 豆瓣电影.《我在岛屿读书》的剧情简介[EB/OL].（2022-11-20）[2024-05-01]. https：//movie.douban.com/subject/35891669/。

③ 央广网.爱读书读好书善读书 全民阅读建设书香中国[EB/OL].（2023-04-24）[2024-05-01]. https：//news.cnr.cn/native/gd/20230424/t20230424_526229926.shtml。

世界读书日，习近平总书记致信祝贺首届全民阅读大会举办，在信中强调希望全社会都参与到阅读中来，形成爱读书、读好书、善读书的浓厚氛围。[①]为了深入贯彻习近平总书记关于读书的重要指示精神，倡导全社会爱读书、读好书、善读书，紧跟社会热潮，学习习近平思想，故而推出读书综艺以促进全民阅读，让更多人参与到阅读中来。

读书节目在我国综艺节目的发展历史中一直占重要地位。自1996年中央电视台开办《读书时间》栏目以来，[②]读书节目大致分为三种形态：一是评论型读书节目，这类节目主要是邀请嘉宾对书籍进行评论和解读，展现书籍的内容和思想；二是谈话型读书节目，这类节目主要是邀请嘉宾在演播室中进行交流和谈话，分享他们对书籍的感受和理解；三是演绎型读书节目，这类节目主要是通过演员的表演来呈现书籍的内容和情节。

《我在岛屿读书》打破常规，创新节目形式，打造了一档外景纪实类读书节目。这种节目形式将读书与旅行相结合，让观众在欣赏美景的同时，也能领略到书籍的魅力。此外，节目通过访谈、互动等方式，让观众更加深入地了解书籍的内容和作者的思想，以及书籍对于社会和文化的影响。

## 三、节目意义

在节目中，嘉宾们会分享自己的读书方法和经验，这些对广大的观众和学生来说都具有很强的启发性。观众可以通过观察嘉宾们的读书方法和思考方式，学习到很多有益的知识和技巧。嘉宾们的读书方法可以给观众提供很好的借鉴。嘉宾们会分享自己是如何选择书籍的，如何安排阅读时间，如何理解书中的内容，以及如何将书中的知识应用到生活中等。这些方法不仅可以帮助观众更好地理解书籍，也可以提高他们的阅读效率和理解能力。

嘉宾们的思考方式也可以给观众带来很大的启示。嘉宾们会分享自己是如

---

① 中青在线.形成爱读书、读好书、善读书的浓厚氛围——习近平总书记致首届全民阅读大会的贺信引起热烈反响[EB/OL].（2022-04-25）[2024-05-01]. https//news.cyol.com/gb/articles/2022-04/25/content_BV53MFlY3.html。

② 朱桂圆.中国电视读书节目研究（1960-2018）[D].武汉：华中师范大学，2019。

何从书中获得启示和灵感的，如何将书中的思想与自己的生活联系起来，以及如何将书中的知识应用到实际工作中等。这些思考方式不仅可以帮助观众更好地理解书中的思想，也可以激发观众的思考和创新。

阅读是一种开阔视野、丰富内心世界、提升思考能力和判断力的过程。通过阅读，我们可以了解到各种不同的观点和人生经验，从而更好地理解和应对生活中的各种挑战和问题。因此，这个节目主要的价值和意义是能够让观众感受到阅读带来的这种生活方式和理念的转变。此外，节目还将注重与观众建立情感链接和共鸣。节目通过一些真实的故事、感人的经历和温馨的互动来触动观众的内心，让他们感受到阅读的力量和价值。这些情感链接将使观众更加积极地参与节目，并且通过节目的影响，加入全民阅读中来。总之，这档节目能够激发观众阅读兴趣，可以让更多的观众感受到阅读的魅力和价值，从而为推动全民阅读作出积极的贡献。

图 1　官方剧照

（图片来源：https://movie.douban.com/photos/photo/2883536013/）

## 四、节目方案

《我在岛屿读书》是一项创新型的文化节目，它的诞生旨在通过联手江苏卫视和今日头条两大平台，共同打造一档富有深度和内涵的阅读体验。这不仅是一次对传统阅读方式的革新，也是一次对阅读生活的探索和尝试。在如今这个信息爆炸的时代，人们对于阅读的渴望似乎逐渐被各种电子屏幕所取代。

很多人已经失去了静下心来阅读一本书的耐心和兴趣。然而，《我在岛屿读书》却希望通过这个节目，重新唤起人们对阅读的热爱。节目邀请了众多写书人、出书人、爱书人作为主要嘉宾，他们不仅是阅读的实践者，也是阅读的引领者。他们将共同前往一座远离城市喧嚣的岛屿，探索阅读的魅力。在这个宁静而美丽的环境中，嘉宾们将生活、相处、读书、写作，充分体验阅读带来的乐趣和意义。他们将与观众分享自己的阅读心得，展现阅读如何丰富他们的生活，提供思考的灵感，以及如何将阅读融入日常生活。在节目中，嘉宾们会分享自己的读书故事，推荐好的书籍，解读阅读的意义，同时也会分享他们在阅读过程中的思考和感悟。这些内容不仅将向观众展示阅读的魅力和价值，也将直接与广大用户进行互动和交流。观众可以通过节目了解到更多关于阅读的知识和技巧，也可以通过嘉宾们的分享感受到阅读带来的愉悦和满足。

## 五、拍摄选址

节目拍摄地点选在了中国的海南分界洲岛，这是一个占地0.45平方公里的美丽海岛，被誉为中国第一个以海岛为主体的5A级旅游城市。因分界洲岛所处的地理位置特殊、气候变化神奇、岛屿地形奇特，以及地域文化特色鲜明等，分界洲岛享有"美女岛""无名岛""冰火岛"等美誉。[①]这个无人小岛离海口只有174公里，离三亚也仅68公里，但与世隔绝，分界洲岛有洁净的沙滩和丰富的海洋生态资源，是全海南最适宜潜水、观赏海底世界的海岛之一。[②][③]让人赞叹不已。[④]节目选择在这里拍摄，在这个远离城市和人群的无人小岛上，构建了一个天然的、安静的读书空间。当观众面对着蓝天、碧水、沙滩、椰树，仿佛置身于一个梦幻的世界中，一下子感受到了诗和远方的美好。这种

---

[①] 搜狐网.【每日一景·5A景区】这个海岛型景区，也被古人誉为美人岛[EB/OL]．（2021-03-05）[2024-05-02].https://www.sohu.com/a/454183708_99944376。

[②] 百度百科.海南分界洲岛旅游区[EB/OL]．（2024-03-19）[2024-05-02].http://baike.baidu.com/view/13374292.html。

[③] 夏秋交季好去处[N].重庆时报，2013-08-27。

[④] 海南分界洲旅游股份有限公司.海南分界洲岛旅游区——国家5A级旅游景区[EB/OL]．（2023-12-01）[2024-05-02].https：//www.hnfjz.com/about.html。

宁静而舒适的环境为嘉宾提供了一个理想的阅读场所，让他们在享受阅读的同时，也能感受到大自然的魅力和海南岛的独特风情。通过综艺呈现出的画面，观众们可以静下心来，跟着嘉宾一起享受阅读的乐趣。分界洲岛的美丽风光和宁静氛围为节目增添了更多的色彩和魅力。

图 2　官方剧照

（图片来源：https://movie.douban.com/photos/photo/2883999683/）

## 六、嘉宾选择

节目组为了呈现出更好的节目效果，精心策划了"文坛老友记"。观众通过"文坛老友记"，更深入地了解作家们的创作和生活。节目组邀请了著名作家和诗人，这些嘉宾都是在文坛上有着很高声望和影响力的代表人物。他们的作品不仅深受读者的喜爱，也得到了广泛的认可和赞誉。有的嘉宾是非常有才华的作家，他的作品能够给读者带来深刻的思考和感悟；有的则以优美的文笔和独特的视角著称，其作品总是能够深入人心，触动人的内心；有的则是一位非常有思想深度的诗人，他的作品常常蕴含着深刻的哲理和思考。除了这些固定嘉宾，节目组还邀请了一些飞行嘉宾。有的相识多年，嘉宾之间有着深厚的友谊和相互理解。有的有过多次诗作分享和合作，嘉宾之间也有着很好的合作关系。这些嘉宾的加入，不仅为节目带来了更多的精彩内容和阅读乐趣，也让观众看到了作家们的真实面貌和创作过程。在节目中，嘉宾们不仅分享了自己的阅读经历和感悟，也从作家、诗人的视角去阐述了阅读的过程。他们以既轻松又严肃的态度，带领观众一起阅读，让观众更深入地了解书籍背后的故事和意义。这样的节目不仅打破了读书节目的枯燥乏味单调的印象，也让观众更加深入地了解了作家们的创作和生活，为观众带来了更多的阅读乐趣和思考。

图 3  官方剧照

（图片来源：https://movie.douban.com/photos/photo/2883999712/）

## 七、节目招商

节目右下方的购书链接设计得非常巧妙，它以一种几乎无痕的方式融入了节目页面，丝毫不影响受众的观看体验。观众在观看节目的同时，只需轻轻一点，即可跳转至京东商城中具体书籍的页面，这种操作的便利程度极大地提高了受众购买的意愿。而购书链接的适时出现，赋予了购书行为特定的意义。它不仅是简单的购买行为，而是与节目内容紧密相连，甚至成为节目内容的一部分。观众在观看节目的过程中，可以通过点击购书链接，直接进入京东商城购买书籍，这种操作方式模糊了受众作为"观众"以及作为"消费者"的边界。购书链接的出现，不仅为节目组提供了商业变现的机会，更重要的是，它进一步触发了受众的阅读行为。

观众在购买书籍的过程中，会更加深入地了解书籍的内容和作者的创作理念，从而激发他们的阅读兴趣，推动他们进一步参与到阅读活动中来。这种广告形式体现了节目组"做纯粹读书节目、鼓励观众阅读"的节目初衷。节目组希望通过这样的方式，让更多的观众接触到优秀的书籍，提高他们的阅读兴趣和文化素养。同时，节目组也获得了商业上的回报，实现了口碑与市场的双收获。这种成功的模式不仅为节目组带来了更多的合作机会，也为其他读书节目提供了可供借鉴的经验。

## 八、拍摄执行

《我在岛屿读书》与其他常见的综艺节目不同，该节目在制作上进行了去综艺化的处理，避免了常见的固定环节和任务挑战，给予了嘉宾更多的自由和空间。通过摒弃综艺华而不实的包装，嘉宾们得以无拘无束地呈现其对文学的深厚情感与独有风采，同时，观众亦能透过这扇窗口，触摸到文学的鲜活脉动，领略其深远的魅力与不朽价值。

在拍摄方面，节目组注重给予嘉宾拍摄的分寸感，避免过度干扰他们的自然表现。拍摄团队在拍摄过程中尽可能地采用隐蔽拍摄的方式，以免干扰到嘉宾的正常生活和交流。同时，拍摄团队也最大限度地进行了纪实拍摄，记录下嘉宾在岛屿中的真实状态。这种纪实拍摄的方式，让观众与嘉宾的情感和思维产生直接的共鸣，也更加深入地了解了他们的个性和生活。

在剪辑方面，剪辑团队尽可能地保留了嘉宾的真实表现和情感，避免了过度剪辑和加工。同时，剪辑团队也通过剪辑手法和音效等手段，营造出一种自然写实的氛围，让观众能够更加真实地感受到嘉宾的情感和思想。在节目中，嘉宾们的对话和交流是节目最重要的部分之一，而剪辑团队在剪辑过程中尽可能地保留了嘉宾们的原始对话和交流。这样的剪辑方式让观众能够更加真实地了解嘉宾们的个性和思想。

此外，《我在岛屿读书》的视听语言也具有其独特之处。配乐、同期声、特效、花字等元素都是为了辅助文学性的表达而设计的。首先，配乐在《我在岛屿读书》中扮演了重要的角色。节目的配乐能够根据不同的情境和主题进行选择和搭配，营造出适合的氛围，让观众能够更加深入地感受到嘉宾的情感和思想。例如，当嘉宾在阅读或分享自己的故事时，柔和的钢琴曲或轻音乐往往会为节目增添一份深情和温暖。这样的配乐设计，不仅能够为节目增添情感色彩，也能够让观众更加深入地理解嘉宾的情感和思想。其次，同期声在《我在岛屿读书》中也发挥了重要的作用。节目的同期声能够真实地呈现出小岛的舒适氛围。最后，特效和花字在《我在岛屿读书》中也起到了非常重要的作用。特效和花字能够生动地展示文学相关的信息和形象，让观众能够更加深入地了解文学作品的内涵和意义。

## 参考文献

[1] 江苏卫视.《我在岛屿读书》第二季定档6月15日，余华、苏童、程永新、叶子在东澳岛等你[EB/OL].（2023-06-09）[2024-05-01].https：//mp.weixin.qq.com/s/sLhGjDEn9hTe_s7ceHQlZw.

[2] 豆瓣电影.《我在岛屿读书》的剧情简介[EB/OL].（2022-11-20）[2024-05-01].https：//movie.douban.com/subject/35891669/.

[3] 央广网.爱读书读好书善读书全民阅读建设书香中国[EB/OL].（2023-04-24）[2024-05-01].https：//news.cnr.cn/native/gd/20230424/t20230424_526229926.shtml.

[4] 中青在线.形成爱读书、读好书、善读书的浓厚氛围——习近平总书记致首届全民阅读大会的贺信引起热烈反响[EB/OL].（2022-04-25）[2024-05-01].https//news.cyol.com/gb/articles/2022-04/25/content_BV53MFlY3.html.

[5] 朱桂圆.中国电视读书节目研究（1960—2018）[D].武汉：华中师范大学，2019.

[6] 搜狐网.【每日一景·5A景区】这个海岛型景区，也被古人誉为美人岛[EB/OL].（2021-03-05）[2024-05-02].https://www.sohu.com/a/454183708_99944376.

[7] 百度百科.海南分界洲岛旅游区[EB/OL].（2024-03-19）[2024-05-02].http://baike.baidu.com/view/13374292.html.

[8] 夏秋交季好去处[N].重庆时报，2013-08-27.

[9] 海南分界洲旅游股份有限公司.海南分界洲岛旅游区——国家5A级旅游景区[EB/OL].（2023-12-01）[2024-05-02].https：//www.hnfjz.com/about.html.

# 脱口秀类节目

《一起看球!》节目制作宝典
《今晚80后脱口秀》节目制作宝典

# 案例五：

# 《一起看球！》节目制作宝典

## 一、节目信息

### （一）节目基本信息

1. 节目名称：《一起看球！》——足球叨叨叨
2. 节目类型：世界杯脱口秀节目
3. 节目期数：8期
4. 播出平台：央视频、央视网及其多终端、央视体育等
5. 播出时间：2022年11~12月
6. 目标受众：90后、00后的年轻球迷群体

### （二）节目立意

我国政府一直在致力于推动足球的发展。2015年，中国国务院发布了《关于印发中国足球改革发展总体方案的通知》[①]，提出了一系列支持足球事业发展的政策，包括基础设施建设、人才培养、联赛体制改革等方面的内容，并采取了一系列政策措施来支持和促进足球事业。

在卡塔尔世界杯期间，央视网推出《一起看球！》的世界杯预热脱口秀节目。该节目以足球和脱口秀的巧妙结合为特色，通过演播室中的AR科技展现了赛事和品牌，以虚实结合的方式为观众呈现精彩纷呈的赛事解说和趣味娱

---

① 中国足球改革发展总体方案.国务院办公厅.[EB/OL]（2015-03-08）.https://www.gov.cn/gongbao/content/2015/content_2838167.html.

乐。节目邀请了一众大咖嘉宾参与演播室制作，为观众呈现一场前所未有的视听盛宴。

节目通过设计多个足球相关的环节，以实现助力提高足球关注度、推广足球知识、激发足球热情的效果；通过展示精彩比赛片段、球员风采，拉近球迷与球队距离；同时通过社交媒体促进观众互动，创造更紧密的足球社群，共同推动足球文化在中国的传播和发展，对足球发展的综合性支持体系，并促进足球在中国成为更受欢迎和具有竞争力的体育项目。

### （三）节目定位

《一起看球！》是一档专门为世界杯打造的节目，旨在为观众提供全面、深入和娱乐性的足球赛事解说和分析。通过加入背景故事、球队介绍、观众互动和娱乐性元素，为观众提供全面、深入和娱乐性的世界杯赛事解说和分析，满足观众对世界杯的热情和对足球的热爱，并为观众提供一个共同观赛的平台。同时，多平台覆盖和多媒体互动将增加观众的参与感和忠诚度，提升节目的影响力和传播效果。

### （四）节目模式

央视旗下的《一起看球！》节目采用以脱口秀为固定板块，并搭配其他飞行板块进行赛前预热的节目模式。以下是对其节目模式的阐释：

1.固定板块（脱口秀板块）

脱口秀作为《一起看球！》的固定板块，以幽默风格和激烈的口舌之战为特点。主持人和嘉宾们在轻松的氛围中，通过即兴表演、段子、模仿等形式，解说和讨论比赛相关话题。嘉宾可以发挥创意，讲述有趣的故事、展示幽默的观点，吸引观众的注意力并带来欢笑。

2.飞行板块

除了脱口秀，节目还搭配其他飞行板块，以提供更多元化的内容。这些板块可以是专题访谈、趣味游戏、球迷互动、名人采访等。例如，节目可以邀请足球明星、名人球迷或专业评论员进行访谈，探讨他们的观点和看法。同时，观众也可以参与到趣味游戏中，与主持人和嘉宾一起玩耍和竞猜，增强观赛的趣味性和互动性。

3.赛前预热

《一起看球！》节目的主要目的是为观众带来赛前的预热氛围，让他们更好地融入比赛的氛围。通过脱口秀和其他飞行板块的结合，节目可以提供丰富的内容，包括赛前新闻、球队动态、球员背景故事、战术分析等。观众可以在欢乐的氛围中了解比赛的各个方面，增加对比赛的期待和兴趣。

4.专业解说和分析

尽管节目采用脱口秀形式，但仍会保持专业的解说和分析水平。主持人和嘉宾们会结合自己的足球知识和经验，对比赛进行深入的解说和分析，包括战术、技术、球员表现等方面。这样可以为观众提供专业的观点和深度的分析，增加节目的可信度和权威性。

央视旗下的《一起看球！》节目采用脱口秀为固定板块，并搭配其他飞行板块进行赛前预热。通过幽默的脱口秀、多元化的飞行板块、赛前预热内容、专业的解说和分析、多媒体互动和多平台覆盖等元素的结合，节目旨在为观众提供丰富多彩的观赛体验，增加观众的参与感和忠诚度，并提升节目的影响力和传播效果。

（五）节目IP

《一起看球！》作为一个世界杯期间的节目IP，可以根据不同的赛事和情境，调整其"一起做什么"的形式，以满足观众的需求并增加节目的吸引力。足球和脱口秀的组合方式将带给观众全新的观赛体验。通过AR科技的运用，观众能够身临其境地感受比赛的激烈和紧张。AR技术在屏幕上呈现实时的比赛画面，观众可以看到球员们的精彩瞬间。同时，AR技术还以图形的形式展示实时数据和统计信息，让观众深入了解比赛的进展和球队的状态。

节目邀请了一系列的大咖嘉宾参与演播室制作，包括足球界的知名解说员、前国家队队员、足球评论员及明星嘉宾。他们在节目中发表对比赛的观点和看法，并通过脱口秀的形式带给观众轻松幽默的娱乐盛宴。他们的幽默风趣和深入浅出的解说将给观众带来生动有趣的观赛体验，让他们在看球的同时享受到笑声和娱乐。

节目核心以内容为王，"一起做什么"的IP，综合两季来看，有以下IP共性：

（1）比赛前瞬间聚焦：在比赛前，节目可以聚焦于赛前准备，包括球队的最后训练、球员的状态、赛前新闻和观众的期待。观众可以与主持人和嘉宾一起分析比赛前瞬间，讨论可能的战术和策略。这种形式将帮助观众更好地预热比赛，并分享赛前紧张的氛围。

（2）实时比赛评论：在比赛进行时，节目可以提供实时的比赛评论和解说。观众可以与主持人和嘉宾一起观看比赛，听取专业的解说和分析，分享他们的观点和情感。这种形式将帮助观众更好地理解比赛的进展，增加他们的互动和参与感。

（3）战后总结和分析：比赛结束后，节目可以进行详细的战后总结和分析。主持人和嘉宾可以一起讨论比赛的亮点、胜负原因和球员表现，同时与观众分享他们的观点。这种形式将帮助观众更好地理解比赛结果，并提供深入的分析和回顾。

（4）球迷互动和独家采访：在比赛期间，节目可以与球迷互动，包括采访球迷、分享他们的经历和情感。观众可以了解不同球迷的支持方式和热情，同时与他们互动和分享自己的看法。这种形式将增加观众的情感投入，使他们感到自己是一个大球迷群体中的一部分。

（5）专题节目和特别报道：在特定的赛事情境下，节目可以制作专题节目和特别报道，深入探讨某个球队、球员或比赛。观众可以一起了解更多有趣的背景故事和深度分析。这种形式将为观众提供更多精彩的内容，并增加他们的兴趣。

（6）互动游戏和竞猜：节目还可以通过互动游戏和竞猜形式增加观众的参与度。观众可以参与猜比分、射手榜等游戏，与主持人和其他观众一起玩，增加观赛的趣味性。这种形式将提高观众的互动和分享程度。

总的来说，"一起做什么"的形式可以根据不同的赛事情境进行调整，以满足观众的需求并增加节目的吸引力。无论是聚焦比赛前瞬间、实时比赛评论、战后总结和分析，还是与球迷互动、制作专题节目和特别报道，或是互动游戏和竞猜，都可以根据具体情境为观众提供丰富多彩的观赛体验。这种多样化的形式将使《一起看球！》成为世界杯期间的热门节目IP，吸引更多观众的关注和参与。

## 二、内容规划

### （一）节目创新点

1.形式创新——脱口秀

在世界杯期间，赛前预热节目采用脱口秀形式可以为观众带来全新的观赛体验，具有以下创新点：

（1）轻松娱乐：脱口秀形式注重轻松幽默的表达方式，将能够以更为轻松、幽默的风格来解说和讨论比赛，使观众在赛前享受到愉快的娱乐体验。主持人和嘉宾可以通过幽默的段子、滑稽的模仿和搞笑的解说，带给观众更多的乐趣。

（2）实时互动：脱口秀形式的节目具有更强的实时互动性，观众可以通过社交媒体、短信和电话等方式与主持人和嘉宾互动。他们可以提出问题、分享自己的看法，甚至调侃嘉宾，增加观众与节目的互动程度。

（3）创意内容：脱口秀形式的节目鼓励主持人和嘉宾发挥创意，可以进行即兴表演、模仿球员、解读足球新闻等创意内容，使观众在赛前获得更多有趣的内容。这些创意内容将吸引更多观众的关注和分享，提高节目的传播效果。

（4）嘉宾多样性：脱口秀形式可以容纳各种类型的嘉宾，包括足球评论员、喜剧演员、名人球迷等。这种多样性将为观众带来更多不同背景和观点的声音，增加了趣味性和深度。

（5）热门话题讨论：脱口秀形式的节目可以更自由地讨论各种热门话题，包括比赛前瞬间、球队动态、球员表现、赛前新闻等。观众可以在轻松的氛围中听取主持人和嘉宾的观点，并分享自己的看法。

（6）趣味游戏和挑战：脱口秀形式的赛前预热节目可以引入各种趣味游

戏和挑战，例如预测比赛结果、猜测球员动作等。观众可以参与这些游戏，与主持人和嘉宾一起竞猜和比拼，增加观赛的趣味性。

该种创新形式可以吸引更多观众的关注，增加节目的吸引力，并在世界杯期间成为一种独特的赛前预热方式。

2.技术应用——AR虚拟演播室

创新尝试运用AR实景技术，为商业合作客户，保障权益，特别定制AR背景板、AR角标、口播等客户权益，打出slogan："联通5G邀您共享奥运精彩，呈现精彩时刻"。

在演播室场景中，增强现实（Augmented Reality，AR）技术可以广泛应用，为观众呈现更丰富、沉浸式的视听体验。以下是对演播室场景中AR应用的详细阐释：

（1）虚拟场景搭建：创新性使用AR技术可以用于创建虚拟的演播室场景。通过使用AR技术，可以在真实的演播室中添加虚拟的背景、道具、装饰等元素，使整个场景更加丰富多样。例如，在足球赛前的节目中，可以使用AR技术在演播室中添加虚拟的足球场景、球队标识、球员形象等，营造出更具足球氛围的环境。

（2）数据可视化呈现：AR技术可以将实时的比赛数据和统计信息以虚拟的方式呈现在演播室中。通过AR技术，可以在演播室中展示比赛的数据，如得分、射门次数、控球率等，以及球员的统计信息，如进球数、助攻数等。这样，主持人和嘉宾可以直观地了解比赛的数据情况，并进行分析和解读，提升节目的专业性和观赏性。

（3）实时图像叠加：AR技术可以将实时的比赛图像与虚拟元素叠加在一起。通过AR技术，可以在演播室中将实时的比赛画面与虚拟的标识、箭头、战术板等元素叠加在一起，用于解说和分析。这样，主持人和嘉宾可以直接在画面上进行指示和解说，使观众更清晰地理解比赛的情况。

（4）虚拟广告投放：AR技术可以用于在演播室中投放虚拟的广告。通过AR技术，可以在演播室中呈现虚拟的广告牌、品牌标识等，使广告与实际场景融为一体。这样，广告可以更加自然地融入节目中，同时也为品牌提供了更多的曝光机会。

（5）互动游戏体验：AR技术可以为观众提供互动游戏体验。通过AR技术，观众可以使用移动设备或其他交互设备，参与到演播室中的互动游戏中。例如，在足球节目中，观众可以通过AR技术与虚拟的足球进行互动，进行射门、传球等操作，增加观赏的趣味性和参与感。

演播室场景中的AR应用可以通过虚拟场景搭建、虚拟人物互动、数据可视化呈现、实时图像叠加、虚拟广告投放和互动游戏体验等方式，为观众带来更丰富、沉浸式的视听体验。这种技术的应用可以提升节目的趣味性、专业性和互动性，吸引观众的关注并提升节目的影响力。

3.技术应用——FIFA官方连线小屏交互

采用FIFA官方设计的交互设计，在移动小屏上实现沉浸式互动观赛，设置时间轴标记球场重点时刻，可随时重复观看，同时支持不同视角切换，使受众可在千里之外体验选手场上视角，进行视角转换，以及AR体验。

### （二）播出时间

1.价值判断

（1）一场90分钟的足球比赛的播出黄金时间为比赛开始前10分钟（-10'）到结束（90'+）。

（2）比赛时间线为：比赛开始前90分钟双方队伍到场进行热身准备。比赛持续90分钟，其中45分钟时进行中场休息。

（3）该节目根据WBM2《2022年卡塔尔世界杯信息手册》在开赛前180分钟到开赛后80分钟共计260分钟比赛直播里，有10路侧重不同内容区块的前方信号回传后方，供后方节目编排选择。这10路信号流包括两队到达、适应场地、重点球员特写、球员更衣室、粉丝现场氛围等多视角信息。《一起看球！》将精选丰富素材，带给观众沉浸式观赛体验。

2.价值选择

（1）该节目选择在赛前进入正式赛事画面前85分钟作为节目时间。

（2）热身前5分钟（赛前95分钟之前）节目，主持人进行热场，赛前90分钟到赛前10分钟，共计80分钟在转播球员热身画面的同时，进行本节目的环节：演播室脱口秀板块与其他固定飞行板块内容；到赛前10分钟，主持人进行节目收尾，节目结束之后，进入赛事画面。

### （三）选角规划

**1.选角标准**

懂足球：主持人和嘉宾需要具备深入的足球知识，理解足球比赛规则、战术，熟悉国内外各种足球赛事和球队。这样的主持人和嘉宾能够通过专业的解说和分析，更好地与观众分享足球的精彩之处，提升观众的观赛体验。

语言能力强：主持人和嘉宾需要具备良好的语言表达能力，能够清晰、流利地传达自己的观点，用生动有趣的语言吸引观众。此外，对于足球术语和足球文化的准确运用也是语言能力的一部分，有助于与观众建立更紧密的沟通联系。

幽默感强，网感强：具备强烈的幽默感能够使节目更富有趣味性，增加观众的参与感和娱乐性。同时，对于互联网文化的敏感度（即"网感"）意味着主持人和嘉宾能够理解并融入当下流行的网络用语、梗等元素，使足球节目更符合时下观众的口味，提高节目的传播力和吸引力。

这些补充选角标准使得节目不仅可以提供足球领域深厚的专业知识，还能够以富有趣味性和与时俱进的方式呈现节目，吸引更广泛的观众群体。

**2.邀请嘉宾名单**

专业嘉宾：总台体育频道主持人

网感嘉宾：脱口秀演员，奇葩说辩手

全国各地球迷协会的素人球迷

### （四）节目框架

**1.核心逻辑**

好故事+好嘉宾=好框架

2.基本构成

一期固定模式的脱口秀+N个飞行板块

3.固定板块

（1）固定板块一：新闻感脱口秀

打造像Trevor Noah 一样的新闻感脱口秀。利用一些有趣的事件和人物，表达一段完整的、有线索的、有笑点的脱口秀。节目中用"片子+配音"的方式，做镜头前的表达。着重笔墨，用语言特色，讲述趣事。屏幕播放新闻热点素材，主持人进行犀利点评，重点素材适时切换全屏播放。

内容举例：4年前，郁金香军团居然在扩军的情况下没有闯入决赛圈，这无疑是荷兰足球的奇耻大辱。有球迷嘲讽：从宇宙飞船俯瞰地球，除了能看到万里长城，还能看到荷兰后防线的巨大空挡。不过，本届欧洲杯的情况有所改变，据说宇航员观测到4年前的巨大空挡已经升起一道钢铁防线，名字叫作范戴克和德里赫特。

（2）固定板块二：边看边笑的赛场时刻

打造像Shaqtin' A Fool《五大囧》一样的氛围。在男主持人的带领下，回顾过往世界杯赛场内外的有趣时刻。男主持人在其中介绍知识点，与大家一起边看边聊边笑。进入片子后，实时切双视窗，观众看到演播室内的嘉宾反应，嘉宾在其中加入自己的评论和感想。

内容举例：德国意大利点球大战，多位球员罚丢。意大利队的扎扎更是在点球大战中留足笑料。嘉宾脑洞大开，解读球员当时在想啥。笑谈为什么超级巨星常常罚丢，为什么历史上德国队的点球大战都很稳。

（3）固定板块三：段子大爆炸（原创环节）

整理总结一些脑洞大开的网友的足球段子，或者原创足球成语，让嘉宾猜。并结合视频或图片的实例，做出解释。这是一个极强的科普高级黑的环节，让更多人懂得当下年轻态的球迷表达。

4.飞行模式

根据具体参赛队伍的国家和节目嘉宾决定节目中飞行版块的数量。

（1）模式一：世界杯掠影

赛事回顾小片，回顾世界杯名场面集锦、明星球员介绍和往期赛果、精彩瞬间等。

（2）模式二：世界杯味蕾

邀请当期嘉宾（运动员、艺人、大使馆来宾等）带着国家代表美食一同品鉴，沟通各国风土人情文化。

（3）模式三：球迷脱口秀

全国各地球迷协会的素人球迷的足球脱口秀环节。

（4）模式四：唱响世界杯

邀请当期嘉宾用演唱、曲艺等文艺形式从另一种角度诠释世界杯，点燃看球热情。

（5）模式五：外说世界杯

当日比赛国家的语言种类，语种现场教学，包括问候语、球星名字，专业术语等词汇。

## （五）节目内容

（1）赛事解说和分析：《一起看球！》的主要定位是提供世界杯赛事的解说和分析。节目将邀请专业的足球解说员和嘉宾，通过对比赛的实时解说和分析，帮助观众更好地理解比赛的战术、技术和背后的故事。这种深入的解说和分析将使观众更加投入和参与到比赛中，增强他们的观赛体验。

（2）背景故事和球队介绍：除了比赛本身，节目还将关注球队和球员的背景故事。通过介绍球队的历史、成就和球员的个人故事，观众可以更全面地了解参赛球队和球员，增加对比赛的兴趣和情感投入。这种人物化的报道将使观众更容易与球队和球员建立情感联系，并深入了解他们的动力和努力。

（3）观众互动和讨论：《一起看球！》将为观众提供互动和讨论的机会。通过社交媒体平台、短信和电话等渠道，观众可以与节目主持人和嘉宾互动，分享自己的观点、预测比赛结果，以及提出问题。这种观众参与的互动将增加观众的参与感和忠诚度，使他们更加投入到节目和世界杯的氛围中。

（4）娱乐性和轻松氛围：尽管节目的定位是提供深入的赛事解说和分析，但《一起看球！》也注重娱乐性和轻松氛围的营造。节目将通过幽默风格的主持人、有趣的片段和趣味性的互动环节，为观众带来愉快的观赛体验。这种娱乐性的元素将吸引更广泛的观众群体，包括对足球了解较少但对世界杯感兴趣的观众。

## 二、制作规划演播室形态

### （一）空间布局设计

中心舞台：设计一个中心舞台，参考节目Area21的沉浸式对话场景。站位为主持人1人，嘉宾每期2~3人，主持人在最左侧，以方便互动。

### （二）舞台装饰和主题设计

（1）主题色调：根据节目世界杯主题和氛围，选择绿色为主题色调。

（2）装饰元素：在演播室中加入与世界杯主题相关的装饰元素，例如符合足球的道具、背景板等。

### （三）虚拟和增强现实元素

（1）AR元素：利用增强现实技术，在演播室中引入了虚拟元素，如虚拟背景、特效道具等，增强观众的视觉体验。

（2）屏幕互动：在演播室中设置大屏幕，用于显示与节目相关的内容，LED屏会根据话题进展，播放短片，提供赛场数据等。

### （四）照明和音效设计

（1）照明效果：利用照明效果营造出了舒适、专业、富有层次感的氛围，根据不同的节目段落会调整照明。

（2）音效：采用了高品质的音响设备，确保嘉宾和主持人的发言清晰可听，同时加入了一些音效元素来提升氛围。

### （五）摄像机设置和拍摄角度

（1）多摄像头设置：在演播室中设置多个摄像头，以便捕捉不同角度的画面，使得观众可以更全面地了解参与者的表现。

（2）特殊角度：设计一些特殊角度，例如俯视、侧视等，以突出特定的互动瞬间或节目亮点。

## 三、营销规划

### （一）预热期

融媒体矩阵——央视网体育微博、央视网体育微信视频号各发布54余条精切短视频，包括客户定制宣传片、台前幕后花絮、节目精彩片段快剪等内容，其中与奥运冠军武大靖的连线视频全网点击超300万，引起网友热议。

### （二）热播期

多平台覆盖和多媒体互动：《一起看球！》将通过多种平台和渠道进行覆盖和互动。除了传统的电视播出，节目还将通过网络直播、移动应用和社交媒体平台等渠道进行多媒体互动。观众可以根据自己的喜好和习惯选择观看和参与的方式，增加节目的可及性和互动性。

### （三）长尾期

（1）回顾和花絮：发布节目花絮、幕后故事、精彩瞬间回顾等内容，延续观众对节目的关注。

（2）线上互动：通过线上社交平台，与观众保持互动，回应他们的评论和反馈。

（3）节目成果宣传：宣传节目在播出期间取得的成绩，如收视率、社交媒体关注度等，强化品牌形象。

（4）推介后续计划：如果有后续季度或相关活动，适时宣布，保持观众期待感。

## 四、商业规划

### （一）三点布局

1. 演播室展示

节目通过AR（增强现实）技术，为节目打造独特而引人注目的展示方式，吸引大量的商务投资。AR定制品牌资源，各种品牌标识、产品元素等在虚拟空间中呈现，增加了观众的互动体验。AR植入则允许品牌在演播室环境中无缝融入虚拟元素，从而打破了传统演播室的界限，为观众带来更具创意和震撼的感官体验。AR角标、AR背景板、AR摆桌等元素的巧妙运用，不仅能够为演播室注入时尚和科技感，还能够凸显品牌的独特个性，使品牌形象更为深入人心。

2. 宣发稿定制

节目根据目标受众的特点进行精准定位。通过深入了解节目的核心理念和目标受众"球迷们"的喜好，定制宣传海报的关键词、短视频的时长等。

3. 多平台上线

随着信息传播途径的多样化，该节目在央视旗下多个平台同步上线，以确保信息能够广泛传播并覆盖更多潜在受众。多平台上线涉及社交媒体、在线广告、电视、广播等多个渠道的协同运作。通过在不同平台上发布定制化的内容，品牌能够更好地适应各个平台的特点和受众特征，提高节目在不同受众群体中的曝光度和影响力，以不同的播出平台如央视网体育微博、央视网体育微信视频号各发布54条精切短视频，包括客户定制宣传片、台前幕后花絮、节目精彩片段快剪等内容，其中与奥运冠军武大靖的连线视频全网点击超300万，引起网友热议。

### （二）内容方面策划

（1）核心策略：内容+品牌+用户，用优质内容，助推品牌信息的深度传播。

（2）内容展开：

Attention关注：品牌曝光、品牌露出、节目包装；

Interest兴趣：品牌特性和人设、AR植入、口播提及、内容共创；

Search搜索：品牌种草、线下活动、话题合作；

Share分享/口碑传播：黏性增强、IP授权、创意衍生、App引流。

### （三）科技应用

通过演播室中的AR科技，赞助商的品牌以创新的方式呈现给观众。在比赛间隙，AR技术展示赞助商的广告和宣传片，为品牌的推广提供全新平台。观众不仅欣赏到精彩的比赛，还了解各个品牌的信息和特点，这种品牌与节目的结合为赞助商带来更多曝光机会。

### （四）球迷商城

央视网在2022年卡塔尔世界杯倒计时100天推出预热商城，主要售卖世界杯衍生产品。营销方式为主要内容：短视频营销+数字藏品+直播带货。

**1.短视频营销**

在前期通过短视频预热造势，同时在多平台设计话题。在倒计时当天，通过"短视频+世界杯"思路，发布预热短视频。

话题点：

#世界杯精彩进球集锦#

#卡塔尔世界杯十大看点#

#一起来挑战#空气足球舞#

**2.商务开发：数字藏品+衍生文创**

《足球道路》与知名IP联名发售数字藏品/手办/玩偶/足球地球仪，球队队服以及《足球道路》球迷大礼包等。

**3.商务开发：直播带货**

时间：2022年卡塔尔世界杯倒计时100天

形式：品牌专场/拼场

时长：240分钟

### 参考文献

[1] 中国足球改革发展总体方案.国务院办公厅.[EB/OL]（2015-03-08）.https://www.gov.cn/gongbao/content/2015/content_2838167.html.

# 案例六：

# 《今晚80后脱口秀》节目制作宝典

## 一、节目自身定位及制作理念

### （一）节目简介与定位

《今晚80后脱口秀》（以下简称《八零后》）是由东方卫视推出的脱口秀类节目。节目首播于2012年5月13日，停播于2017年12月14日，播出时间为每周四晚11点，2013年后改为周六晚11点。

《八零后》不仅是国内首档以欧美风格脱口秀为主打的节目，也是第一档将受众群体明确在标题上写出来的节目。从节目名称上就不难看出，《八零后》将目标受众确定为"八零后"群体，也就是节目热播期间的25~35岁人群。根据节目播出时的统计数据，《八零后》观众构成中，25~44岁与45~54岁两个年龄段之间的受众占全部受众的比重最大，分别为40%和30%。而从学历方面来看，有44%的观众为高中及大专以上学历。这一部分观众人群年轻，逐渐从校园走向社会，占据社会的主要位置。因此，《八零后》节目在受众方面的定位为年轻化，面向青年人同时也是社会主流群体。

作为脱口秀节目，《八零后》取得成功的基础在于高质高量且紧跟新闻时事的节目内容。不同于此前的语言类节目，《八零后》注重当下热点事件。每期节目都会从近期社会聚焦事件中选取新闻热点作为主题，并通过脱口秀轻松幽默的方式对事件进行表达与评述，客观温和地输出观点。这一方式不同于严肃的新闻时评类节目，也不同于脱离新闻的相声小品类节目。《八零后》在内容方面的定位为用轻松诙谐的方式评论社会热点时事。

## （二）节目制作理念

《八零后》的节目制作理念紧密围绕节目定位，尤其是围绕"年轻"与"时事"这两个要点。

从节目VCR小片、舞美设计、节目流程等节目形式方面的设置都可以看出，《八零后》脱口秀虽然是欧美风格的脱口秀节目，但与同时期欧美的脱口秀节目存在较大差异，例如，在节目开始的DJ打碟环节、舞台上大量设置闪烁灯柱等。这是节目为了迎合年轻的受众群体的爱好对原有脱口秀节目形式进行的改造。从内容来看，《八零后》节目主题中情感类主题出现频率较高，特别是"相亲""结婚"等话题，同时"职场""明星八卦"等主题也经常出现。这些与受众群体相符的生活内容，十分平民化。主持人的语言风格与角色表现致力于与现场观众进行面对面交流。因此节目最主要的制作理念就是全方位的时髦与潮流，符合"八零后"的特点与爱好。

语言类节目收视率的最大保障在于文本质量是否过硬。《八零后》的另一个制作理念就是"内容至上"。为了保质保量地完成每期节目，主持人文本内容均是由主持人、导演组联合幕后编导创作与微博等网络论坛征集投稿两大部分共同组成。所以节目在维持幽默诙谐的文风的同时，还贴近了观众的诉求，走平民化路线。每期节目在一个主题下又会有许多小话题。主持人的过硬素质可以保证呈现话题的特色与合适的节奏控场。"内容至上"是《八零后》得以成功的重要因素。

## 二、节目制作规则与环节安排

《八零后》从片头小片一直到最后结尾工作人员名单滚动结束，节目时长通常在35~40分钟。其中每期节目根据主题和嘉宾不同会设置不同的节目环节，弹性分配各个环节的时间。《八零后》节目在2013年开始以有嘉宾参与节目的环节设置为主，其中以2014年6月1日期节目环节为参考，具体设置如表1所示：

表1　《八零后》节目环节安排

| | 时间 | 内容 |
|---|---|---|
| 开端 | 00′ 00″ ~ 00′ 07″ | 开头小片 |
| | 00′ 08″ ~ 00′ 44″ | 主持人登台 |
| | 00′ 45″ ~ 00′ 53″ | 广告 |
| | 00′ 54″ ~ 04′ 43″ | 主持人开场白，引入主题 |
| 发展1 | 04′ 44″ ~ 05′ 08″ | 节目预告、片头 |
| | 05′ 09″ ~ 09′ 32″ | 关于儿童节的五个段子 |
| | 09′ 33″ ~ 09′ 48″ | 转场小片、转场音乐 |
| 高潮1 | 09′ 49″ ~ 21′ 45″ | 关于成长、时间和童年的十二个段子 |
| 发展2 | 21′ 46″ ~ 21′ 50″ | 转场小片 |
| | 21′ 51″ ~ 29′ 08″ | 嘉宾、主持人互动访谈 |
| 高潮2 | 29′ 09″ ~ 32′ 15″ | ABC现场演唱《时间都去哪了》 |
| | 32′ 16″ ~ 32′ 37″ | 转场音乐、转场小片 |
| | 32′ 38″ ~ 37′ 27″ | 关于碎片化时间的七个段子 |
| 结束 | 37′ 28″ ~ 37′ 34″ | 广告 |
| | 37′ 35″ ~ 37′ 41″ | 结束语 |
| | 37′ 42″ ~ 37′ 59″ | 制作名单，下期预告 |

## 三、节目参与者选拔

### （一）节目演员选拔标准

《八零后》节目中常驻演员在2015年期前仅有主持人一人，2015年期后，前期幕后编导与故事角色转为台前演员开始在节目中出镜表演。

在脱口秀等语言类节目中，主持人作为节目设置最主要，也是最重要的讲述者，承担着推进节目环节进行的任务，通常代表着整个节目的基调。其需要对语言叙事节奏进行细致全面的把控，将自身主持风格与节目整体定位相结合。纵观整部《八零后》，其中作为节目代表符号的演员即主持人。

从专业基础来看，主持人需要有着十分丰富的相声表演经历，对语言类表演与喜剧表演有充分的实践经验和表演基础。在节目的文本撰写与主持过程中，主持人根据自身经验可以巧妙地将中国相声的表演技巧与西方脱口秀的主持方式相结合，形成自身独具风格的主持风格。例如，在运用传统相声表演中常用的技巧"抖包袱"的同时，配上脱口秀表演中丰富轻松的肢体动作来对内容进行充分彻底的表达，形成1+1>2的表演效果。这种主持风格与节目本身喜剧的节目类型和年轻化的定位相辅相成。

从个人形象来看，作为"八零后"一代的演员，主持人作为同龄人可以与观众实现面对面的交流，符合节目轻松活跃且年轻化的定位。节目中，主持人的服装通常是淡色西装搭配亮色领带，配上个人造型营造出年轻活泼但又不失稳重的人物形象，符合"八零后"一代年轻但逐渐走入职场成为社会主流的形象。尽管身着正装，但是其在语言运用以及肢体动作上并没有任何精英气质，而是始终保持着贴近群众的草根气息。加上个人憨厚喜感的面貌，淡化了主持人的形象，更贴近观众的位置。

《八零后》作为年轻、贴合时事的节目，主持人需要过硬的语言类节目表演素质、"八零后"年轻充满活力的个人形象以及个人独具特色的表演风格。

节目中其余舞台演员均为"八零后"年龄段演员，且各自带有明显的表演标签，如有的"贪财、瘦弱"有的"粗壮、不良"等。这些标签在特点鲜明的基础上，还尽可能贴近普通人群的形象。这些标签不仅便于观众记忆，形成符号化记忆，还可以制造矛盾创造出大量笑点。

在舞台演员之外，节目还有负责开场暖场和转场音乐的舞台DJ。在舞台DJ的选择上，节目组倾向于选择外国男性或女性。DJ的任务是通过夸张的肢体语言和口号来带动整个场馆的氛围。

### （二）节目嘉宾选拔标准

《八零后》节目的嘉宾选取范围广泛。就国籍而言，嘉宾来自世界各地，包括中国、韩国、美国、日本等。就职业而言，嘉宾以歌手为主，同时还包括特技表演者、运动员、演员等不同领域。嘉宾的选择通常以东方卫视的宣传人物或时下热门人物为主，这样的选择方式有助于吸引目标受众，尤其是年轻观众，符合节目年轻化的定位。

在节目中，嘉宾通常不直接与当期节目的主题直接相关。相反，嘉宾在节目现场与主持人进行互动性质的表演，将嘉宾的访谈与当期主题只是简要融合。总体而言，并非节目主题要对嘉宾进行宣传，而是嘉宾需要适应并融入节目的主题。

### （三）节目观众选拔标准

在《八零后》的节目过程中，主持人经常与台下观众进行问答等互动环节。在这个环节中，节目设置的问题通常涉及"八零后"群体的社会现状与生活方式，所以观众的年龄跨度集中在"八零后"这一年龄段，即25~35岁，呈均匀分布。

## 四、节目表达元素

### （一）舞台设计

《八零后》的节目舞台设计在不同年度之间存在一定差异，但总体来说，每一期的舞台设计都围绕着同一类主题：时尚、流行、潮流。现以2013年为例进行对《八零后》节目舞台设计的分析。

1.灯光

在不同环节中，节目舞台发生变化，主要体现在开端的节目预告与片头环节。在这一环节中，观众席后方的舞台DJ开始打碟，舞台灯光或背景发生变化，并持续至节目结束。

图1　2013年《八零后》节目开场前舞台灯光设计

（图片来源：东方卫视《今晚80后脱口秀》2013年8月4日节目录播画面 https://www.bilibili.com/video/BV1ms41147Nk/?spm_id_from=333.999.0.0&vd_source=134364549eadceddd25ac2804fe17afb）

图 2　2013 年《八零后》节目开场后舞台灯光设计

（图片来源：东方卫视《今晚80后脱口秀》2013年8月4日节目录播画面 https://www.bilibili.com/video/BV1ms41147Nk/?spm_id_from=333.999.0.0&vd_source=134364549eadceddd25ac2804fe17afb）

从图中不难看出，2013年《八零后》节目开场前整体灯光亮度较暗，颜色以白光灯为主，光柱光向外散开。整个舞台的视觉中心在主持人和赞助商logo上，凸显二者在舞台上的主体地位。开场后舞台变化主要在于舞台光柱关闭，背景墙和台阶上蓝粉紫色等亮色灯柱亮起。多种颜色的灯柱作为引导线，使整个舞台充满动感与潮流感。暖色调为主且灯光不断变化的舞台与强调阳光活力受众的节目风格交相呼应。

2.道具布局

2013年《八零后》节目的舞台布局为圆形舞台类型，这种布局方式让主持人在物理距离上更贴近观众，呈现出面对面的聊天观感。

在《八零后》舞台设计中，存在多个无法替代的关键道具。电视节目最吸引人的部分就是节目的开头1分钟。《八零后》的开头1分钟，即开场暖场与主持人登台环节中通过运用关键道具，让观众从一开始就对节目产生浓厚兴趣。

首先是处于观众区最后面的音乐DJ区的音乐打碟机。作为节目开场暖场与转场的标志性道具，打碟机可以在开头给节目烘托出热情活跃的氛围或将观众从对语言类节目欣赏带来的精神疲劳中暂时解放。《八零后》不同于其他语言类节目，可以通过这一方式在节目中段吸引观众的注意力，保持对内容的敏锐度。此外，主持人登场时乘坐的小电梯和连接电梯到舞台的楼梯也是非常重要的道具。伴随着音乐DJ打碟暖场，主持人从小电梯登上舞台，然后沿着楼梯向舞台奔跑，与两侧的观众击掌互动。这一环节完全拉近了观众和主持人的距离，也让每期节目的登场环节都会有新的变化，不会让人产生乏味感。

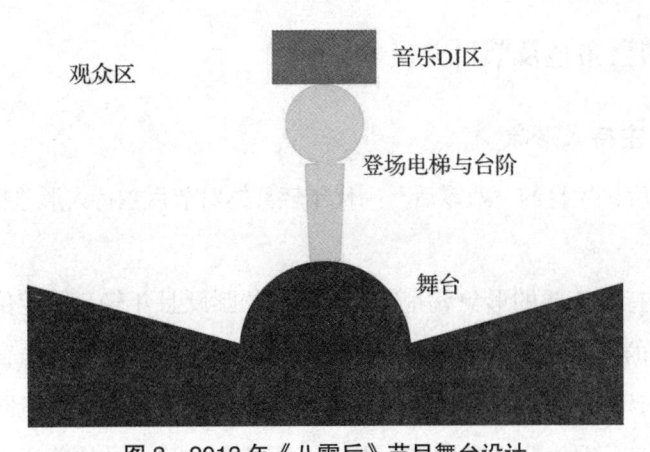

图3　2013年《八零后》节目舞台设计

（图片来源：由作者参照《今晚80后脱口秀》2013年节目舞台制作）

### （二）服装设计

2013年《八零后》的服装设计主要是主持人和音乐DJ的服装。

主持人服装以淡色西装搭配彩色领带为主，脚上搭配板鞋，以体现年轻又沉稳的个人形象。

音乐DJ服装以亮色调的休闲短袖为主，主要就是体现潮流感与新鲜感。

### （三）音乐设计

《八零后》的音乐主要是由DJ主导的热场环节和转场环节。目前主要的音乐曲目都是以极强的节奏感为主，带动观众与主持人跟着节奏击掌，烘托现场氛围，具体曲目包括 *Don't you want me* 等歌曲。

### （四）VCR设计

节目VCR作为整个节目的开头，其内容与风格会决定节目《八零后》在每期节目的开头都会播放节目VCR。VCR时间持续为7秒，重点在于凸显主持人的造型。在VCR中，主持人身着鲜艳亮丽色块衣服，以各种不同形象出镜，如头顶爆炸头发型、戴黑框眼镜弹吉他、一脸严肃地看向镜头，随后出现节目以及赞助商logo。《八零后》VCR片段彰显了节目对八零后一代突出性格特点的汇总，既大胆浮夸，又追求个性。

## 五、节目角色及节目人员参与

### （一）主持人形象

《八零后》主打的"八零后"一代年轻群体对节目主持人形象提出了许多要求。

节目主持人首要的形象就是符合节目轻松活跃且年轻化的定位。塑造一个成功主持人的形象需要从多个方面进行，包括服装造型设计、语言动作设计、节目环节设计三个方面。主持人通过服装造型营造出充满活力但同时保持沉稳的形象，在言行举止上始终保持着与"八零后"一代一致的普通人气质。这一点可以在主持人与观众的互动上充分体现。当主持人抛出的话题中带有对自己的吹捧或自满的表达后，观众会集体发出"嘘"声进行互动。这种交互环节拉近了主持人和观众的心理距离。

### （二）节目人员参与

表2　2013年《八零后》节目制作人员构成表

| 总策划 | 2人 |
| --- | --- |
| 策划 | 2人 |
| 营运总监 | 1人 |
| 总导演 | 1人 |
| 导演组 | 3人 |
| 导演助理 | 3人 |
| 舞台监督 | 1人 |
| 策划统筹 | 1人 |
| 导播 | 1人 |

续表

| | |
|---|---|
| 摄像 | 8人 |
| 音效 | 1人 |
| 技术统筹 | 1人 |
| 舞美 | 1人 |
| 灯光设计 | 1人 |
| 电脑等设计 | 1人 |
| 音频 | 2人 |
| 视频 | 5人 |
| 造型 | 1人 |
| 项目经理 | 1人 |
| 制片 | 1人 |
| 后期制作 | 2人 |
| 后期统筹 | 2人 |
| 技术监制 | 1人 |
| 技术总监 | 1人 |
| 营运统筹 | 3人 |
| 宣传组 | 5人 |
| 制片人 | 1人 |
| 监制 | 1人 |

## 六、节目策划运营与制作培训

### （一）节目技术制作

《八零后》节目在技术制作上面存在许多要点。

1.机位与运镜

《八零后》节目的机位设置为分散立体式机位设置，即在舞台上设置正面方向、观众席左右两侧方向三组面对舞台的固定机位。同时在现场观众席上方设有摇臂。三台固定机位对主持人进行多方位拍摄，摇臂对观众与现场场地进行摄影。

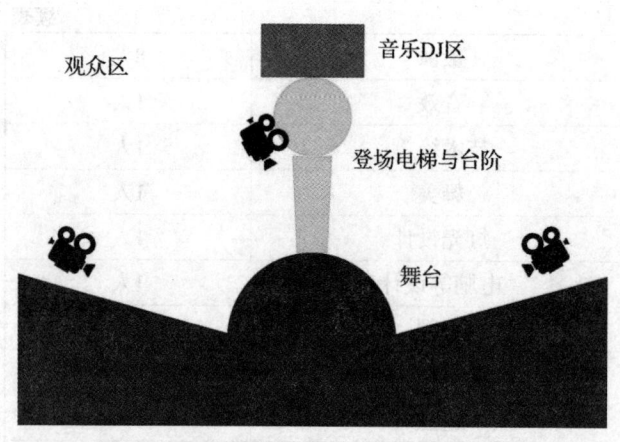

图4 2013年《八零后》节目机位设计图

（图片来源：由作者参照《今晚80后脱口秀》2013年节目舞台制作）

《八零后》节目多数镜头为平稳。在节目开头和中间转场部分，部分镜头会采取摇镜头以及快速剪辑的方式，配合转场阶段音乐DJ节奏感强烈的音乐进行踩点剪辑。这部分镜头内容通常包括音乐DJ打碟特写画面、节目现场舞台全景、现场观众鼓掌中景以及主持人中近景。摇镜头搭配节奏感音乐可以充分调动观众情绪。

2.景别与构图

由于《八零后》节目是以主持人的讲述为主，所以节目镜头中，以主持人为主体的镜头占整体时长的绝大多数时间。镜头景别则以大量中近景和全景为主，均以主持人为主体。在开场、转场环节中，景别会出现部分特写和大全景，为音乐DJ打碟、节目现场舞台以及观众鼓掌。在主持人为主体的中近景中，会插入部分观众对笑点的反应镜头。

节目常见构图可分为两类，分别以主持人为主体和以观众为主体。在构图过程中将主体放于镜头中心位置，头部与镜头最上沿间留空。

（二）节目内容策划

《八零后》节目内容可以从节目主题的选取中进行体现。

《八零后》2014年节目选题共有48期，其中主题多是以一字或二字词语为主，如1月12日的主题"度"、12月20日的主题"撑"、7月27日的主题"工具"、10月25日的"种子"等。这类主题往往与当期前后热点讨论内容相关，是从事件中提取出来的关键词。节目也存在部分长标题主题，如6月1日的主题"时间都去哪了"、5月11日的主题"你幸不幸福"、12月17日的主题"年终总结"等。这一类型主题中部分与嘉宾有关，如6月1日的主题"时间都去哪了"就与嘉宾D代表歌曲《时间都去哪了》有关；部分主题与热点事件有关，如5月11日的主题"你幸不幸福"就是从央视采访问题"你幸福吗"事件中引申出的；部分标题与重要时间节点，如12月17日的主题"年终总结"就与年末热门话题挂钩。

《八零后》节目主题的设计需要首先注意节目播出是否处于特定时间点，其次参考微博等社交平台上热点事件，最后从嘉宾身上进行取材。

# 音乐类综艺节目

《天赐的声音》节目制作宝典
《说唱新世代》节目制作宝典
《声生不息·宝岛季》节目制作宝典
《Show Me The Money 10》节目制作宝典

# 案例七：

# 《天赐的声音》节目制作宝典

## 一、节目主题

音乐作为文化艺术系统中重要的组成部分，一直是大众审美生活中不可或缺的艺术形式，音乐类综艺节目能够满足人们对精神文化的追求。2013年广电总局发布"限歌令"[①]，对音乐类节目的数量和质量进行了规范，推动了节目内容的创新和提升。2019年，出台了《关于推动广播电视和网络视听产业高质量发展的意见》[②]，为音乐类综艺的发展提供了政策保障。我国经济的稳定增长为国内音乐综艺的发展提供了坚实的物质基础，音乐消费市场呈现出旺盛的需求，同时，多元化的市场格局推动了音乐类节目的不断创新，为音乐类节目的发展提供了广阔的市场空间。

自2004年湖南卫视《超级女声》开播以来，我国涌现出了类型丰富的音乐节目，主要包括选秀类、竞技类、原创类。第一类是通过电视或网络平台，以比赛形式选拔音乐新人或发掘音乐才华的选秀类音乐节目，如早期的《超级女声》《快乐男声》，后来的《偶像练习生》《创造101》等；第二类是专业歌手或音乐人通过现场表演竞争，由评委或观众投票评选优胜的竞演类音乐节

---

[①] 百度百科：限歌令[EB/OL].（2023-05-08）[2024-07-24].https://baike.baidu.com/item/%E9%99%90%E6%AD%8C%E4%BB%A4/8629224?fr=ge_ala.

[②] 中华人民共和国中央人民政府：总局印发《关于推动广播电视和网络视听产业高质量发展的意见》的通知[EB/OL].（2019-08-11）[2019-12-02].https://www.gov.cn/zhengce/zhengceku/2019–12/02/content_5457670.htm.

目，如：《中国好声音》《我是歌手》《天赐的声音》等；第三类是以展示和推广音乐创作人原创作品为主的原创类音乐节目，注重音乐的创新和艺术性，如《朝阳打歌中心》《新歌来啦》等。此外，还有各种垂直细分领域的垂类音乐节目，如：说唱嘻哈类《中国新说唱》《说唱新世代》；乐队合作类《乐队的夏天》《闪光的乐队》；结合诗词文化的跨界融合类音乐节目《经典咏流传》；公路探访类的《乐在旅途》……这些多元类型的音乐节目不仅为观众提供了丰富的视听体验，也为音乐人提供了展示才华的平台，推动了中国音乐文化的发展。

《天赐的声音》是一档由浙江卫视推出的大型音乐励志类综艺节目，自2020年起播出，深受业内与观众的肯定。节目以"声音凝聚力量"为口号，强调音乐本身的力量，通过不同音乐人的合作与演绎，用音乐滋养听众的心灵。节目在形式上突破了传统的歌手独唱、歌手与素人合作等固有模式，邀请乐坛中成熟的实力派歌手和新生代歌手共同合作演绎金曲，定位更专业化的音乐表演，意在实现品质音乐和专业审美的回归。通过精心策划的舞台设计、专业的音乐指导以及高水准的表演，节目不仅让观众在音乐的世界里收获心灵的治愈和感动，也让参与的音乐人通过合作获得了新的艺术启发和创作灵感。

## 二、节目意义

《天赐的声音》致力于通过音乐传递情感，展现生活中的美好和感动。节目中不同风格、不同背景的音乐人通过音乐合作，打破了音乐类型的界限，展现了音乐文化的包容性和多样性。无论是经典老歌的重新演绎，还是原创作品的首度亮相，节目都注重音乐作品的品质和情感表达，让音乐真正成为沟通人心、传递力量的媒介。节目通过音乐的力量，让观众在歌声中感受到生活的温暖与希望，这正是《天赐的声音》能够深受喜爱的原因之一。

同时，节目邀请了不同风格不同领域的音乐人合作，有创作型音乐人、说唱歌手、实力唱将等，展示了音乐文化的包容性与多元性。无论是经典老歌还是流行新曲，节目力求覆盖各种音乐类型，致力于满足不同观众的多元化审美需求。节目中歌手的创作灵感往往与现实生活紧密相连，通过倾听普通人的心声，将他们的故事融入歌曲演绎，用音乐向世界宣告，渺小的无名者也有着头顶苍穹仍然努力生活的勇气和力量，反映了人们真实的生活状态和情感需求。这些歌曲如同一面镜子，让观众能够在歌词的字里行间窥见自己的影子，在旋律的婉转悠扬中感受生活的酸甜苦辣，为观众提供了情感出口和精神鼓舞，用音乐实现了大众情感的联结和抚慰，从而与大众产生了深刻的情感连接。节目鼓励音乐人在保留原作精髓的同时，进行创新性的改编，使经典作品在新时代焕发新的生命力，这种对经典音乐作品的重新诠释，不仅向观众展示了音乐的无限可能性，也推动了华语音乐艺术在新时代的创造性转化和创新型发展。该节目还为不同的音乐人提供了一个展示才华尽情绽放的平台，让他们有机会与业界其他的专业歌手同台合作，共同演绎令人难忘的音乐作品，这种合作不仅能够提升音乐人的艺术水平，也为他们的职业发展提供了助力。节目还邀请了音乐界知名的专家乐评人组成音乐鉴赏团，通过行业专家的点评，歌手们能够进一步明确自身不足，有的放矢地提升音乐水准。同时通过鉴音团的点评和讲解可以向大众普及音乐文化，提升大众的审美水平，促进音乐文化的良性发展。《天赐的声音》通过搭建专业化的阵容和场景，实现了沉浸式、代入感的音乐体验，让观众深刻感受到华语音乐的魅力，进而确定音乐类综艺节目的价值。在优质爆款难觅、热门音乐节目生命周期缩短的行业环境下，从人才培养、金曲孵化和打造精品舞台等多层面，为华语音乐传递能量，用音乐传递情感力量，激励人们在面对生活中的困难和挑战时保持前进的勇气和向上的希望。

## 三、节目模式

《天赐的声音》作为一档大型音乐类综艺节目，其节目模式设计兼具创新性与专业性，包含常规赛和巅峰歌会两个主要部分，每一个环节都充分考虑到音乐表现力和节目观赏性的平衡。

在常规赛阶段，节目以"推荐金曲"为核心竞争目标，歌手们以两两合作的形式在不同组之间进行竞演。每期节目通常会有6组至7组飞行合伙人，他们两两分组后展开合作，带来多样风格的音乐表演。每一组歌手在合作竞演结束后，可以选择心仪的音乐合伙人进行搭档，而未被选择的音乐合伙人则有机会进行"抢人"环节，以增加节目互动的趣味性和戏剧性。如果被抢的学员不同意选择，他们还拥有反选的权利，增加了节目的不确定性和悬念感。这一系列环节设计使得常规赛的竞争更加激烈，也让音乐合伙人之间的互动更加丰富多样，极大增强了节目的可看性。最终，每期由声音鉴赏团根据歌手们的表现选出一首"本期推荐金曲"，这一环节不仅体现了节目的专业性，也引导观众对音乐品质的关注。

巅峰歌会则是整季节目的高潮部分，在这个阶段，每位音乐合伙人需要推荐两位飞行合伙人参与最终的竞演，并推荐一位本季的"终极合伙人"演绎原创的"天赐金曲"。巅峰歌会的设计旨在将节目中最具才华和潜力的音乐人推向舞台中央，以原创作品展现其音乐才华，体现节目对原创音乐的重视和推动。通过巅峰歌会，节目不仅为优秀的音乐人提供了展示的机会，也推动了原创音乐的传播和发展。

从第四季开始，《天赐的声音》进行了多方面的升级，以更好地突出"音乐性"和"专业度"。这一升级包括舞台设计、选曲标准以及赛制的优化。在舞台设计方面，第四季进一步加强了视觉表现力，通过更加华丽和富有科技感的舞台布景，增强了观众的沉浸式体验。在选曲上，节目更加注重音乐作品的艺术性和多样性，既有经典金曲的全新改编，也有原创作品的首度演绎，充分体现了节目对音乐品质的追求。在赛制方面，常驻音乐合伙人的设置为节目注入了强大能量，这些常驻嘉宾不仅在专业水平上为节目提供支持，还在情感上与飞行嘉宾和观众建立了深厚的连接。

随着嘉宾阵容的不断扩大和升级，第四季的赛制玩法也进行了全新升级。音乐合伙人不仅可以和飞行嘉宾互相选择，还可以自行组队进行合作，这一变化增加了节目的灵活性和创新性，使得音乐人的合作形式更加多样，表演也更加富有惊喜感和创意。这种开放性的赛制设计为节目注入了更多的不确定性和悬念，也使得每一期的节目都充满了新鲜感和观赏性。

《天赐的声音》通过创新的赛制设计，展现了其在华语音乐综艺市场中的独特定位和价值。它不仅仅是在形式上的创新，更重要的是在节目对于专业高品质音乐的探寻和追求。尤其是在当下互联网和社交媒体快速发展的背景下，许多音乐作品因逐利而质量参差不齐，碎片化快节奏的"流水线口水歌"充斥市场，甚至一些经典歌曲被恶搞改编成"魔性洗脑神曲"，使得音乐市场的发展受到了极大阻碍。在这样的背景下，《天赐的声音》这样一档注重专业性和音乐品质的节目无疑为低迷的音乐市场注入了一剂强心针。

通过常规赛和巅峰歌会两个阶段的精心设置，《天赐的声音》不仅为音乐人提供了一个展示才华的平台，也通过高质量的音乐作品和创新的表演形式，唤起了观众对华语音乐的热爱和关注。节目中的每一次合作、每一场竞演，都是对音乐本身的致敬和探索，通过音乐的力量，让观众在歌声中找到共鸣和感动，激励人们在面对生活中的困难和挑战时保持前行的勇气和信心。

## 四、节目场景打造

《天赐的声音》在节目场景、灯光设计等多个方面进行了精心打磨，最终呈现了一个个堪称殿堂级别的音乐舞台。整体氛围温暖治愈，舞台场景设计别具一格，充满了现代科技感和音乐氛围。场景有许多值得研究的细节，舞台中央是一个巨大的圆形舞台（根据每首歌曲曲风的不同以及演绎主题的不同，也会有其他的形状，如：菱形、扇形、半圆形等）。此外，还配备了特殊的舞台呈现效果，例如：舞台的开合及升降等，让表演更有层次感。舞台搭配炫目的灯光效果，营造出神秘而激情的演出氛围。整个舞台场景设计既简洁大方，又充满了现代科技感。舞美的设计结合了节目主题，配合舞美道具，打造特色舞台。在灯光设计上配备了多种灯光设备，如光束灯、染色灯、频闪灯等，为表演者打造出独特的视觉效果，营造舞台氛围。节目使用各种不同颜色不同效果的灯光来营造不同的情绪和氛围，如暖色调营造温馨感、冷色调带来神秘或冷静的感觉。节目的灯光系统还包括能够移动和变化的灯具，如摇头灯、光束灯、频闪灯等，创造出动态的光束和图案，增强舞台的视觉动感。为了突出表演者和舞台的关键区域，使用聚光灯、成像灯等设备进行精准照明，使观众的注意力能够聚焦在重要的演出元素上，增加视觉深度和层次感。为了增加舞台的戏剧性和惊喜效果，节目还使用了雾机、激光灯、干冰机等特效设备，与灯光配合创造出独特的视觉效果。灯光的变化通常会与音乐的节奏和旋律紧密同步，《天赐的声音》通过精心的灯光设计，增强了视听的同步感和沉浸式的观看体验。

## 五、节目嘉宾

节目嘉宾由常驻音乐合伙人、飞行嘉宾、音乐鉴赏团组成。

常驻音乐合伙人主要是来自不同音乐领域的优秀歌手和实力唱将，他们都是音乐圈内一致公认的优秀音乐人，各自拥有广泛的粉丝基础和音乐成就，包括胡彦斌、吉克隽逸、刘柏辛、容祖儿、王赫野、王琳凯、汪苏泷、希林娜依·高、GAI周延、张靓颖、张碧晨、伯远等。此外，节目还会邀请音乐圈内的不同曲风的其他歌手作为飞行嘉宾参与，例如：王靖雯、姚琛、弦子、赵磊、告五人、薛凯琪、Jessica (郑秀妍)、于文文、陈立农、李健等，增加了节目的多样性和新鲜感，飞行嘉宾的加盟为节目带来了更多元的音乐风格和更广泛的受众群体。这些嘉宾在节目中的合作与碰撞，不仅为观众带来了精彩的视听盛宴，也展现了音乐的包容性和创新性。同时，音乐鉴赏团也是节目的重要组成部分，鉴赏团成员通常由音乐界的专业人士组成，包括音乐制作人、专业乐评人、唱片企划、作词人、作曲人等，帮助众多歌手打造了出圈的音乐作品，在专业音乐领域颇有建树，对音乐作品有着自己独特的见解，通过从不同的角度对音乐作品进行剖析，不仅为节目提供了专业的音乐评价，也为观众普及了音乐文化并且提供了更多的思考角度，对于推动音乐文化的发展和提升公众的音乐素养都有着积极的作用。通过专业的阵容配置，《天赐的声音》旨在打造一个高水准的音乐交流平台，推动音乐艺术的发展。

## 六、节目后期剪辑艺术

后期剪辑历来在综艺节目制作中扮演着非常重要的角色，直接影响着节目的观赏性和观众的观看体验。《天赐的声音》在后期剪辑方面做了许多努力，力求为观众打造一场视听盛宴。首先，正片播出的舞台镜头都是歌手们最具表现力和感染力的部分，这得益于剪辑团队对录制的大量素材进行整理筛选；其次，节目的叙事框架自然流畅，严格遵守音乐节目的流程和叙事逻辑；再次，进入精剪阶段，剪辑人员对画面进行了更细致的调整，包括剪辑节奏的把控、情感表达的强化等，以确保节目的流畅性和故事性；最后，对节目进行包装，包括调色、特效、片头片尾的设计、花字的添加等，增强视觉冲击力和提升观众的观看体验。由于是音乐类节目，因此对音频的处理有着更高的要求，节目中的音乐作品需要经过精心的混音和均衡等处理，确保音乐质量达到播出标准。

《天赐的声音》除了歌手本身对音乐的改编创作，音乐制作团队还需对每首歌曲进行专业的音乐制作，包括但不限于精心的编曲、旋律的调整、和声的配置以及音乐的混音和平衡等。节目还推出了歌手舞台的纯享版，精准满足只想看音乐舞台的受众需求。后期团队在剪辑过程中特别关注音乐合伙人和飞行合伙人之间的互动，以及音乐表演的情感传达，通过剪辑手法强化这些元素，以提升节目的吸引力。后期剪辑团队与节目导演、音乐总监、视觉导演等紧密合作，呈现出一档高品质的音乐节目。

## 七、节目的赞助合作

《天赐的声音》作为一档大型音乐励志类综艺节目，其成功不仅在于节目本身的创新和高质量的内容制作，背后的赞助合作也为节目的发展提供了强大的支持。赞助商的加入不仅为节目提供了必要的资金支持，也通过节目平台实现了品牌的推广和价值提升。节目吸引了诸多知名品牌的赞助商，例如，东阳光鲜虫草、雀巢茶萃、老板油烟机、赛灵药业等，这些品牌通过与节目的合作，提升了自身的品牌知名度，同时也通过节目实现了品牌理念的传递和消费者认知的加深。

东阳光冬虫夏草作为《天赐的声音》的独家冠名赞助商，在节目中得到了大量的品牌曝光和市场认可。东阳光鲜虫草作为一家大健康领域的知名品牌，其产品的品牌理念与《天赐的声音》的精神内涵有着高度的契合。节目所倡导的音乐精神和情感力量，与东阳光鲜虫草所传递的健康、积极的生活态度相呼应。通过节目的影响力，东阳光鲜虫草不仅成功向观众传递了其产品的健康理念，还通过多种形式的创意植入加深了观众对品牌的认知和好感。

作为节目的冠名赞助商，东阳光鲜虫草的品牌信息贯穿了整个节目。无论是在节目的片头、片尾，还是在选手的演出环节和评委的点评中，东阳光鲜虫草的品牌形象都得到了充分的展示。通过与节目内容的深度融合，品牌不仅得到了高频次的曝光，还实现了品牌理念与节目的有机结合。例如，在节目的健康生活环节中，主持人和嘉宾们会自然地提到东阳光鲜虫草的健康理念，将品牌与音乐的情感价值联系在一起，使得观众在享受音乐的同时，也能够对品牌产生积极的联想。

雀巢茶萃作为另一主要赞助商，通过《天赐的声音》这一平台，将自身品牌的年轻、活力形象成功植入观众心中。雀巢茶萃的目标消费群体主要是年轻人，而《天赐的声音》的观众群体与其高度契合，使得雀巢茶萃能够通过节目实现精准营销。节目中的茶饮品展示环节，嘉宾们在排练和休息期间饮用雀巢茶萃，不仅增强了节目的真实感和亲和力，也使得产品展示显得更加自然。雀巢茶萃通过这种生活化的场景植入，让观众对产品产生了潜移默化的认同感和消费欲望。

老板油烟机作为节目中的家电品牌赞助商，主要通过厨房场景和嘉宾互动等环节进行品牌展示。节目邀请嘉宾们在演出之余来到节目组的专属厨房，制作简单的食物或饮品，进行轻松的交流。在这些环节中，老板油烟机的产品得到了充分展示，通过无烟、智能等功能的演示，体现了品牌的高端和科技感。这种植入方式不仅增加了节目的趣味性，也使得老板油烟机的品牌形象更加深入人心。

赛灵药业则通过与节目的合作，进一步强化了其"咽喉用药国民品牌"的形象。作为一档音乐类综艺节目，《天赐的声音》中的参赛歌手和嘉宾们频繁使用嗓音，而赛灵药业的产品在这一情境中得到了非常自然的展示。节目中赛灵药业的产品被用于帮助歌手保护嗓音、缓解咽喉不适，这种直接与节目内容相关的品牌植入方式，使得赛灵药业的品牌形象得到了极大的提升。观众在看到歌手们使用这些产品时，也会自然地对品牌产生信任感和认同感。

东阳光鲜虫草的品牌理念、市场定位、受众契合度和商业效益等方面与《天赐的声音》有着高度的契合。东阳光鲜虫草作为大健康领域的代表品牌，其产品的高端定位和健康理念，与《天赐的声音》所传递的品质音乐和积极健康的精神内涵相辅相成。双方的合作使得品牌和节目在形象和影响力上得到了互相提升，通过与热门综艺节目合作，东阳光鲜虫草能够有效扩大品牌曝光度，触达更多的潜在消费者，提高产品的市场认知度。

  综艺节目与品牌的合作是一种双赢的策略。对于节目来说，赞助商的资金支持使得节目能够在制作上有更高的预算，能够邀请更具影响力的嘉宾、制作更高质量的舞台效果，并在节目内容上不断进行创新和突破。而对于赞助商而言，综艺节目所带来的巨大流量和广泛的观众基础，能够帮助品牌迅速提升市场知名度和影响力。在《天赐的声音》中，赞助商通过在节目中的植入广告、产品展示、互动环节等多种形式，将品牌信息自然地融入节目内容，实现了品牌与节目内容的深度融合。这种深度的品牌植入方式，不仅提升了品牌的曝光度，还通过与节目的情感联系增强了观众对品牌的认同感，同时也展示了综艺节目在商业价值和文化价值融合方面的巨大潜力。这种双赢的合作模式，节目和品牌在市场中共同成长，为观众带来更多优质的音乐和生活方式的启示。

## 参考文献

[1] 百度百科：限歌令[EB/OL].（2023-05-08）[2024-07-24].https://baike.baidu.com/item/%E9%99%90%E6%AD%8C%E4%BB%A4/8629224?fr=ge_ala.

[2] 中华人民共和国中央人民政府：总局印发《关于推动广播电视和网络视听产业高质量发展的意见》的通知[EB/OL].（2019-08-11）[2019-12-02].https://www.gov.cn/zhengce/zhengceku/2019-12/02/content_5457670.htm.

# 案例八：

# 《说唱新世代》节目制作宝典

## 一、节目概述

《说唱新世代》是哔哩哔哩（以下简称B站）出品的说唱类音乐综艺节目，节目制作共11期（分上下辑），于2020年8月22日起每周六20：00播出，11月1日完结。现有豆瓣评分达到9.1分，播放量超过3.7亿，成为2020年夏天最具有讨论度的节目之一，并在当时掀起了一波说唱热。

### （一）节目样态

季播舞台生存竞技类音乐综艺节目。

### （二）受众定位

与B站的主流受众相贴合，与说唱音乐属性紧密相关，节目主要受众是年龄在18~25岁的Z世代，而完播后的"20岁左右，高强度上网"用户画像也印证了节目在筹备期间的精准定位。

### （三）选拔标准

现如今的说唱节目主要呈现两种倾向：一种是专注挖掘明星、养成新人为行业输血，另一种是集结业内最强艺人资源搞"全明星赛"和哈圈"华山论剑"。而就参赛选手选拔上，《说唱新世代》走上了一条"跨圈"融合之路。

与顶尖Rapper捉对厮杀、"贵圈恩怨情仇录"不同，《说唱新世代》邀请到的Rapper以优质名气小为主要特征，其中也包括具有一定名气的职业OG（元老级人物），但更多是汲汲无名的新生代说唱歌手，甚至包含在校大学生、白领以及老师。

其中，以姜云升、生番、斯维特为代表的职业OG入圈较早，被观众称为"老江湖"；而懒惰、沙一汀、subs、石玺彤等代表着刚入圈沉浮，亟须舞台展现自我、积攒经验、释放能量的新生代Rapper，需节目经过考核、甄别之后大胆"入股"。这群人往往因为"初生牛犊不怕虎"，还没有被既定的行业规则所限制，所以能够在节目效果和作品风格上打破常规，达到与老牌音综不同的神奇视效。

而在导师嘉宾方面，节目选择了有丰富综艺经验的Hot dog、Higher Brothers，以及中国综艺首秀的海外人气Rapper Rich Brian，分别从综艺效果、流量和圈内认可度方面综合考量。包括主理人李宇春和观察团腾格尔，分别是流行音乐领军人物和B站热门常驻，符合小众垂直类节目特色和平台气质。

### （四）节目立意与制作理念

说唱作为舶来文化，它的渗透过程一直是缓慢而持续的，其抵抗式歌词和个性化潮流内容一直是这种垂直类综艺的生命力来源。

《说唱新世代》没有像常规说唱音综一样去讲述堕落故事和反叛精神，或以攻击性强、火药味浓的underground battle作为叙事重心，而是强调"万物皆可说唱"这种更具有包容性的主旨，拓宽了说唱"言说万物""为社会议题自由发声"的载体价值，从真实中找寻现实力量，逐步向下扎根。

在这里，Keep real并不是指"特立独行"，而是像其字面意义一样，指能够沉浸、纵深进真正的现实空间，去洞察何为生活、什么值得我们发声、什么值得关注与称颂。因此节目出现了众多描摹众生百态、烟火气息和真诚细节的走心之作，并具有广泛传播的社会效应。

《书院来信》揭露豫章书院的残酷现实，以"藏头诗"诉说困于牢笼身处黑暗孩子们的苦楚与救赎；《来自世界的恶意》讲述抑郁症人群的生活点滴，用真诚字句抚慰着每一位"折翼天使"；Doggie的一首 *Real Life* 联系多起社会时事，如高考替读、校园暴力等，揭露社会潜藏的不公与钻营；还有于贞唱的女性故事《她和她和她》、Subs描绘理想乌托邦世界的《画》、Tango z为家乡杭州代言高唱 Love Paradise……一首呼唤世界和平的 We We，让《说唱新世代》叙事格局一再扩大。

这些歌曲不同于传统印象中的"豪车大金链"，以及千篇一律歇斯底里的宣泄，反而是以小众的声量扩层，在社会议题、自我价值和情感联结上寻找、挣扎与创写。

正如节目主理人李宇春在首集开篇所点名的节目理念："B站的说唱节目会是什么样子？新鲜、颠覆、有趣、洒脱。新时代的声音，不再是舶来文化的影子，也不仅是对经典的遵循和模仿。我们用舞台鼓励创作者们打破边界、表达自我，用最包容的氛围和创作土壤，孕育新的音乐和新的风格。"

## 二、节目策划与规则设置

节目从全国各地遴选出了40位选手，为角逐出9名厂牌成员，节目依然采用逐层淘汰制，不过根据选手基数不同，节目组设置的赛制也各有不同，包括首次象限之争、年代主题团队战、"命题作文"主题创作战、说唱辩论战以及嘉宾助演个人车轮战等。

### （一）象限之争

初进入说唱基地，节目结合B站互动仪式链的功能特色，打造出了类似"互动视频"的赛制，根据"说唱让你变得贫穷/富有"和"你会选择人红/歌红"两个问题的答案划分出四个象限，再以象限为最小单位进行cypher的创作。

节目组拟定了四组看似毫无关联、无内在逻辑联系的关键词作为临时考题，限时2小时创作，导师们再根据选手表现给出限定哔特币，被选中的人将代表团队参与夜晚的象限battle，通过押注同等数量的哔特币进行个人作品首秀，最终按照哔特币总数量划分，依次入驻待遇不同的一、二、三、四环。

### （二）年代主题创作与首次公演

节目组织选手内投出8位队长并自行分队，由队长选取"40"~"00"年代风格的beat进行创作，位置相对的组别形成竞争关系。

公演邀请了B站著名乐器UP主们助演，现场投票人是经由遴选后、具有一定说唱知识或音乐博主，而在4组1VS.1较量中投票数较少的团队将再一次根据票数总量排序，票数垫底两队将面临淘汰，三名导师与一位主理人拥有特权各自救回1名选手，因此首轮公演共淘汰4位选手。

### （三）The one主题个人赛（24名）

公演结束后，节目回归"The one"主题个人赛，意在让选手个人首秀释放出最拿手、最具有个人特色的原创作品。本场竞演采用无限battle的赛制，来自ABCD四组的34名选手自行选择对手，胜者直接晋级，败者进入待定，且每组仅有6个晋级名额。拥有投票权的观众都是通过答题选拔上来的资深说唱爱好者，导师各持5票，最后经叠加决出24名胜者晋级。

## 三、创新元素

《说唱新世代》除在内容上的创新以外，充满趣味性和意涵丰富的沉浸式社区生活模式也是一大看点。

节目将说唱基地设置于无锡市导航国家数字电影产业园，地处偏僻，四周空旷，并在建筑上体现出"末日废土"风，建造起了"嘻哈小镇"的特制世界观。

在这个"嘻哈小镇"中，哔特币是唯一通用的货币，如果实在没有哔特币，还可以通过借贷、完成battle任务来赚"钱"，而当哔特币耗尽之日，就是选手淘汰之时，[1]由此衍生了一套虚拟现实世界的丛林生存法则。

正是在这一模式的驱动下，选手被给予了主观能动性，需要对仅有的哔特币精打细算。因为规则的灵活多变，哔特币的数量或许不仅关联个人的前途命运，还极有可能与团队绑定，影响整体队伍的去留。这也就是《说唱新世代》又被称为"理财节目"的原因。

---

[1] 知乎.口碑炸裂的《说唱新世代》为什么不出圈？[EB/OL].（2022-01-01）[2023-12-26]. https://zhuanlan.zhihu.com/p/269757217.

## 四、节目设计与制作

作为一档舞台竞演类综艺，好的舞台表现力是节目的灵魂。而优秀的作品、舞美还有流畅的运镜、剪辑（选手表演，灯光舞美，拍摄方案，后期剪辑），这些都是支撑舞台呈现的重要组成要素，《说唱新世代》与《极限挑战》前四季一样，作为"严敏系"的经典作品，同样在叙事环节发挥长效势能，打造出了新亮点。

### （一）场景、舞台设计

受经费限制，节目除了大场面公演舞台是在大规模（容纳数百人）演播厅中录制，其余个人战都是在"八角笼"中完成，类似线下音乐经济的live house模式。涂鸦、暗黑、反叛，是说唱音综搭建舞台的基础范式，而《说唱新世代》在社区生态的基础上，建构起了"八角笼"这一奇观舞台。

一方面，"八角笼"主舞台搭建于废弃工厂中，基础容纳人数在200人左右，以红黑色为主基调，框架搭建包括黑色立柱、金属条等，配合激光灯和冷光源，营造出低保真未来风的比赛氛围。另一方面，"八角笼"词义本身就溯源于UFC的封闭擂台，是一种具有强烈指向性的形状，代表着冲突和对立，进而被赋予了丛林生存、弱肉强食的强竞争色彩，在八角笼中进行的比赛，注定含有更吸睛、刺激的观感。

再来看公演录制的演播厅布置。演播厅除导师以外没有单独设置座位，迎合了说唱本身"燥、燃"的音乐属性。背后的LED屏在主持人过渡时主映节目logo，而在表演时会串联具体歌词滚动，并结合具体作品播放律动小片。而舞美会根据演唱歌曲主题的不同进行细分，这里以具有代表性的《懒狗代》《山顶洞人与夜航船》和《飞奔向你》舞台为例讲解。

《懒狗代》是三人根据原生关系改编、带有diss性质的竞赛歌曲，需着重突出三人关系的冰点、边界和亟待喷发的火药味。为此，节目开场设置了战鼓的形式，形成"三足鼎立"的diss格局，三个人在互相推搡与攻防转换中变化站位，轮流成为歌词分部的视觉中心。

《山顶洞人与夜航船》是鱼翅和feezy的辩论式合作曲目，辩题为"《流浪地球》中，人们应该逃进地下城还是在地面接受死亡"。因此，节目设置了界限清晰的红蓝双色地带，一面象征灭亡末日的夕阳，一面代表地下城科技而毫无生气的死寂，选手仿若游走在两个世界，跨越时空进行着一场关于生存的思辨。

而《飞奔向你》则是于贞的决赛曲目，用以叙写异地恋人群的情感联结与美好寄愿，歌词、曲风均倾向清新、梦幻的浪漫物语。因此，节目舞美的设定也向海岸烟火靠拢。整个舞台以旖旎紫色为主色调，演员服饰统一为白色带流苏状，配合音乐鼓点与节奏变化粉蓝氛围灯光。在主歌部分喃喃絮语时，灯光温柔而变幻缓慢；而当歌曲进入副歌循环时，灯光随节奏跳跃转换，并伴有舞者、烟火和迷烟释出。观众留下的以"精灵""梦幻"等关键词为主的弹幕矩阵，就是对节目视觉美学的认可。

### （二）镜头设计与剪辑思路

《说唱新世代》的镜头设计根据场景转换各有不同。

就舞台镜头而言，有大全景镜头掌控全局，重要嘉宾各持一个特写镜头，同时在场下还分别设置多台斯坦尼康对选手比赛镜头进行捕捉，包括飞猫在转场过渡时的灵活运用，分设机位对观众反应进行重点捕捉。

除了舞台镜头外，生活流叙事主要由PD跟拍、单采、Go pro固定记录等组成。单采背景板仍然贴合红黑主色调，突出背后的"万物皆可说唱"logo和音源上线属地"QQ音乐"，而PD跟拍手法主要运用于嘉宾探访说唱基地片段，选手备战期间物料仍然是由固定机位Go pro记录，包括食堂、寝室、录音室、篮球场等，全方位记录选手的比赛状态。

剪辑方面，节目使用了综艺惯用的穿插、嫁接、踩点、跟踪等技巧，穿插起了丰富且完整的叙事线，这里不得不提到的就是群像塑造。

《说唱新世代》的群像刻画是比较成功的，这一点在自来水二创和《生命诗》大合唱中都可见一斑。首先节目在铺叙故事线的时候，并没有按照时间顺序直给，而是有一定的集中和整理，强化了观众对选手个人魅力的附丽。其次，节目有意打造无关联时空点的"互文"，也就是剪辑中常用的"嫁接"。

当上一个人刚说到某位选手或某个事件,剪辑师就顺势迁移到关键词叙事,完成时空转换与叙事递进。

最后,对音综最重要的一点,就是要营造音乐舞台的观赏性和视听"爽感",节目通过运镜、灯光和剪辑三重配合完成了质量较高的说唱舞台。从 *Love in my pocket* 舞台我们可以看到,因为歌曲情绪相对没有那么激烈,运镜也比较平稳,剪辑师也不会频繁地根据节奏去踩点切镜头;而到了《懒狗代》,随着情绪的深入,镜头切换的节奏逐步加快,当音乐进行到高潮时,这里用摇臂镜头扫过,带动了情绪的升级,镜头的切换频率和运镜速度也会推向一个前所未有的高度,甚至会快过音乐节拍。背景也从前者的逆光冲镜、柔和氛围一转攻势,以强光激光配合 punchline 和重音鼓点。这是《说唱新世代》面对不同风格(雷鬼、摇滚、旋律、爵士、boom bap、trap)时不同的处理方式。

### (三)矛盾冲突与反转叙事

在讨论一档音综节目如何出圈时,矛盾冲突和反转叙事是绕不开的关口。

基于群像塑造的友谊向书写,《说唱新世代》的矛盾冲突和反转叙事都落向"趣味性"和"热梗制造",而非"扯头花"和敌对关系的强戏剧化处理。

最出圈的就是黄子韬与姜云升的对赌桥段。第二期下辑,黄子韬自发开创赌注环节,与姜云升猜测各队的年代歌曲选择结果,却频频打脸,节目效果显著。另外,包括剪辑师在内的工作人员往往会选择铺垫"先抑后扬"型叙事节奏,对比赛结果进行前后反转。夏之禹从"不努力,不逃避"到"努力却被迫回家"的情感转向,既是友谊联结纵深的隐喻,也是具有看点的非常规故事走向。

## 五、节目属性与平台功能赋能

### (一)B站基因:强交互属性

众所周知,哔哩哔哩是国内知名的视频弹幕网站,活跃的氛围毫不例外地也被植入进了这档平台原生音综。网友借弹幕接梗、造梗,形成荧幕内外的双向奔赴。节目也不吝于为观众提供明星"祛魅"后的梗文化,比如当黄子韬一意孤行连输五场赌注时，弹幕飘过一片"习惯了"；当TY逃过了cypher，在公演开口定调时，后期贴心地标注上了"首次发声"的标签；还有周密施鑫文月"众脚难调"，沙一汀"吸铁石""使劲儿撕"傻傻分不清，都让观众得以在节目中看见酷炫选手呆萌的另一面，结合画面疯狂制梗，前后call back，形成了良好的站内互动生态，这是其他平台出品说唱节目所没有的特殊氛围。

### （二）上宣价值引导，反叛精神的"再反叛"

由于B站用户定位于青少年群体，曾获"Z世代偏爱App"的称号，这与说唱音综的主要受众有较大部分的重合，并且受站内风格的影响，这档音综的说唱氛围并没有那么"underground"，甚至挖掘出"再反叛"精神，开辟出说唱音乐的上宣价值。

回望说唱发展历程，无论是2008年说唱团体C-Block受邀成为《天天向上》的常驻嘉宾，还是万妮达、杨和苏参加《中国好声音》将说唱作品带入大众视野，说唱更多是作为辅助元素出现于节目中，以"潮""酷"代名词的身份存在，夹生于圈层较窄的小型live house中。而《说唱新世代》打造出了能为青少年做好优质引导、能被广泛传播的说唱，在文化"软着陆"的过程中，对内容进行了新的突破与调试。

节目鼓励选手从个人成长和梦想实现、关照现实等思路创作曲目，尽量避免祛除所谓消极的、低俗的、粗浅的内容输出，从音乐风格的融合，做好文化价值的"向下扎根"。我们看到，GM擅长国风说唱，制作人团队拿捏蒸汽波摇滚，还有说唱式辩论邀请来陈铭作指导。《说唱新世代》不再局限于单一形式的快嘴，其多种音乐元素的赋能，让说唱从炫富、放狠话的"冰河时期"，走向了原创力爆发、热单频出的"寒武纪"。最终将小众文化与主流价值合流，构筑成无数爱好者心目中"那一团难忘的旧烟火"。

## 六、节目赞助与周边衍生

回顾节目赞助商名单，《说唱新世代》是"聚划算"与B站的一次深度捆绑，并达到了双方目标的互惠共赢。

一方面，B站想要探索内容商业化道路，却受限于资金短缺与规模扩容；

另一方面，聚划算也想要开拓年轻人市场，亟须破圈路径打开切口，至此，两者一拍即合，并完成了在商业内容上的平衡。"划算划算聚划算，百亿补贴买买买"是《说唱新世代》为聚划算量身打造的深记忆点slogan，而在整个叙事链路中，聚划算也不仅停留在砸钱养站的金主爸爸，而是"雪中送炭"，买硬盘救B站的及时雨，由此唤回了受众与广告流量的良好互动。与此同时，我们也看到潮流文化综艺还能为品牌带来更具新意的植入玩法。

除了产品露出、口播贴片等常规形式，街舞、说唱在营销上往往更重"内容"。节目期间，聚划算的周边产品章鱼包因为丑萌意外走红，不少观众每期都在弹幕留言出周边，由此也完善了站外实体营销的生态链。

## 参考文献

[1] 知乎. 口碑炸裂的《说唱新世代》为什么不出圈？[EB/OL].（2022-01-01）[2023-12-26].https://zhuanlan.zhihu.com/p/269757217.

# 案例九：

# 《声生不息·宝岛季》节目制作宝典

## 一、节目简介

### （一）节目类型

音乐竞演类综艺。

### （二）播出平台

湖南卫视、芒果TV。

### （三）播出时间

该节目自2023年3月16日起开始播出，于同年6月3日完结。

芒果TV：每周四19：30播出，次周同一时间重播；湖南卫视：每周五19：30播出；中天亚洲台：每周六21：00播出；TVB：每周六20：30播出。

## 二、节目背景

2022年4月，随着音乐交流节目《声生不息·港乐季》的播出，刮起了一阵"港风"音乐潮流。在《声生不息·港乐季》节目收官之后，洪啸团队便开始投入到新节目的筹备之中。洪啸认为台湾地区流行音乐陪伴了几代人的成长，在整个华人圈都具备影响力和传播力。在同年5月18日湖南卫视与芒果TV联合举行的"新生态赏鉴会"中，首次对外公布由洪啸工作室打造一档新节目《声生不息·宝岛季》。

2023年12月2日，《声生不息·家年华》迎来首播，引发许多观众的热议。

在这里选择的节目是已经完播并且比较有代表性的《声生不息·宝岛季》。

## 三、节目定位

音乐竞演节目，以年代为线索，以台湾地区的时代金曲为载体，开启两岸的音乐文化交流，唤醒群众的集体记忆，通过音乐串联起台湾发展史的音乐综艺。

受众分析：节目的受众主要是对音乐和台湾文化感兴趣的人群，包括年轻乐迷、学生等。

## 四、节目概述

《声生不息·宝岛季》是芒果TV、湖南卫视和TVB联合推出的节目，于2023年3月16日首播，3月17日起每周五19：30在湖南卫视播出，3月18日起每周六21：00在中天亚洲台播出，4月1日起每周六20：30在TVB播出，于2023年6月3日完结。该节目以音乐为纽带，邀请两岸三地及新加坡、马来西亚地区的歌手，通过音乐交流，讲述两岸故事，传承中华文化。

## 五、节目宗旨与立意

以音乐作为媒介，为海峡两岸的文化和情感提供了交流的窗口，让歌声连接两岸情感，谱出一段动人又宏大的历史史诗。

核心立意：连接两岸歌手、共唱台湾地域音乐，增进文化艺术交流，以老带新"声生不息"。

## 六、节目亮点

### （一）台湾音乐发展史

虽然这是一部音综，但是它又不只是一部音综，这里蕴含着感动和回忆、怀旧与展望未来的期冀。这部音综是以音乐为线串联起宝岛台湾音乐发展的历史，它超越了音乐本身，所带来的是中华民族的根和我们共同的情感记忆。

### （二）用情感激发文化共鸣，传承中华文化基因

这是《声生不息·宝岛季》最突出也是最核心的主题——让中华优秀传统文化在传承与创新中传递，音乐是一个桥梁和载体，更重要和更内核的是我们都认同的中华文化。

大陆和台湾拥有着相同的文字、文化和生活方式，我们都会为这份文化和音乐所感动，增进了解和认同。这份文化认同更是节目想要传达给受众的核心价值和意义——生生不息的生命力和文化的共同感。

### （三）互动感极强

每期节目的最后采用和观众大合唱的方式，增强了和观众的互动感。这个综艺也提升了音综本身的意义，这是所有人共同的音乐记忆，是每个人可以紧密联系的枢纽，也是节目最本质想传递的价值所在。两岸的观众可以一起合唱，共同感动。

### （四）温和赛制突出内容本身

越来越多的综艺愿意用冲突的竞技方式来吸引观众的眼球，为节目吸引流量，制造更多的话题。但是《声生不息·宝岛季》的赛制相较于其他竞技类音综来说，赛制更加温和，这也让观众更能聚焦于节目本身和节目的深层含义。这种相对来说比较慢的叙事更符合节目的主题和调性，与"怀旧"的意义也不谋而合，让观众能沉浸式地欣赏台北音乐和中华文化。

## 七、节目形式

### （一）双线并行叙事——两地分会场模式

在大陆的长沙主会场，海峡两岸的8组歌手作为常驻嘉宾，每一轮还会邀请6组特邀歌手，这14组选手分成两队进行竞演，由观众投票。

在台湾的会场部分是由歌手和主持人共同主持，可以看到很多具有台湾特色的建筑和景点。

## （二）固定嘉宾+飞行嘉宾——跨年代的文化整合

由八位成熟歌手和数位新生代歌手共同组成，年龄横跨从80后到2010年代。

这档节目使用的两岸新生代音乐人比例很高，很多音乐人都代表着不同时代两岸流行音乐人的创作力。这也是另外一种意义上的跨时空对话，符合节目不管是新老合作，还是两岸合作，都形成了跨时空的对话，这是传承和创新的另一种表达。因此，这档节目的受众有80后、90后，也有00后。受众层面之广，可以让节目实现跨圈层传播。

## 八、节目流程

### （一）整个节目分为三个阶段

第一阶段：初亮相。成熟歌手集体亮相，通过竞演分成两队，之后邀约新歌手。

第二阶段：五轮主题竞演。分上下半场和大合唱，争夺金曲入选和新歌手安可卡。

第三阶段：总决赛。盘点整季精华作品，盛大金曲颁奖典礼。

"歌手请回答赛制"：分成上下两个半场，会产生三首歌曲年代金曲唱片，但这两个半场的比赛方式各有不同，上半场为限定组队排位赛——不论队伍属性组成7组搭档，每首歌曲演唱完毕由500位金曲出品团点赞式投票。下半场则有歌手回归与帮帮唱、团队合唱与个人独唱表演等环节，最后迎来荣耀时刻，会依据多方面因素评选出各类奖项并举行盛大的金曲颁奖典礼，为整季节目画上圆满句号。

### （二）每一期具体流程（参考）以年代竞演为例

本期看点，小片3分钟；

主持人登场，主持5分钟；

惊喜歌曲演唱，交流10分钟；

第一组歌曲演唱，交流（共两首歌）20分钟；

公布第一组比赛结果8分钟；

台湾分会场歌曲演出 10分钟；

B战队备战间，C战队备战间10分钟；

第二组歌曲演唱，交流20分钟；

声生不息请回答，我的人生BGM交流，小片20分钟；

第三组歌曲演出PK20分钟；

颁奖环节，公布最佳金曲15分钟；

大合唱10分钟。

## 九、节目内容分析

### （一）海报分析

节目组在各大社交平台和芒果TV客户端都发布了一系列的海报，都有着很鲜明的主题，这些海报制作精良，让人印象深刻。

画面以黑金色调为主，用黑色胶唱片连接大陆和台湾省，凸显了节目主题——用音乐连接两岸。台湾岛的轮廓图也是参考了药材当归的形象，可见芒果台的诚意。

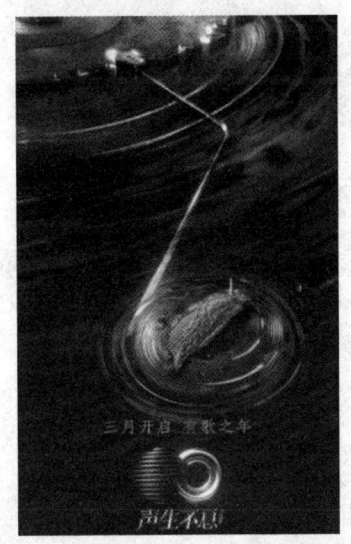

图1 《声生不息·宝岛季》官方海报

（图片来源：https://m.sohu.com/a/658831768_121124707/）

用黑胶唱片连接起了大陆和台湾，象征着海峡两岸深厚的情感和友谊。

图 2 《声生不息·宝岛季》官方海报

（图片来源：https://movie.douban.com/photos/photo/2889340182/）

宝岛风景海报：以宝岛独特的风景作为主视觉，配以台湾歌手经典台词。

图 3 《声生不息·宝岛季》官方海报

（图片来源：http://k.sina.com.cn/article_1878335471_6ff51fef04000zlh0.html）

岛屿歌词海报，将歌词书写在沙滩上，让大海传递这份思念。

## （二）节目场景

5000平方米殿堂级舞台，为歌手们提供更多丰富的舞台呈现，为观众打造更精彩的舞台画面。真人秀空间包含备战室、休息室、排练间和生活日常等。

## （三）舞美分析

舞台主视觉：怀旧印象。

图 4 《声生不息·宝岛季》节目截图

（图片来源：http://m.miguvideo.com/m/detail/822912461）

节目沿用了第一季用两个圆形组成复古唱片的主舞台设计，观众围在舞台周围。这种符号也寓意着无限可能。让每一首歌曲的演绎都向这种无限可能去做尝试和突破。这也与节目logo不谋而合，打造了一种怀旧的情怀。

图 5 《声生不息·宝岛季》节目截图

（图片来源：http://m.miguvideo.com/m/detail/822912461）

这一灵感设计来源于"巢",寓意着家,用歌声让大家归巢。运用了LED灯管和曲面空间营造出科技感,给人带来非常震撼的视觉享受。

### (四)文案分析

"希望我们会互相激荡出另外一个时代来。这桥面会越来越宽的,浪声会越来越大的。我们就是汹涌的海洋,生生不息。"

"当我们聊起台湾音乐时,聊的是雨水冲刷不掉的足迹,是岛屿和陆地间的回声,是舟楫、港湾、潮汐的文明,是潮平两岸阔的现在和风正一帆悬的未来。"

这些文案用温暖又亲切的旁白穿插在节目内容中,用大格局和宽广的视野唤起了人们对文化最深处的认同。同时,也提升了这档音综的价值。

### (五)灯光设计

1. 电影级别的光影设计

《声生不息·宝岛季》的每一期灯光设计都是根据选择的歌曲和节目整体考虑设计的,舍弃了模板化、让观众产生视觉疲劳的一些设计。通过光影和舞台设计相结合,为观众呈现出殿堂级别的视觉听觉盛宴。

2. 烘托整体氛围

镜头语言、立体感十足的场景化舞台、配合音乐调性的灯光等,都为整个表演提供了极具情绪化、让观众能身临其境的灯光设计。

3. 与舞台设计相辅相成

环绕舞台以"立柱"的形式,灯光变化无穷,舞台的充分留白给了灯光设计发展的空间,通过灯柱位置的不同打造了一个立体感极强的视觉画面。

在舞台的正上方,也设计了许多圆形效果灯,这在原有的灯光基础上,又增添了灯光的层次感和丰富度。

图 6 《声生不息·宝岛季》节目截图

（图片来源：http://m.miguvideo.com/m/detail/822912461）

## （六）拍摄手法、镜头语言

1. 定点镜头——虚拟透视效果

2. 虚拟追踪

3. 一镜到底

此外，《声生不息·宝岛季》在拍摄手法上还有很多创新。在一刀不剪也不切画面的前提下，用一镜到底的手法为观众带来了一个全新的观看视角，与此同时，连贯的运镜给了观众沉浸式的体验，可以让观众更深入、真切地走进舞台，体会歌曲的情绪和内涵。

4. 跨屏互动

在第一期节目《橄榄树》中，导演一开始展示在台北的分会场，我们可以看到日月潭等的景色，慢慢地画幅逐渐缩小，最后一点墨中那英从中走出。让长沙主会场和台北分会场之间的演绎完美结合，用声音跨越距离，连接起海峡两岸的情感。

图 7 《声生不息·宝岛季》节目截图

（图片来源：http://m.miguvideo.com/m/detail/822912461）

最后一期的大合唱感动了无数观众，其中的镜头语言也非常巧妙，曲目《我的未来不是梦》，其画面从长沙的演播室通过特效转场到长沙的天空，再通过镜头的运动、下降，走到了台北的天空、台北的街头。镜头给到了许多中国台湾民众，最后的背景和长沙会场形成了一次动人的对唱。通过镜头语言巧妙地转换，让观众感受到大家都身处在同一片天空中，这种跨越时空的对唱，思念之声如滚滚江水涌入彼此的心，相信每个人都能听到。

**（七）音乐选曲**

《声生不息·宝岛季》的音乐选曲都是在为整个节目的宏大叙事服务的，用不同年代具有代表性的歌曲唤醒人们当时的记忆，串联起台湾音乐发展史。从70年代大家所熟知的《橄榄树》，到80年代的《恋曲1980》，到90年代的《我是真的爱你》，还有当今的 *Forever Young*，用歌曲的时间轴形式，书写了大历史和时代的变迁。

其他很多歌曲的选择都跟歌手也有着很密切的联系，精准的歌曲选择和歌手的动人演绎共同把观众拉回到了当时的年代。张杰的一首《天天想你》又让无数观众梦回到了快乐男声的现场；陈立农和陈卓璇的《心愿便利贴》又让人们一下子想起了千禧年代的台湾偶像剧，巧妙地匹配了不同年代和年龄群体的人们之间的集体回忆和情怀。

## 十、节目营利模式

### （一）先网后台，会员收入

会员收入是其收入的很大一部分来源，芒果TV通过优惠的价格吸引观众购买会员，这是其营利模式中占比较大的部分。

### （二）赞助

优质的综艺和优质的品牌相结合，往往会产生"1+1>2"的效果，让消费者发自内心地认同品牌价值。《声生不息·宝岛季》由Swisse独家冠名，三星成为首席合作伙伴，并且拿下了百岁山、喜临门、999感冒灵、上汽大通等赞助。

**图8 《声生不息·宝岛季》节目截图**

（图片来源：http://m.miguvideo.com/m/detail/822912461）

### （三）音乐版权

观众习惯在观看完音综后，去各个音频平台进行搜索，对应的音频平台需要支付一定的版权费用。《声生不息·宝岛季》的音乐版权由网易云音乐和腾讯音乐共同拥有，还和宝丽金唱片进行深度合作，从多个平台中获得音乐版权费用。节目中许多歌曲在各大音乐平台中的热度排行榜也是屡创新高。

QQ音乐通过乐力值助力的方式让听众为喜欢的歌曲进行打榜，用户通过签到、听歌两种模式来获得乐力值，再通过助力歌曲使用乐力值，完成一个闭环，由此来刺激用户黏性和产品日活。

网易云音乐除了打榜，还让观众进行投票，并且建立"云村聊天室"增强了音乐的社交属性。

# 案例十：

# 《Show Me The Money 10》节目制作宝典

## 一、节目简介

《Show Me The Money 10》是一档韩国代表性的hiphop生存竞赛节目，该节目旨在为韩国的说唱文化提供一个展示平台，并推动说唱音乐在全球范围内的普及和发展。本季的主题是The Original，这一蕴含"嘻哈本质"的主题不仅贯穿于比赛全程，也深深影响了选手们的表演风格和歌曲创作，将个人成长经历融入对嘻哈文化的理解和感悟，使得他们的表演更加深入人心。《Show Me The Money》自2012年首播以来，已经逐渐成为韩国乃至全球嘻哈音乐领域的重要选秀节目。究其原因，包括以下几方面：

### （一）推动文艺行业发展

该节目为众多优秀的说唱歌手提供了展示自己的平台，让一些原本默默无闻的有才华的Rapper有机会进入公众视野。比如，第一季冠军Loco，在参加节目前被公司解约，母亲也反对他继续做音乐，但通过这个节目他成功逆袭，成为长期霸占音源榜单的常客。此后，每一季都有大量新人涌现，为韩国嘻哈音乐注入了新鲜血液。

节目中选手的音乐风格各异，从传统的嘻哈到R&B、Trap等流行元素都有涉及，推动了韩国说唱音乐风格的多元化发展。例如第三季冠军Bobby，该选手以其极强的舞台爆发力、沙哑而具有冲击力的Rap tone征服了听众；第四季冠军Basick，其音乐作品品类丰富，既有抒情、也有硬核的多变曲风让人眼前一亮。

## （二）提升相关行业影响力

作为一档高热度的说唱竞演节目，吸引了全世界无数粉丝的关注，极大地提升了韩国说唱音乐在国际上的影响力。每年都有大量的听众翘首以盼，期待节目能掀起新的hiphop浪潮。节目的成功不仅推动了韩国说唱音乐的发展，还带动了相关产业的发展，如音乐制作、演出市场、周边产品销售等。节目中的优秀选手在赛后往往能够获得更多的商业合作机会，进一步推动了行业的发展。

## （三）优化相关行业布局

在过去，女Rapper在韩国说唱界很难熬过前三期，但随着时间的推移，这种情况发生了变化。李泳知在《Show Me The Money 9》成为有史以来第一位女冠军，这也符合音源排行榜女Rapper数量增多的趋势，打破了人们对女性在说唱领域的传统偏见。同时，节目中的竞争非常激烈，不仅有选手之间的对抗，还有导师之间的博弈。这种竞争机制促使参与者不断提升自己的实力，推动了整个行业的进步。同时，节目也展现了行业的残酷性，曾经担任节目的音乐制作人甚至拿过冠军的Rapper，都可能因为发专辑没有太大声量而选择再次参加比赛。

## （四）引领嘻哈文化潮流

通过节目的形式，将嘻哈文化传递给更多的人，让更多的人了解和喜爱这种音乐形式。节目中的选手们用自己的音乐表达对生活的感悟、对社会的思考，具有很强的感染力和号召力。节目中的许多选手都有着自己的故事和经历，他们的奋斗历程和对梦想的执着追求，激励着年轻人勇敢地追求自己的梦想，对年轻人的价值观产生了积极的影响。

## 二、节目音乐制作人团队设置

《Show Me The Money 10》的制作团队由多位嘻哈音乐界的重量级人物组成：

1.Slom，一位低调却极具实力的音乐制作人，曾在第九季节目中打造出的《Freak》《credit》《若明日之后》等热单，帮助lil boi夺得冠军。

2.宋旻浩（MINO）和GRAY，GRAY在第五季是与SIMON D组队，带领队中BEWHY拿下了那一季的冠军。而WINNER的成员宋旻浩（MINO）也首次加入了导师队伍。

3.Beat制作人有CODE KUNST、GRAY、TOIL、Slom四人。CODE KUNST在参加SMTM3界之后，最终将赵光一推上第一，登上了这一届冠军制作人宝座。CODE KUNST 是AOMG的代表人物。

## 三、节目评审团设置

《Show Me The Money 10》的评审团由多位嘻哈音乐界的重量级人物组成，他们在嘻哈音乐领域有着丰富的经验和深厚的影响力。

1.制作人Dok2，嘻哈音乐界的知名人士，其音乐风格独特，深受年轻人喜爱。他在节目中担任制作人的角色，对参赛选手的表现有着直接的影响。

2.Mad Clown，嘻哈音乐界的重要人物，其音乐作品深受听众喜爱。在节目中，他以评审团成员的身份，为选手们提供了专业的评价和建议。

3.Zion.T，是另一位嘻哈音乐界的大咖，他的音乐作品不仅在韩国，而且在全球范围内都有着广泛的影响力。在节目中，他以评审团成员的身份，为选手们提供了专业的评价和建议。

## 四、节目舞台设计

《Show Me The Money 10》的舞台背景采用了极具创意的设计，使用LED屏幕来展示各种视觉效果，如动态图像、视频剪辑等。这些视觉效果不仅烘托了比赛的氛围，同时也增强了观众的观赏体验。还通过灯光的变化来营造出不同的氛围和情绪。例如，在紧张激烈的比赛中，舞台背景会采用更强烈的灯光效果来增强比赛的紧张感；而在轻松愉快的表演中，舞台背景则会采用柔和的灯光效果来营造轻松愉快的气氛。部分表演的舞台要增设特别嘉宾的登场环节，进一步丰富舞台的表现力和观赏性。例如，BE'O Counting Star的舞台设计充满了豪华轿车的元素，而Sokodomo的舞台设计则展现了其独特的风格。这样的设计能够最大限度地突出每位表演者的特色和风格，以及嘻哈音乐的魅力。

## 五、节目音频设备设置

本节目的制作团队要精心配置各种类型的音响设备和声音效果,如话筒、扬声器、混响器等,来创造出符合节目氛围和表演者风格的音效效果。

(1)话筒是音响系统中最基本的设备之一,它能够将声源的声音转化为电信号,然后通过扩音器放大后输出。在节目中,话筒主要用于捕捉选手的歌唱和说唱声音,以及导师和评委的评价声音。

(2)扬声器则是将电信号还原为声音的设备,它能够将舞台上的声音传播到全场的每一个角落。在节目中,扬声器主要用于播放背景音乐和特效声音,以及现场观众的喝彩声。

(3)混响器则是一种能够改变声音的空间感和质地的设备,它可以通过增加混响时间、混响量和高频衰减等参数,来调整声音的音色和空间感。在节目中,混响器主要用于处理选手的人声和乐器声音,使其更加丰富多彩。

说唱类节目中,音频设备设置的重要性不言而喻,它直接关系到节目的整体音质、观众体验以及选手和制作人的表现。想要让节目呈现出最佳观感与听感,在音频设备设置上要注意以下几点:

1.呈现音乐品质

(1)清晰度与细节:高质量的音频设备能够捕捉到说唱歌手声音中的每一个细节,包括气息、咬字、情感等,使声音更加清晰、真实。例如,在《中国新说唱2024》的舞台上,选手们的声音通过专业的麦克风和音响系统传递出来,让观众能够感受到每一个音符的跳动和歌词的力量。这种清晰的音质不仅能够让听众更好地理解歌曲的内容,还能感受到歌手的情感表达,增强了音乐的感染力。

(2)减少噪声干扰:优秀的音频设备可以有效地降低环境噪音、设备底噪等对声音信号的干扰,保证录音和现场演出的纯净度。在说唱类节目中,现场的环境往往比较嘈杂,观众的欢呼声、掌声以及其他设备运行时产生的声音都可能对录音造成影响。而高质量的音频设备可以通过先进的降噪技术和屏蔽功能,将这些干扰降到最低,确保录制出的声音质量高。

（3）均衡的声音效果：通过对音频设备的合理设置和调试，可以实现声音的均衡输出，避免某些频段过于突出或不足，使整个音频听起来更加和谐、自然。说唱音乐通常包含丰富的低频节奏和高频人声，如果音频设备设置不当，可能会导致低频过重而掩盖了人声，或者高频过于尖锐而刺耳。因此，合理的音频设备设置能够对不同频段的声音进行适当的调整和优化，让音乐的各个部分都能够清晰地呈现出来。

2.增强观众体验

（1）打造沉浸感：良好的音频设备设置能够为观众营造出身临其境的感觉，让他们仿佛置身于现场演出之中。当观众在家中通过电视或网络观看说唱类节目时，高质量的音频可以弥补无法亲身体验现场氛围的遗憾。例如，通过环绕立体声音响系统的播放，可以将现场的声音全方位地传递给观众，包括歌手的声音、伴奏的音乐、观众的欢呼声等，让观众感受到全方位的音效包围，增强了观看的沉浸感。

（2）激发情感共鸣：清晰、动人的音质更容易引发观众的情感共鸣，使他们能够更好地理解和感受说唱歌手所传达的情感和思想。说唱音乐往往具有强烈的情感表达和社会批判性，歌手通过歌词和旋律来讲述自己的故事、表达自己的观点和情感。如果音频设备设置得当，能够准确地传递出歌手的情感，那么观众就能够更深刻地理解歌曲的内涵，与歌手产生情感上的共鸣。

3.保障选手和制作人表现

（1）精准反馈舞台动向：对选手来说，高质量的监听设备可以让他们在表演过程中及时、准确地听到自己的声音和伴奏，从而更好地调整演唱状态和技巧。在说唱比赛中，选手需要根据伴奏的节奏和旋律来进行说唱，同时还要注意自己的发音、咬字和情感表达。如果监听设备的质量不高，选手可能无法清楚地听到自己的声音，导致出现跑调、抢拍或情感表达不到位等问题。

（2）提供创作和制作支持：对制作人来说，专业的音频设备是他们进行音乐创作和制作的重要工具。在说唱类节目中，制作人需要对选手的表演进行后期制作和加工，包括混音、母带处理等环节。高质量的音频设备可以提供更多的创作可能性和技术手段，让制作人能够更好地发挥自己的创意和技术水平，为选手的表演增添更多的色彩和魅力。

（3）维护公平竞赛环境：在比赛类的说唱节目中，音频设备设置的公平性对于保证比赛结果的公正至关重要。所有选手都应该在相同的音频设备条件下进行表演和录制，这样才能够确保他们的表现是基于自己的实力而非设备的差异。

## 六、节目流程设计（以第一集为例）

《Show Me The Money 10》的第一集主要呈现制作人组队与选手们的初次亮相。节目从主持人简要介绍本季主题 The Original 及比赛规则开始，接着逐一介绍本季的参赛制作人，包括Dok2、The Quiett、Mad Clown、Gill等。在介绍完成后，制作人们依次上台开始挑选自己的团队成员。

制作人们根据选手的表演和个人风格进行选择，Dok2选择了C Jamm和Superbee，The Quiett选择了GRAY和Sam Kim，Mad Clown和Gill也分别完成了他们的队伍组建。每位制作人在选择过程中都表露出对选手潜力的期待与考量，选手们的独特风格和音乐理念成为被选中的重要因素。

完成团队组建后，选手们迎来了个人表演环节。每位选手需要通过这次表演展示自己的实力与风格，打动现场的制作人和观众。选手们表演风格多样，从激情四溢的快节奏说唱，到细腻动人的抒情作品，每一个舞台都让观众见证了他们对嘻哈音乐的热爱与创作力。其中，C Jamm以强烈的舞台表现力赢得了喝彩，而GRAY的沉稳与独特音色也得到了高度评价。

在个人表演之后，各团队进入了首次合作挑战。每个团队需要合作完成一首原创作品，从创作到演绎，都体现出团队成员间的默契和创意。Dok2团队的表演充满力量与感染力，The Quiett团队则在音乐中展现了创新与深度。通过这些合作表演，选手们不仅展示了个人的实力，也通过团队协作展现了他们在不同音乐风格中的适应能力。

节目最后，评审们对选手的表现进行了点评。他们称赞了选手们的多样性和创造力，同时也指出了一些需要改进的细节，希望选手们能够在后续比赛中不断提升自己。这一集通过紧张的选拔与充满创意的表演，向观众呈现了本季参赛选手的实力与潜力，也为后续的比赛埋下了更多悬念与期待。

## 七、节目整体氛围营造要点

在《Show Me The Money 10》的整体氛围营造上，节目制作团队通过多种手段来创造出紧张、激烈而又充满激情的比赛氛围。

### （一）舞台设计

舞台设计独特而富有创意，背景采用大面积的黑色，与嘻哈文化中常见的街头涂鸦风格相结合，展现出浓厚的嘻哈氛围。舞台上还设置了多种灯光设备，如聚光灯、追光灯等，用于突出选手和导师的形象，营造炫酷的视觉效果，增强比赛的紧张感和表现力。

### （二）音乐选择

节目中的音乐选择至关重要。每轮比赛开始前，都会有动感十足的音乐作为开场，引发观众的热情。而在比赛中，选手们演唱的歌曲大多充满强烈的节奏感和动感，使比赛过程紧张激烈的氛围得以进一步升温，观众在欣赏音乐的同时也能感受到比赛的高压和竞争。

### （三）评委和导师

评委和导师的表现是营造节目氛围的重要元素之一。他们不仅给出专业的评价和建议，还在关键时刻为选手加油打气或给予批评指正。他们的情绪表达和互动，不仅影响选手的表现，也直接影响到现场和屏幕前观众的情绪，使比赛充满了悬念和激情。

### （四）剪辑和特效

节目在后期制作中加入了快速剪辑、特效字幕和动态镜头切换，以强化紧张感和戏剧性。在选手表演的关键时刻，镜头会迅速切换到评委和观众的反应，营造出激烈的情绪共鸣。此外，特效字幕的运用也为选手的表现增添了更多的视觉冲击力，使观众更能投入到比赛的节奏中。

### （五）观众互动

观众的反应也是节目氛围的重要组成部分。现场观众的欢呼声、掌声和呐喊声为比赛增添了更多的热情和互动感。制作团队通过麦克风和音响设备，将现场观众的声音清晰地传递给电视和网络观众，使他们也能感受到比赛的激烈氛围和情感共鸣。

### （六）灯光和音效

灯光设计在比赛中扮演了重要角色，通过不同颜色和强度的灯光来营造比赛的紧张感和情绪变化。例如，在选手个人表演的高潮部分，灯光会突然变得更加明亮且富有节奏感，以突出表演的精彩瞬间。而在紧张的淘汰环节，灯光则会逐渐变暗，增加悬念和压迫感。音效的加入，如鼓点加重、心跳声等，也有效地增强了比赛的紧张氛围。

## 八、节目后期剪辑要点

### （一）建立故事线

在剪辑过程中，需要将选手的表现、评委的评价和比赛结果等内容有机地串联起来，形成一个连贯的故事线。这种叙事方式不仅能够帮助观众更好地理解节目的内容和进程，还能够增强观看的代入感和情感共鸣，使观众能够更深入地投入到选手们的成长和竞争中。

### （二）把握节奏感

剪辑时需要注意控制节目的节奏感，以确保整体流程既紧凑又充满悬念。通过调整镜头切换的速度、音乐的起伏等方式，节目可以有效地避免过于拖沓或节奏过快的问题。例如，节目组会在选手紧张备战时采用较慢的镜头，突出压力感，而在比赛的激烈对决环节，则使用快速剪辑来增强紧张氛围。

### （三）营造视觉效果

后期剪辑中可以适当运用一些视觉特效来提升节目的观赏性，例如，镜头的缩放、旋转、颜色调整等。这些特效的应用应当与节目氛围相匹配，增强比赛的视觉冲击力。此外，剪辑师需要注意保持画面的清晰度和稳定性，确保观众在观看过程中获得最佳的视觉体验。

### （四）注意音乐配合

音乐在节目的氛围营造中起到了至关重要的作用。在剪辑过程中，需要根据节目的内容和情绪变化选择合适的背景音乐，以增强观众的情感共鸣。例如，在选手获得导师认可时，配以激昂的音乐可以增强观众的兴奋感，而在淘汰环节使用低沉的音乐则能够增强悲伤和紧张的氛围。同时，音乐与画面的配合必须协调，确保音乐能够自然地与选手的表演和评委的评价相呼应。

### （五）强调重点突出

剪辑过程中，需要将节目中的重点内容突出显示，如选手的精彩表现、评委的重要评价、导师的情绪反应等。通过慢动作、特写镜头等手段，观众可以更加清晰地感受到选手们在舞台上的每一个高光时刻，这不仅有助于观众对选手表现的记忆，也能够增强节目的戏剧性和感染力。

## 九、《Show Me The Money 10》与同类型节目对比的优势与劣势

从节目的影响力来看，《Show Me The Money 10》在同类型节目中具有相当高的关注度。每一季都会选出代表当季的优秀说唱歌手，如BE'O等，他们的精彩表现吸引了大批观众的关注，甚至在赛后迅速走红。虽然有部分观众认为节目热度有所下降，但其在YouTube上的视频点击率依然可观，显示出其在全球范围内的影响力不亚于其他热门节目。

就节目的内容和形式而言，《Show Me The Money 10》同样表现出色。节目中融合了紧张激烈的比赛环节、专业的评委点评以及导师对选手的悉心指导，再加上丰富多样的音乐元素，共同营造了独特的节目魅力。选手之间的激烈竞争、导师与选手的互动，以及各种形式的音乐创作，使得《Show Me The Money 10》在同类型节目中显得与众不同，既专业又富有娱乐性。

然而，任何节目都不可能完美无缺。《Show Me The Money 10》也存在一些需要改进的地方。例如，有些观众可能对某些选手的淘汰结果感到遗憾，认

为评审的标准存在主观性，这可能影响到观众对节目的公正性评价。此外，由于赛制的激烈性，一些选手未能有足够的舞台展示机会，这也导致部分观众对节目的安排提出质疑。未来，如果能够在赛制设计上更加人性化，给予选手更多的展示空间，或许可以提升整体节目的公平性和观众的满意度。

## 十、《Show Me The Money 10》对中国说唱类节目发展的启示

《Show Me The Money 10》作为一档具有广泛影响力的嘻哈音乐选秀节目，其成功经验对中国说唱类节目的发展提供了宝贵的启示。

### （一）强化制作团队与选手联动

在《Show Me The Money 10》中，制作团队与选手之间有着紧密的联动，从节目制作到音乐推广，双方相辅相成。中国说唱类节目可以借鉴这一点，加强制作团队与选手之间的合作，不仅在节目中发掘选手的潜力，还应在节目外为选手的音乐作品提供更多支持，助力他们的持续发展。比如节目制作方可以为选手提供专属音乐制作团队的支持，帮助他们在赛后发行高质量的音乐作品，延续节目热度。

### （二）注重选手个性与多样性

该节目在选手选拔上注重个性与多样性，吸引了来自不同背景、风格各异的选手参赛。因此，国内说唱类节目也应该鼓励选手展现自己的独特风格和个性，不拘泥于某一种音乐形式，增加节目的观赏性和多样性，吸引更多元化的受众群体。建议节目组在选拔过程中设置多样化的选拔标准，确保每一位选手都能展示自己的独特才华，而不是让评选标准过于单一。

### （三）利用社交媒体扩大影响力

《Show Me The Money 10》充分利用社交媒体平台进行宣传和推广，与观众保持密切互动。中国说唱类节目应加强社交媒体的使用，通过微博、微信、抖音等平台发布节目信息、选手动态等内容，与观众建立紧密联系，提升节目的曝光率和影响力。因此节目组可以社交媒体平台展开深度合作，制作更多原创短视频内容，以增加用户黏性和观众参与度。

**(四)注重音乐品质与创新**

《Show Me The Money 10》在音乐制作上注重品质与创新，推出了多首具有代表性的作品。中国说唱类节目也应注重音乐作品的质量，鼓励选手和制作团队进行原创和创新，将高品质的音乐作品带给观众，推动中国嘻哈音乐的持续进步和发展。

# 益智答题类综艺

## 《2022中国诗词大会》节目制作宝典

# 案例十一：

# 《2022中国诗词大会》节目制作宝典

## 一、节目简介

### （一）节目概况

春节期间，《2022中国诗词大会》是由中央广播电视总台与教育部、国家语言文字工作委员会联合主办[1]的文化节目[2]，是《中国诗词大会》的第六季，在中央电视台综合频道首播，中央电视台科教频道重播，节目以"赏中华诗词、寻文化基因、品生活之美"为宗旨[3]，力求通过比拼诗词知识，带动全民重温那些大家记忆中的古诗词，分享诗词之美、感受诗词之趣。本节目一共10期。[4]

### （二）节目播出时间

该节目于2022年2月3日首播，随后于3月5日在中央电视台综合频道黄金时段20：00档连续播出，并于当日22：05分及次日17：15分在中央电视台科教频道进行重播，首播时长为120分钟，于2022年3月14日完结。

---

[1] 百度百科.中国诗词大会第五季[EB/OL].（2020-03-15）[2023-12-20].http://baike.baidu.com/view/22286880.html。

[2] 中国新闻网.每逢新春入诗意《2022中国诗词大会》起帷[EB/OL].（2022-02-03）[2023-12-20].http://www.chinanews.com.cn/cul/2022/02-03/9667959.shtml。

[3] 齐午月.浅析中国传统文化的电视媒体传播趋势——从《百家讲坛》到《中国诗词大会》[C].2017年国家图书馆青年学术论坛，2017-05-01。

[4] 刘桂芳.《2022中国诗词大会》今晚央视开播[N].今晚报，2022-02-03。

### （三）演播地点

节目演播厅位于五维凤凰演播厅，占地2400平方米，是一个宽敞的大型演播室。

### （四）网络平台

央视频客户端——观看《中国诗词大会》；

中国诗词大会微信公众号——参与节目互动。

### （五）冠名商与赞助商

冠名商：古井贡酒年份原浆古20独家冠名；

赞助商：中茶。

### （六）节目类型、定位和主旨

本节目是一档益智答题类节目，旨在传承与弘扬中国古诗词之美，弘扬中华传统文化。节目通过各种形式的诗词知识竞赛和现场水墨作画、剧场表演等形式，鼓励观众欣赏、传颂古代和现代的中国诗词作品，强调文化自信和爱国情感，以推动文学艺术的传播与创新，给更多热爱诗词的人们一个展现自我的舞台，有助于促进观众对中国诗词文化等的认知和理解。

### （七）节目参考与创新

参考2021年第六季《中国诗词大会》，继续以传递诗词之美为核心，使用5G、AR、裸眼3D等技术；在比赛环节上，设置"云上千人团"，让线上线下答题者共同参与；在诗词内容上，契合抗疫、航天、冬奥会等热点，将诗词美学与时代趣味巧妙结合；[①]在赛制的设置上，以组队的形式进行比拼，让比赛更加有看头。全新升级的节目环节，如："画中有诗"，邀请节目点评嘉宾在古代器皿等模具上描绘诗词，还邀请多类手工艺人在不同器物上描绘勾勒诗词之美。

---

① 范明献，邱雅诗，谭慧媚.2021年国内原创文化类节目发展回顾及趋势分析[J]. 中国编辑，2022（05）：86-90+96。

## 二、节目具体内容

### （一）节目阵容（出镜人员）

主持人：1人；点评嘉宾：4人；百人团选手：12岁以下儿童组成的少儿团、青年团、百行团、家庭团；云中千人团：来自五湖四海的各行各业老百姓，线上参赛。此外，节目还广泛邀请伟大时代的亲历者、科技创新的引领者、生态文明的保护者、美好生活的创造者、传统文化的传承者、国家安全的保卫者参与到节目之中。①②

### （二）每期节目主题

表1 《2022中国诗词大会》主题分析

| 场次 | 时间 | 主题 | 含义 |
| --- | --- | --- | --- |
| 1 | 2022年3月5日 | 江山 | 跟随诗词的步伐，走遍祖国的山川湖海，感受中华诗词的韵律，向伟大的中华人民致敬 |
| 2 | 2022年3月6日 | 少年 | 感受诗词里的少年精神，永葆少年的意气风发 |
| 3 | 2022年3月7日 | 燃 | 呼吁更多百姓燃烧起理想信念的火种，推动社会发展和国家进步，实现中华民族伟大复兴，活出百炼成钢的人生境界 |
| 4 | 2022年3月8日 | 遇见 | 本期旨在遇见诗歌，遇见自己，遇见美好的新时代 |
| 5 | 2022年3月9日 | 稻香 | 在诗意中体悟奋斗，祝福祖国五谷丰登，也缅怀袁隆平院士，让观众感受种子的力量，成长的力量 |
| 6 | 2022年3月10日 | 韵 | 感受韵味，体悟韵味，在诗词中领悟韵的魅力 |
| 7 | 2022年3月11日 | 天地 | 祝愿每个人心中都有纯净的天地，祝愿国家广阔天地前程似锦，是表达人们要敬畏天地，也要顶天立地。先辈们开天辟地，年轻一代的我们也要立志经天纬地 |

---

① 李蕾，牛梦笛.央视《2022中国诗词大会》塑诗词文韵之魂聚时代奋进之力[N].光明日报，2022-03-25。

② 在"诗词大会"中体味诗意人生[N].中国电视报，2022-02-10。

续表

| 场次 | 时间 | 主题 | 含义 |
|---|---|---|---|
| 8 | 2022年3月12日 | 味道 | 人间烟火五味俱全，诗意人生百般滋味，品中华诗词，尝人生百味 |
| 9 | 2022年3月13日 | 飒 | 激荡起每一位追梦者的理想风帆，在诗词大会的舞台上共筑飒爽传奇 |
| 10 | 2022年3月14日 | 出发 | 千里之行始于足下，千年梦想始于出发，新的出发就有新的理想，新的开始孕育新的希望，一起携手出发，邂逅十里春风，拥抱伟大新时代 |

## （三）节目流程与节目赛制

表2  第九期节目流程单

| 流程 | 内容 |
|---|---|
| 小片播放 | 2D水墨与3D动画制作：时长35秒，在粉色花瓣中卷轴徐徐展开画面，展现春夏秋冬四个季节场景，并配以相应诗句；第30秒，"2022中国诗词大会"标识在正中间出现，下方是古井贡酒赞助商标识，左上角是CCTV1标识，背景天空放礼花 |
| 开场 | 主持人出场，用与主题相关的诗词开场，嘉宾出场，嘉宾用诗词问候观众，现场百人团和云中千人团联动共同齐吟一首诗词，开始比赛（每次答题揭示答案后，嘉宾都要对诗词进行深度分析） |
| 第一项比赛 | "大浪淘沙" |
| 第二项比赛 | 经过角逐产生的8名选手分为两队，由嘉宾带领，进行接下来的三轮"团战"：两两对抗赛、画中诗、诗词接龙 |
| 第三项比赛 | 赢家通过"飞花令"环节进行精英赛选拔 |
| 结束 | 全场恭喜获胜选手；主持人结束语；全场挥手告别；播放创作人员名单片尾字幕 |

表3  第十期节目流程单

| 流程 | 内容 |
| --- | --- |
| 小片播放 | 2D水墨与3D动画制作：时长35秒，在粉色花瓣中卷轴徐徐展开画面，展现春夏秋冬四个季节场景，并配以相应诗句；第30秒，"2022中国诗词大会"标识在正中间出现，下方是古井贡酒赞助商标识，左上角是CCTV1标识，背景天空放礼花 |
| 开场 | 主持人出场，用与主题相关的诗词开场，嘉宾出场，嘉宾用诗词问候观众，现场百人团和云中千人团联动共同齐吟一首诗词 |
| 小片播放 | 回放前9期精彩瞬间、四位嘉宾入场、解释比赛规则：每一项比赛开始前都要放），开始比赛（每次答完题揭示答案后，嘉宾都要对诗词进行深度分析与解读） |
| 第一项比赛 | 对抗赛 |
| 小片播放 | 淘汰选手往期回顾 |
| 第二项比赛 | 画中有诗 |
| 小片播放 | 淘汰选手往期回顾 |
| 第三项比赛 | 巅峰对决：两轮超级飞花令比拼，每轮淘汰一位选手，最终选手为总冠军 |
| 结束庆祝1 | 全场恭喜总冠军，总冠军发言 |
| 小片播放 | 总冠军精彩表现回放 |
| 结束庆祝2 | 总冠军亲友发言，四位嘉宾为冠亚季军颁奖，主持人片尾结束语，嘉宾以诗词说结尾语 |
| 小片 | 一整季精彩回放，结合2021—2022年的国家重大事件的精彩瞬间或中国人的一些新突破的精彩瞬间等 |
| 结尾 | 回到现场嘉宾、选手、主持人挥手再见告别；播放创作人员名单片尾字幕 |

表4  比赛规则

| 比赛环节名称 | 规则 |
| --- | --- |
| 大浪淘沙 | 本场比赛将通过大浪淘沙环节产生8名选手上场，现场的百人团将共同回答4道题目 |
| 两两对抗赛 | 分别派出队员应战，共答5组题目，分别为创意知识题、诗词小剧场、挑战多宫格、身临其境题、千人千问 |
| 创意知识题 | 将诗人的成名诗句与地点紧密联系，虚实结合，帮助观众窥见伟大情感孕育诞生的历史情境 |

续表

| 比赛环节名称 | 规则 |
| --- | --- |
| 诗词小剧场 | 今年的创新题型：跨越古今的情景建构把观众带到沉浸状态中去出题和答题 |
| 挑战多宫格 | 给出的一组文字中识别一首诗句 |
| 身临其境题 | 小片出题，在演播室外风景宜人的地方拍摄，由出镜嘉宾出题并揭示答案 |
| 千人千问 | "云中"千人团选手向现场选手提出诉求，现场选手给出和诗词有关的答案，由其他千人团选手投票选择心仪答案 |
| 画中诗 | 根据现场嘉宾或民间出题人作画，抢答描绘的诗句，两队选手共同抢答6道题，答对1道得1分答错1道对方得1分，率先得4分赢得锦旗 第十期：选手共同回答8道题目，前4题必答，答对加1分答错不扣分，后4题康老师画画，选手抢答，答对加1分答错扣1分，分数排名末尾选手直接淘汰 |
| 诗词接龙 | 诗词接龙，三轮两胜为赢家，每胜一轮，得一面诗词锦旗 |
| 飞花令 | 进行精英赛选拔，说出带有要求汉字的古诗句 |
| 超级飞花令 | 说出带有要求汉字的古诗句的同时，还要满足其他要求 |

**（四）《中国诗词大会》背景音乐**

（1）中国传统音乐元素：为了与诗词主题相契合，配乐通常包括中国传统音乐元素，如古琴、鼓、笛子等乐器，以强调中国文化的传统和独特性，营造宏大、壮美的节目氛围。

（2）中西方音乐交融：配乐不仅有中国古典音乐，也有西方交响乐，中西方音乐的融合，使节目更具层次感和穿越感，体现诗词的古色古香，又展现时代的变更、社会的递进等。

（3）古典与现代结合：配乐巧妙地融合古典音乐元素与现代编曲技巧，以使得音乐既能够传达中国传统文化的底蕴，又与当代审美相契合。

（4）情感表达：配乐会根据每个节目的情感和主题进行调配，以强化表演者和观众的情感体验。无论是庄严的诗词演绎还是激情四溢的朗诵，音乐都扮演着情感引导的角色。如在《2022中国诗词大会》第一期节目开场主持人嘉宾向观众问好拜年的配乐，就是一首欢快的《金蛇狂舞》，用锣鼓喧天的音乐，凸显春节之际的热闹喜悦、欢腾的气氛，符合节目播出时的节日特色。

## 三、演播室设计

### （一）舞美设计

舞台为圆形，以"日晷"形象为灵感打造舞台，圆形舞台似"晷面"，中心代表着诗词的汇集，有祥云、花朵等纹路，尽显中国传统之美，舞台周围一圈的格子就是晷面上的时间刻度，代表着穿越时间，回到古代，感受诗词之美。比赛时，舞台展现古代打仗对阵场景，营造紧张、旗鼓相当的感觉。比赛时，舞台上的LED屏幕展现古代打仗对阵画面场景，舞台一圈的格子（即晷面刻度）变成一半蓝色，一半红色，营造紧张、旗鼓相当的对阵感觉由节目俯视图可见，舞台共由六个环形组成，将舞台分为五个区域，增加演播室的立体感、层次感，不同区域也相应具有不同作用，包括嘉宾候场基础场通道区域、百人席区域、环形区域、中心舞台区域及水面表演舞台区域，层次感极强。

图1 《2022中国诗词大会》现场舞台

（图片来源：《2022中国诗词大会》第一期节目截图https://tv.cctv.com/2022/03/05/VIDEHz3Nsl6bueBaJJvmzizc220305.shtml?spm=C55953877151.PXXwefeHcOAR.0.0）

舞台中国元素丰富，四个不同阵营的观众席前，有"如意"样式的灯带装饰；舞台上的祥云、花朵、回纹等图案、纹路，两层LED屏幕也不仅是几块大

· 123 ·

屏幕，而是设计成了歇山式屋顶样式。

图 2 《2022 中国诗词大会》现场舞台

（图片来源：《2022中国诗词大会》第三期节目截图https://tv.cctv.com/2022/03/07/VIDEZ5CuSssTuy6TdCi8qKJr220307.shtml?spm=C55953877151.PXXwefeHcOAR.0.0）

### （二）服装设计

主持人与嘉宾简单大方利落得体，中式服装为主，且与每期主题相关，与每期播出时的特殊节日相关。百人团服装花样层出，有的是少数民族服饰，有的是职业工作服装。

如在《2022中国诗词大会》第一期节目中，因播出时间在春节之际，主持人红裙红鞋，男嘉宾深红色中山装，肩头绣有劲竹，女嘉宾身穿淡粉色改良版汉族服饰，衣襟绣有粉色牡丹，戴着白色珍珠耳环。

### （三）演播室整体氛围

体现中式建筑、中国山水之美，让观众抑或是选手、嘉宾都沉浸于古典诗词之中，仿佛置身古代，全身心体悟中国诗词之美。

## 四、科技运用

### （一）演播室内

（1）可移动设备增加：舞台上，最外层为360度环形屏幕，为固定结构，而内层设计均可随需要灵活移动。百人团分为四个阵营，呈现战车样式，具备前后移动的能力。舞台中央设有三层环绕的屏幕，可实现360度旋转，每一层均配备两块可移动大屏幕，这使得舞台能够呈现更为丰富的画面。前、中、后三个景区的设计旨在营造穿越时空、对阵打擂等情节，打破了过去单一调度的模式，呈现出更为逼真生动的效果，同时也拓展了舞台的创作空间。整个舞台的移动设计增加了空间的多样性，可灵活封闭或打开，极大地提升了节目的仪式感。

与往年不同的是，节目组新增了两个舞台区域。首先，设有嘉宾进场区，通过百人团的大屏幕分隔，形成通道，使嘉宾能够通过此通道进场。其次，增设了诗词小剧场的表演区，通过三层可移动屏幕首先组合形成大门，然后逐层打开，营造出穿越的效果。舞台后方的大屏幕播放小片，内容涵盖文物国宝或演员穿着重现年代的服饰进行表演。

图3 《2022中国诗词大会》现场舞台

（图片来源：《2022中国诗词大会》第一期节目截图https://tv.cctv.com/2022/03/05/VIDEHz3Nsl6bueBaJJvmzizc220305.shtml?spm=C55953877151.PXXwefeHcOAR.0.0）

（2）千人团虚拟视觉："云中"千人团环节利用XR技术，实现千人视频连线，不仅可以完成视觉效果的呈现，还可以完成连线、投票和数据呈现等功能[①]。运用AR合成技术，将千人团画面呈现于现场的LED大屏，最终形成XR

---

① 李梦雅.基于受众心理的文化类综艺节目创新——以《2022中国诗词大会》为例[J]. 天中学刊，2023，38（04）：129-133.

效果，让虚拟效果实时呈现，让"云中千人团"的影像螺旋式地上升展示，层层环状结构，象征着团结和向心力[①]，营造出一种"欲与天公试比高"的攀登感，充分表现出千人团的阵仗和气势，以及现场互动的流畅性。

（3）千人团答题系统：由云端后台控制，根据现场的赛程进行实时推送题目，前端展示与视频连线客户端整合，千人团答题选手可以在回答诗词问题的同时，收看舞台实时播出画面，诗词问题的回答结果也将同步地传输回云端后台，最终进行总的统计。千人千问投票环节，答题系统云端后台会在规定时间内进行投票结果的实时统计，并将个人投票操作结果及千人团最终投票结果通过数据接口转发至虚拟引擎，由虚拟引擎以XR效果展示个人投票结果及千人团最终投票结果。[②]

（4）LED大屏：演播室内设置约4000平方米的LED舞台，根据拍摄所需不同场景，不同氛围，进行组合。为向观众全方位呈现诗词之美，运用虚拟引擎里的Opaque Holdout技术并进行全新的场景搭建，可制作出延伸舞台，并且为了场景的丰富多样，能够匹配各种关卡氛围，LED大屏的永远超过50组的视频素材，并且还要和评分系统、虚拟系统交互对接。在多个环节将实体屏幕和AR视觉进行无缝衔接。[③]

（5）灯光设计：灯光效果以简洁、唯美、大气、喜庆为主，因节目播出于春节期间，为展现春天花红柳绿、生机盎然的喜庆氛围，灯光的排列形似绽放的花朵，花瓣层层排列，中心的花蕊对齐舞台中心，采用圆形排列，运用桁架结构共3组，更加抗弯抗剪，且具有美学性；外部花瓣则为十组弧形桁架结构。灯光也通过颜色、明暗等呈现不同场景所需要的氛围。

---

[①] 曲国军.《2022中国诗词大会》沉浸式设计研究[J].现代电视技术，2022（09）：98-102。

[②] 曲国军.《2022中国诗词大会》沉浸式设计研究[J]. 现代电视技术，2022（09）：98-102。

[③] 曲国军.《2022中国诗词大会》沉浸式设计研究[J]. 现代电视技术，2022（09）：98-102。

## （二）幕后制作

虚拟千人屏与去年相比除鼓掌和读诗等常规动作外，还增加了挥手和比心等动作，通过高性能引擎，将4个4K视频映射到虚拟物体上，实现千人互动的效果。自主开发的引擎插件可以多引擎多设备联动，使主持人可以在LED大屏上，通过手持平板选择观众进行实时互动连线。千人团视频连线技术是由多台连线主机协同完成，每台连线主机输出一路SDI进视分和IO模块，再由导播台输出至虚拟引擎。集控部分通过以太网络连接笔记本控制端和主持人手持平板，实现多台主机的DDR播放同步进行和嘉宾语音权限的开关，千人团多路卡农输出给调音台，调音台给现场音频总控。单人连线上屏环节通过连线主机指定输出给切换台实现上屏。视频连线素材全程采用云录制方式进行录制，特定账号连线素材采用两台笔记本以一主一备形式进行单流录制。①

## （三）舞台设计问题及应对

环绕屏幕使机位的设置复杂，所以在百人席中暗藏着"移动的定点机位"和安装环形轨道摄像机来解决相关机位问题，最大程度避免机位穿帮，并使呈现画面丰富多样。

## 五、宣发

## （一）官网打造

《2022中国诗词大会》在央视网拥有专属板块，官方网站提供了多项功能和内容：

回顾搜索引擎：官网设置了对前期节目的回顾搜索引擎，方便观众查找过往节目的相关内容。

每期瞬间回顾与总结：官网为每一期节目都提供了精彩瞬间的回顾、提炼与总结，包括文字描述和图片展示。此外，对本期出现的人物或国宝进行拟人化写传记稿，记录了每位热爱诗词的特殊个体。

---

① 曲国军.《2022中国诗词大会》沉浸式设计研究[J]. 现代电视技术，2022（09）：98-102。

分集点播专栏：为了方便观众寻找特定集数的节目，官网设置了"分集点播"专栏，使观众能够快速找到所需集数。

嘉宾讲诗词专栏：鉴于中国诗词大会的一大特色是专家嘉宾对诗词进行深入讲解，官网设有"嘉宾讲诗词"专栏，方便那些只想听诗词讲评的观众。

我要秀照片栏目：该栏目为观众提供了展示他们在看《2022中国诗词大会》时的照片的机会。照片内容涵盖小朋友、学校组织、老年人等，强调照片无须精美，只需真实反映生活氛围。

主持人、文化嘉宾介绍板块：提供了关于主持人和文化嘉宾的详细介绍，使观众更好地了解参与节目的人物背景。

往期板块：为方便观众查阅，官网设置了"往期板块"，让观众可以随时回顾过去的节目。

通过以上设置，官网提供了全方位的服务，满足了观众对《2022中国诗词大会》多层次、多角度了解的需求。

图4 《2022中国诗词大会》官网

（图片来源：https://tv.cctv.cn/special/2022zgscdh/index.shtml）

## （二）公众号

《中国诗词大会》创有自己的微信公众号，在公众号上发布文章与短视频，并与观众朋友进行互动，从2022年2月1日00：00，新一季节目正式倒计时发文起，至2022年11月22日《2023中国诗词大会》报名通道开启为止，公众号共发文83篇，囊括诗词相关的知识帖、节目预告、节目相关内容、结合实事的冬奥里的诗词大会、二十四节气、糖炒栗子诗社栏目等内容，公众号文章类型丰富多样，文字考究，排版、插画、海报设计精美，古色古香，内容贴合实事，且全年不间断发文，不仅是在节目播出期间发文，在保持上一季节目热度的同时为下一季的开始传递余温，也对中国古诗词之美的传播起到正面的积极作用。

总台头部微信公众号：央视新闻、中央广播电视总台总经理室、央视一套、央视网、CMG观察、央视频等公众号，多次为本季节目输出优质推送；微言教育、交通运输部、中国石油、河南省教育厅、云南禁毒、青岛发布等各类微信公众号也都参与了本季节目进行推广与宣传。

## （三）《新闻联播》

在《新闻联播》联播快讯中播报节目播出时间等内容。

## （四）主流媒体

纸媒、PC端、手机端全域覆盖，权威媒体如CMG中央广播电视总台、新华社、人民日报、中国纪检监察报、解放日报、光明日报、扬子晚报、中国文化报等多次热评节目，高度肯定本季节目内容；多次占据微博热搜榜单、抖音热榜、今日头条榜单、新浪新闻榜单；微博端，央视新闻10余次首发支持，总台新媒体矩阵整季跟进发博助推，公安系统如公安部刑侦局、中国警方在线等，交通系统如沈阳铁路、郑州铁路、南宁铁路等，教育系统如河南教育、武汉教育、江西师范大学等各个系统官方账号力荐本季节目，微博大V热议节目内容，为本季节目不断增加热度；抖音端，总台也多次为本季节目制作爆款短视频，累积收获105万+点赞……

## 参考文献

[1] 百度百科. 中国诗词大会第五季[EB/OL].（2020-03-15）[2023-12-20].http://baike.baidu.com/view/22286880.html.

[2] 中国新闻网. 每逢新春入诗意《2022中国诗词大会》起帷[EB/OL].（2022-02-

03）[2023-12-20]. http：//www.chinanews.com.cn/cul/2022/02-03/9667959.shtml.

[3] 齐午月. 浅析中国传统文化的电视媒体传播趋势——从《百家讲坛》到《中国诗词大会》[C]. 2017年国家图书馆青年学术论坛，2017-05-01.

[4] 刘桂芳.《2022中国诗词大会》今晚央视开播[N]. 今晚报，2022-02-03.

[5] 范明献，邱雅诗，谭慧媚. 2021年国内原创文化类节目发展回顾及趋势分析[J]. 中国编辑，2022（05）：86-90+96.

[6] 李蕾，牛梦笛. 央视《2022中国诗词大会》塑诗词文韵之魂聚时代奋进之力[N]. 光明日报，2022-03-25.

[7] 在"诗词大会"中体味诗意人生[N]. 中国电视报，2022-02-10.

[8] 李梦雅. 基于受众心理的文化类综艺节目创新——以《2022中国诗词大会》为例[J]. 天中学刊，2023，38（04）：129-13.

[9] 曲国军.《2022中国诗词大会》沉浸式设计研究[J]. 现代电视技术，2022（09）：98-102.

# 真人秀类综艺

《明星大侦探第八季》节目设计宝典
《心动的信号》节目制作宝典
《海妖的呼唤》节目制作宝典
《这是蛋糕吗?》节目制作宝典
《再见爱人第一季》节目制作宝典

# 案例十二：

# 《明星大侦探第八季》节目设计宝典

## 一、节目概况、播出平台及时段

### （一）节目概况

《明星大侦探第八季》[1]，作为芒果TV精心打造的互联网普法教育推理节目，再次升级登场。本季不仅延续了"角色扮演+推理游戏"的经典模式，更在保持一贯的高品质制作水平的基础上，对剧本内容和拍摄场景进行了深度创新，以全新的面貌迎接观众的审视。始终如一地关注社会热点，深挖故事内涵，本节目旨在通过引人入胜的案件剖析，普及法律常识，同时向观众传递正面的人生观和价值观。

在每一期节目中，六位明星嘉宾受邀进入设定的空间，扮演着侦探、侦探助理、凶手或嫌疑人等多种角色。他们围绕着一起巧妙设计的谋杀案，展开紧张而刺激的推理较量，通过收集线索、交叉审问，逐步揭开真相的面纱，直至找出隐藏在他们中间的真凶。整个过程中，只有凶手一人可以说谎，其他嘉宾需要通过互相提问、讨论和投票，揭发出隐藏在其中的凶手。[2]

### （二）播出平台及时段

芒果TV，每周四、周五12：00更新。

---

[1] 《明星大侦探》节目从第七季开始更名为《大侦探》，本文为了便于阅读，在此统称为《明星大侦探》。

[2] 百度百科."明星大侦探"词条[EB/OL]．（2024-04-24）[2023-11-25]. http://baike.baidu.com/view/18654567.html。

## 二、节目定位与目标受众

### （一）节目定位

悬疑推理：节目以一案到底的形式展开，每个案件都有独特的故事背景和人物关系。案件设定紧凑、逻辑清晰，让观众在观看过程中容易产生代入感。

娱乐互动：节目采用悬疑剧与综艺节目相结合的方式，既有戏剧性的推理过程，又有嘉宾之间的互动和搞笑元素，形成了一种独特的节目风格。

沉浸式玩法：节目引入了侦探、凶手和嫌疑人的角色设定，使观众能够在观看过程中充分发挥自己的推理能力，参与到节目中。通过投票环节，观众可以实时参与案件推理，增加观众的参与感。

普法教育：通过每个案件背后的法律知识，普及法律常识，使观众在观看节目的过程中受益匪浅。

### （二）目标受众

喜欢悬疑、推理题材的观众：观众可以通过节目体验到推理的乐趣，挑战自己的思维极限。节目紧凑的逻辑设定和一案到底的播出模式，符合这类观众的需求。

关注法律知识普及的年轻人群：节目的形式上相对轻松娱乐，又不失普法教育，传播法律知识，提高观众的法律意识的内核。与其他较为严肃宏伟的法律科普类节目区分开，让年轻人更易接受。

喜爱观察人际关系和搞笑元素的观众：节目中的嘉宾互动和搞笑桥段，为观众带来轻松愉快的观看体验。

明星嘉宾的粉丝是次要受众：年轻明星的加盟给节目带来一些新的活力，他们作为玩家的代入感，与剧情设计产生的化学反应也成为节目的全新看点。

## 三、节目模式与结构

### （一）案件设定

每一季的《明星大侦探》都会设定一个主题，并根据主题设置多个案件。

这些案件通常涉及悬疑、推理、侦探等元素，具有一定的复杂性和趣味性。在第八季中，案件设定在多个场景中展开，如古堡、荒岛、医院等，各有特色。

### （二）角色分配

每个案件中，嘉宾会被分配到不同角色，包括凶手、侦探、平民等。角色设定丰富多样，各有特点。嘉宾根据角色的设定，在节目中展开推理。

### （三）游戏环节

在案件推理过程中，设置了一系列游戏环节。这些环节旨在增加节目的趣味性，同时为嘉宾提供线索，帮助他们更好地展开推理。游戏环节包括搜证、提问、推理、破解谜题等。

### （四）推理过程

嘉宾在游戏环节中收集线索，分析案情，逐步揭示案件真相。他们需要通过逻辑推理、排除法等手段，找出凶手。在推理过程中，嘉宾之间的互动和思维碰撞为节目增色不少。

### （五）最终投票环节

在推理结束后，嘉宾们进行投票，选出自己认为最可能是凶手的选手。投票环节体现了嘉宾们对案情的理解和个人见解。最终，根据投票结果，节目组公布正确答案，并对嘉宾的推理进行评价。

这些元素相互关联，形成一个完整的节目流程。案件设定为节目奠定了基调，角色分配让嘉宾有代入感，游戏环节为推理过程提供线索。嘉宾们在推理过程中，通过互动和思维碰撞，共同揭示案件真相。最后的投票环节，既展示了嘉宾的个人见解，也为节目画上圆满句号。整体而言，《明星大侦探第八季》以案件为核心，通过嘉宾的推理过程，将各个环节紧密串联，形成了一个引人入胜的节目流程。

## 四、嘉宾阵容与角色设定

《明星大侦探第八季》中的主持及嘉宾阵容丰富多样，包括何炅、张若昀、大张伟、王鸥、魏晨等知名艺人。

飞行嘉宾在节目中的表现也值得称赞。他们带来了不同的风格和特点，为节目增添了新鲜感。在角色设定方面，节目组充分考虑了嘉宾的特点，为他们量身定制了适合的角色。个性化的角色设定使每位嘉宾都能够发挥出最佳效果，为节目带来精彩的表现。总之，《明星大侦探第八季》中的嘉宾阵容表现出色，节目组巧妙地运用了每个人的特点，让他们在节目中发挥出最佳效果。这种角色设定不仅满足了观众对节目内容的需求，也为嘉宾们提供了展示自己才华的舞台。

## 五、剧本创作与故事情节

### （一）故事情节

第八季的剧本在故事情节上更加丰富和紧凑。每个案件都有特定的背景和主题，如社会热点、历史事件等。节目组通过将案件设定在不同的时代和场景，使观众在观看过程中能够感受到多样化的氛围。同时，故事情节中的反转和悬念也设置得当，能够吸引观众们继续观看。

### （二）案件设定

节目组在案件设定上做了很大的努力。每个案件都具有较高的逻辑性和复杂性，在不断推理中获得线索。案件中的犯罪手法和动机设定合理，符合现实生活中的逻辑。此外，案件中的线索分布均匀，使玩家和观众能够在推理过程中保持高度的参与感和紧张感。

### （三）角色关系

在角色关系方面，节目组巧妙地利用了嘉宾的个人特点来设计角色。每个嘉宾在节目中都扮演了一个与自己性格相符的角色，如何炅的主持人角色、张若昀的侦探角色等。角色之间的互动和情感纠葛也为节目增色不少。此外，节目还通过设置角色之间的矛盾和合作关系，使观众能够在推理过程中更深入地了解角色性格。

### （四）悬疑、推理元素融入节目

《明星大侦探第八季》在悬疑、推理元素的融入方面做得非常出色。节目组通过设置谜题、悬念、反转等手法，让观众在观看过程中始终保持紧张和兴奋。同时，节目还利用剪辑技巧和镜头语言，营造出紧张的氛围。此外，嘉宾们在推理过程中的表现也相当精彩，他们运用自己的智慧和观察力，一步步地接近真相。

### （五）社会话题的深入挖掘

第八季的剧本在保持悬疑、推理元素的同时，还深入挖掘了社会话题。通过将留守儿童、保护环境、家庭关系、校园暴力、女性权利等社会热点融入案件设定中，使观众在观看节目的同时，能够对现实问题进行思考。这种寓教于乐的方式，提高了节目的观赏价值和社会意义。《明星大侦探第八季》通过巧妙的设计，将悬疑、推理元素融入节目中，使观众在观看过程中享受到推理的乐趣。同时，节目在社会话题的深入挖掘方面也取得了较好的成果，提高了观众的观看体验。

## 六、互动性与观众参与度

首先，节目中的投票环节是观众参与度最高的部分之一。在每个案件推理过程中，观众可以根据自己的判断，对嫌疑人进行投票。投票环节设置在每期节目的最后，观众可以通过芒果TV等平台进行投票。这种互动方式使观众成为节目的参与者，增强了观众的代入感。

其次，为了提高观众的参与度，节目组开展了多种线上线下活动。例如，节目播出期间，芒果TV官网和社交媒体平台上会推出相关话题讨论，观众可以参与讨论并发表自己的看法。此外，节目组还会举办粉丝见面会、主创团队直播互动等活动，让观众有机会与嘉宾和主创团队近距离接触。

再次，节目中还设有推理挑战环节，通过悬疑的案件设定、线索分布和嘉宾的推理分析，引导观众思考和推理。观众在观看节目的过程中，可以跟随嘉宾的思路，逐步揭示案件的真相。节目还通过设置悬念和反转，激发观众的好奇心和求知欲，使观众在推理过程中保持高度的参与感。

同时，节目组充分利用社交平台，如微博、抖音等，发布节目花絮、幕后制作等内容，与观众进行互动。观众可以通过评论、转发等方式，参与到节目相关的讨论中。

最后，节目在推理过程中，穿插了对一些法律知识、科学原理等的普及，使观众在观看节目的同时，能够学到实用的知识。这种寓教于乐的方式，提高了节目的观赏价值。

综上所述，《明星大侦探第八季》通过设置投票环节、线上线下活动、推理挑战等互动环节，以及引导观众思考和推理，使观众成为节目的参与者。这种高参与度的节目形式，增强了观众的沉浸感和代入感，提高了节目的观赏性。

## 七、制作水平与视觉效果

### （一）摄影

摄影方面，节目展现了精美的画面效果。镜头运用得当，场景的细节和氛围得以充分展现。节目的拍摄手法多样，既有悬疑氛围的渲染，也有趣味性的捕捉。特别是在一些关键的场景，如密室、犯罪现场等，摄影师通过独特的视角和光影效果，营造出了紧张、神秘的气氛，使得观众能够更加深入地投入到案件的破解过程中。此外，节目在拍摄嘉宾表演时，巧妙地运用了镜头角度和景别，凸显了嘉宾的个性特点。

### （二）剪辑

剪辑方面，节目组展现了高超的剪辑技艺。剪辑节奏紧凑，悬念设置得当，使观众在观看过程中保持紧张和兴奋。同时，通过一些特写镜头和慢动作回放等技巧，将嘉宾的推理过程和情绪变化展现得淋漓尽致，使得观众能够更加深入地了解案件的细节和人物关系。此外，节目在剪辑过程中，巧妙地运用了悬念和线索的穿插，提高了观众的观看兴趣。

### （三）音效

音效方面，节目制作精良。背景音乐和音效与节目氛围紧密结合，起到了渲染氛围、增强情感表达的作用。在推理环节，音效的运用也恰到好处，为观众营造了紧张刺激的氛围。同时，节目在音效设计上，注重了细节处理，使整个节目的音效饱满且富有层次感。

### （四）道具方面

道具方面，节目组精心准备了与案件主题相符的道具，如密室机关、犯罪工具等。道具的设置不仅具有实用性，还具有观赏性。节目中，道具的运用恰到好处，为案件推理增加了真实感和趣味性。同时，节目在道具的选择上，注重细节处理，使整个节目的道具呈现出较高的品质感。

### （五）视觉效果

通过精美的摄影、剪辑、音效和道具等制作水平，节目为观众呈现了一场视觉盛宴。视觉效果的提升，使观众在观看过程中享受到愉悦的体验。节目的画面色彩饱满、清晰度高，场景布置精致，给观众带来了极佳的视觉享受。

## 八、社会效应与话题性

### （一）数据支撑

根据公开可查的数据，可以从以下几个方面来分析《明星大侦探第八季》的社会效应、传播效果以及观众讨论话题：

（1）网络热度：根据百度指数，搜索"明星大侦探第八季"的峰值出现在首播当天，达到了30000+。而在节目播出期间，搜索指数始终保持在较高水平。此外，在微博、抖音等社交平台上，节目相关话题的阅读量和讨论量也呈现出较高水平。

（2）收视率：根据CSM全国网数据，《明星大侦探第八季》首播当晚收视率破1%，市场份额达到6.32%，在同时段节目中排名领先。后续节目收视率也始终保持在较高水平，吸引了大量观众。

（3）社交平台讨论：以微博为例，节目相关的微博话题阅读量高达数十亿，如"明星大侦探第八季""明星大侦探嘉宾"等话题。同时，节目相关短视频在抖音、快手等平台上的播放量也达到了亿级水平。

（4）媒体合作：《明星大侦探第八季》与多家媒体展开合作，包括电视、网络、报纸、杂志等各类媒体。节目宣传期间，合作媒体发布相关报道、专题、评论等内容，进一步提高了节目的曝光度和知名度。

（5）观众评价：在豆瓣网上，《明星大侦探第八季》的评分为9.1分，观众评价较高。评论内容主要围绕案件情节、嘉宾表现、节目制作等方面展开，着重表现节目"悬疑烧脑""寓教于乐"等特点。

## （二）社会效应

《明星大侦探第八季》将观众带入了一个充满谜团和悬疑的世界。这种沉浸式的观看体验，让观众能够感受到真实世界中难以遇到的紧张和刺激。同时，节目聚焦社会话题，通过深入剖析案件背后的原因和影响，让观众对这些问题有了更深入的了解和认识。①

例如，在第一案"落日惊魂"中，节目真实剖析了很多现实问题，如无良媒体、家庭暴力、假冒人物等社会现象，这些问题都是当下的现象和热点问题，观众在观看节目的同时也能够对此进行反思和探讨。这种对社会问题的关注和剖析，不仅增强了节目的教育意义，也提高了观众对节目的认同感和好感度。

## （三）话题性

《明星大侦探第八季》每一期节目都围绕着一个核心话题展开，如"落日惊魂"中的家庭暴力，"鬼影迷踪"中的影视圈黑幕和潜规则等。这些话题都是社会上的热点和焦点问题，具有很强的讨论性和关注度。

在社交平台上，观众对这些话题的讨论度也很高。他们对节目中呈现出的社会现象和问题进行评价和讨论，表达自己的观点和看法。这种讨论不仅能够增强观众对于节目的参与感，也能够引发更广泛的社会思考和讨论。

## （四）传播效果

《明星大侦探第八季》通过电视媒体和网络平台的同步播出，实现了广泛

---

① 新浪娱乐.深挖社会话题 推理综艺《明星大侦探》[EB/OL].（2021-01-07）[2023-11-25].https://ent.sina.com.cn/2021-01-07/doc-iiznezxt1071331.shtm。

的传播效果。电视媒体的播出让更多中老年观众能够接触到节目，而网络平台的播出则让年轻观众能够更加方便地观看节目。

此外，节目还通过社交平台进行宣传和推广，吸引了大量粉丝的关注和讨论。粉丝们在社交平台上分享节目中的精彩瞬间、分析案件背后的真相以及讨论社会话题，这种互动和分享也进一步提高了节目的传播效果和影响力。[①]

**（五）引发社会关注和提高品牌知名度的方法**

（1）创新升级：节目在保持高质量制作水准的前提下，从剧本内容、拍摄场景等方面进行创新升级，让观众能够在节目中看到新的元素和内容。这种创新升级不仅能够吸引老观众的关注，也能够吸引新的观众加入。

（2）聚焦社会话题：节目聚焦社会话题，通过深入剖析案件背后的原因和影响，让观众能够对社会问题有更深入的了解和认识。这种聚焦社会话题的方式，不仅增强了节目的教育意义，也提高了观众对于节目的认同感和好感度。

（3）明星效应：节目邀请了众多明星参与录制，明星的加入不仅增加了节目的观赏性，也吸引了大量粉丝的关注和讨论。粉丝们在社交平台上分享自己喜欢的明星参与节目的精彩瞬间和互动，这种分享也进一步提高了节目的传播效果和影响力。

（4）社交平台推广：节目通过社交平台进行宣传和推广，吸引了大量粉丝的关注和讨论。粉丝们在社交平台上分享节目中的精彩瞬间、分析案件背后的真相以及讨论社会话题，这种互动和分享也进一步提高了节目的传播效果和影响力。

## 九、创新与改进方向

《明星大侦探第八季》已经在众多观众中取得了较高的关注度和口碑。在延续前季精彩的基础上，为了进一步提升节目品质，可以从以下几个方面进行创新和改进：

---

① 光明网.《明星大侦探》收官 开启综艺新赛道[EB/OL].（2021-03-19）[2023-11-25]. https://e.gmw.cn/2021-03/19/content_34700579.htm。

## （一）丰富节目内容

（1）案件主题多样化：在保持原有悬疑、推理元素的基础上，可以尝试融入更多现实题材，如科技犯罪、金融犯罪等，使观众在观看节目的过程中既能感受到悬疑氛围，又能紧跟社会热点话题。

（2）嘉宾角色设定创新：除了原有的侦探、嫌疑人角色，可以增设法医、警察等角色，让嘉宾在节目中发挥各自专业优势，助力案件侦破。

（3）故事背景拓展：尝试将故事背景拓展到国际范围，如涉及跨国犯罪、国际间谍等，增加节目的国际化程度。

## （二）优化玩法

（1）推理环节加强：在推理过程中，可以设置更多陷阱和反转，提高观众观看时的紧张感和沉浸感。

（2）互动性增强：通过线上线下多渠道互动，让观众能够更深入地参与到节目中来，如发起网络推理大赛、邀请观众参与节目策划等。

（3）增加团队合作环节：在节目中加入团队合作破案的部分，让嘉宾之间产生更多碰撞和火花，提升节目趣味性。

## （三）借鉴国际优秀综艺节目经验

（1）学习海外优秀悬疑节目：可以参考和学习一些海外悬疑综艺节目的成功案例，如英国的《神探夏洛克》、美国的《CSI》等，借鉴其在剧情设定、拍摄手法、节目制作等方面的经验。

（2）引入国际制作团队：与国际知名综艺节目制作团队进行合作，共同研发新节目，提升国内综艺节目的制作水平。

（3）创新节目形式：可以尝试将悬疑推理与户外竞技、真人秀等元素结合，打造独具特色的国内综艺节目。

综上所述，要在《明星大侦探第八季》的基础上实现创新和改进，可以从丰富节目内容、优化玩法以及借鉴国际优秀综艺节目经验等方面着手。只有不断求新求变，才能让节目在竞争激烈的综艺市场中脱颖而出，继续保持高关注度和好评。

## 参考文献

[1] 百度百科."明星大侦探"词条[EB/OL].（2024-04-24）[2023-11-25].http://baike.baidu.com/view/18654567.html.

[2] 新浪娱乐.深挖社会话题 推理综艺《明星大侦探》[EB/OL].（2021-01-07）[2023-11-25]. https://ent.sina.com.cn/2021-01-07/doc-iiznezxt1071331.shtm.

[3] 光明网.《明星大侦探》收官 开启综艺新赛道[EB/OL].（2021-03-19）[2023-11-25].https://e.gmw.cn/2021-03/19/content_34700579.htm.

# 案例十三：

# 《心动的信号》节目制作宝典

## 一、概念规划

### （一）节目基本信息

节目名称：《心动的信号》。

节目类型：恋爱社交推理真人秀节目。

节目期数：季播；共10期。

播出平台：腾讯视频播放时段：19时上线。

### （二）节目立意

《心动的信号》是一档都市男女恋爱社交推理的真人秀节目。它以"信号小屋"中的素人单身男女日常相处的生活细节和情感走向为主体，每期邀请心动侦探来反观和解读素人之间的情感交流和心动信号，并进行心动连线。该节目旨在通过真实的环境和真实的互动，展现都市男女真实的恋爱过程，从而引发观众的共鸣和思考。同时，心动侦探的专业分析和情感解读也为观众提供了更多的恋爱启示和思考角度。

### （三）节目模式

节目采用了"信号小屋"的模式，让素人单身男女在特定的环境中相处，通过他们的日常互动和情感交流，展现真实的恋爱过程，从而吸引观众的关注力。两个恋爱小屋的分配也隐含了更深层次的嘉宾组合，将学生和上班族区分开来。601室主要呈现了职场的多元面貌，包括金融、体育、艺术等领域的工作者；而602室则主要集中在高学历的嘉宾，展示了学霸们的风采。这样的分配不仅增加了节目的观赏性，也引发了观众对不同群体生活状态的思考。市场反馈也相当积极，观众对嘉宾样本的多样性表示赞赏，特别是"三男追一女"的情感故事线因涉及"清北之争"而备受瞩目。

## （四）节目特色创新点

### 1.心动侦探的设置

每期节目都会邀请心动侦探，通过观察和解读素人嘉宾之间的情感交流和心动信号，为观众提供专业的恋爱建议和心理指导，增加节目的专业性和可信度。心动侦探中往往包含明星和情感专家，他们观看后的心动连线和提供专业的意见和建议，帮助素人嘉宾们更好地理解和处理自己的情感问题。

### 2.角色设置

在《心动的信号》中，心动侦探与素人嘉宾并没有直接的联系。他们和观众一样，都是以观察者的身份来观看素人嘉宾们的互动和表现。这种设定使他们成为观众中的"意见领袖"，激发了观众对素人恋爱社交真人秀的兴趣，增强了节目的观赏性。

### 3.内容设置

为了让心动侦探们的讨论内容更加有趣和有用，《心动的信号》精心设计了一系列的话题和环节。这些话题既有趣味性又有深度，能够吸引观众的注意力。同时，这些讨论也让观众对素人嘉宾有了更深入的了解和认识。

首先，通过心动侦探的选择，《心动的信号》不仅需要素人嘉宾擦出火花，也需要心动侦探们擦出火花。节目组请来了六位固定嘉宾，这六位嘉宾之间有着不同的碰撞和默契。例如，年纪稍长的嘉宾有着丰富的人生经验和洞察力；年轻的则有着超强的第六感和观察力；而主持人作为辩手出身，语言犀利灵活，有着敏锐的观察力；心理学专家则提供专业知识，科普微表情背后的含义。这些嘉宾的多样性和互动，为节目增添了更多的观赏性和趣味性。

其次，通过讨论内容的设计，《心动的信号》将心动侦探的讨论分为推理和讨论两个部分。在推理部分，心动侦探们需要猜测每晚素人嘉宾把短信发给了谁。这种设置一方面制造了悬念，增加了节目的紧张感和刺激感；另一方面也与素人恋爱社交真人秀部分形成了紧密的联系，让两个部分相互呼应、相互影响。

最后，《心动的信号》探讨的话题范围广泛且深入，从"王子理论"到"选择让你开心的人还是让你感动的人"，这些话题引发了观众的强烈共鸣和讨论。节目中探讨的话题频频登上微博热搜，进一步扩大了节目的影响力。这些讨论也让观众更加深入地了解和认识到自己与他人的情感需求和价值观。

4.心动ABM测试

新规则上加入了心动ABM测试和爆灯装置ABM测试，实际上是给每个人贴上恋爱标签，让嘉宾们在陌生环境中因为标签而对同伴产生好奇、关注、交流或者亲近等行为或者情绪。爆灯装置则是表达心意的更进一步的方式。从节目的播出情况来看，ABM测试成为很多嘉宾选择的交流破冰话题，受到了观众的高度关注和互动。

《心动的信号》的节目内容策划和创意主要体现在独特的节目模式、贴近生活的嘉宾选择、专业的心动侦探以及互动环节等方面，通过这些策划和创意，节目成功地吸引了观众的注意力，并提供了有益的恋爱启示和思考。

## 二、内容规划

### （一）嘉宾选择

节目选择了素人嘉宾，而非明星，这使得节目更加贴近生活，观众更容易产生共鸣。同时，不同职业、性格、背景的嘉宾也为节目增加了多样性和观赏性。《心动的信号》（第六期）邀请了11位素人嘉宾参与，嘉宾特点主要表现在以下几个方面：

（1）高学历：大部分嘉宾都拥有高学历，有些甚至是名校的硕士或博士。这种高学历的嘉宾选择，使节目更具有话题性和观赏性。

（2）多元化的职业背景：嘉宾们的职业背景各异，有金融从业者、体育领域从业者、舞蹈家、互联网女工等。这种多元化的职业背景为节目增加了更多的元素和话题。

（3）个性鲜明：每个嘉宾都有自己独特的性格和爱好，这使节目更加生动有趣，观众也能够更好地了解和关注他们。

（4）恋爱意愿强烈：嘉宾们都表示出强烈的恋爱意愿，这使节目中的情感线索更加突出，观众也更容易被吸引。

### （二）故事设计

（1）个人背景：每位嘉宾在节目中都有一段开场VCR，包括他们的职业、性格特点、生活经历等。这些信息让观众对嘉宾们有一个初步的了解，也为后续的情节发展提供了基础。

（2）日常生活：节目组通过捕捉嘉宾们的日常生活，展现他们在小屋中的互动和情感变化。比如，在第一期节目中，嘉宾们要完成做饭、洗碗等任务，这些情节不仅展现了嘉宾们的独立生活能力，也有利于观众更深入地了解每位嘉宾的性格和生活习惯。

（3）约会环节：安排不同的单独约会活动，比如户外短途旅行、休闲下午茶等，让嘉宾们有更多相互了解的机会。这些约会活动不仅增加了节目的观赏性，也为嘉宾们的感情发展提供了契机。

（4）情感变化：通过镜头的切换和配乐等手段，展现出嘉宾们的内心变化。比如，当嘉宾们遇到喜欢的人时，镜头会捕捉到他们的微笑、羞涩、兴奋等表情，这些细节可以让观众更真实地感受到嘉宾们的情感变化。

（5）短信投票：在每期节目结束时，嘉宾们会给喜欢的人发送短信，表达自己的感情。这些短信的内容和发送对象都是经过精心设计的，可以增加节目的悬念和戏剧冲突。

## 三、节目制作

### （一）后期剪辑

（1）时间线剪辑：每期节目按照时间顺序进行剪辑，从嘉宾们的初次见面开始，依次呈现他们在小屋中度过的每一天。

（2）关键事件剪辑：在嘉宾们的相处过程中，会出现一些重要的节点，比如第一次表白、第一次约会等，剪辑师需要捕捉这些关键事件，并在节目中呈现出来。

（3）情感转折剪辑：嘉宾们的感情发展会有起伏和转折，剪辑师需要捕捉这些情感转折点，通过镜头的切换和配乐等手段，展现出嘉宾们的内心变化。

（4）观察团分析剪辑：在节目中，心动侦探们会对嘉宾们的行为和心理进行分析和解读，剪辑师需要将这些分析剪辑得恰到好处，既要有专业性，又要有观赏性。

（5）预告片剪辑：为了吸引观众的眼球，剪辑师需要在节目结尾处剪辑出下一期的预告片，通过悬念和亮点吸引观众继续关注下一期节目。

剪辑节奏是紧张而又有条不紊的，既要展现嘉宾们的情感发展，又要保持节目的连贯性和吸引力。剪辑中还会采用加速、减速、回放、切镜头等手法，以捕捉嘉宾们的微妙表情和情感变化，展现出节目的细节和亮点。

## （二）VCR小片拍摄规定

VCR小片是《心动的信号》中的一个重要环节，它用来展示嘉宾们的日常生活和个性特点。《心动的信号》嘉宾VCR的内容主要是为了让观众更加了解每位嘉宾，同时也会展示他们的情感状态、家庭背景和个人喜好等。

（1）自我介绍和职业展示：每位嘉宾都会在VCR中展示自我介绍和职业展示，让观众对自己有一个初步的了解。

（2）日常生活记录：嘉宾们会在VCR中展示自己的日常生活，包括工作、休闲、健身等，让观众了解他们的真实生活状态。

（3）情感状态呈现：嘉宾们在VCR中会展示自己对于感情的态度和情感状态，如是否单身、是否有恋爱意愿等。

（4）家庭背景介绍：有些嘉宾会在VCR中介绍自己的家庭背景，包括家庭成员、家庭情况等，让观众更加了解他们的家庭状况。

（5）个人喜好和兴趣爱好：嘉宾们还会在VCR中分享自己的个人喜好和

兴趣爱好，包括音乐、电影、旅游等方面，让观众更加了解他们的个人特点和喜好。

### （三）背景音乐

音乐在《心动的信号》中扮演着重要的角色，它能够为节目增添节奏感和情感色彩。多选用英文歌曲，在不同场景使用不同音乐烘托气氛，凸显人物性格，制造两人之间的浪漫氛围。

### （四）舞美设计

《心动的信号》中，舞美设计通常会采用温馨、浪漫的风格，以营造一种轻松愉快的氛围。同时，舞美设计也会根据节目的主题和环节进行调整，以适应不同的场景需求。

（1）舞台布景：舞台布景应该简洁明了，同时又富有浪漫氛围，能够与恋综的主题相契合。在约会日中约会场地大多使用鲜花、烛光、气球等元素来营造浪漫的氛围。

（2）灯光音效：通过不同的灯光和音效来营造出不同的氛围和情感。大多使用柔和的暖色灯光和浪漫的音乐来营造温馨的氛围。

（3）摄影设备：恋综需要通过摄影设备来记录下嘉宾们的互动和情感变化，因此摄影设备也是舞美设计中需要考虑的因素之一。需要选择合适的摄影设备和角度如脸部特写以及人物近景，以便更好地呈现出嘉宾们的情感和表现。

## 四、营销策略

### （一）社交媒体营销

利用社交媒体平台进行宣传和推广，通过发布预告、花絮、嘉宾互动等内容，吸引观众的关注和讨论。

节目制作方会在各大社交媒体平台上开设官方账号，如微博、微信公众号、抖音等，通过发布节目相关的内容，与观众互动，提高节目的曝光度和关注度。节目中的嘉宾也会在社交媒体上活跃，与粉丝互动，分享自己的生活和感受，增加观众对节目的参与感和黏性。

### （二）话题营销

通过制造话题和热点，引发观众的讨论和关注。例如，利用嘉宾之间的感情线索和心动瞬间，制造话题热搜，提高节目的曝光度和话题度，《心动的信号第六期》节目开播以来，素人嘉宾的情感互动，如"心动6三个男生都投给了女一""程靖淇上恋综"以及明星嘉宾团的观感等，这些与节目相关的话题，引发网友大面积围观和热议。

### （三）粉丝营销

通过粉丝社群的建设和维护，增强观众的归属感和忠诚度。例如，组织粉丝见面会、提供粉丝福利等，提高粉丝的参与度和满意度。

《心动的信号》的营销策略注重多元化和互动性，通过不同渠道的宣传和推广，提高节目的知名度和美誉度。

# 案例十四：

# 《海妖的呼唤》节目制作宝典

## 一、节目概述

### （一）节目名称

图1 《海妖的呼唤》节目截图

（图片来源：https://media.netflix.com/zh_cn/only-on-netflix/81631016）

海妖的呼唤：火之岛生存战（又名：Siren：Survive the Island）

海妖塞壬Siren是一个特别的存在，在希腊神话中，是具有迷人声音的类人生物。她居住在一个叫作Scopuli的海岛上，其歌声具有强大的引诱力量，会使过往的水手失神，导致航船触礁沉没，船员则成为塞壬的腹中餐。

"岛屿+女性神话"角色的组合看似与节目设定很贴合，但事实上，海妖塞壬恰恰是最早的关于"厌女文化"的神话角色之一，与节目宣扬的女性力量背道而驰。

在整个中世纪的宗教文化中，女性经常被当作危险诱惑的象征：偷吃苹果导致人类堕落的夏娃、用歌声诱惑人类水手的海妖塞壬Siren、为报复丈夫而杀死亲子的美狄亚、象征给人类带来灾难的"潘多拉的盒子"……都在这个厌女文化的行列，这些故事皆在传达一个概念——"女性的邪恶是人类不幸之源。"

节目组的用意在于用海妖重新命名女性，在这里更像是一种夺词行动，将原本属于女性却被污名化的词语重新赋予正面含义，比如拒绝女神节，重新将妇女节的口号喊起来一样，即是将一直以来被打压轻视的女性价值打捞出来。

## （二）节目内容

### 1.节目故事

节目中，从事警察、警卫、运动员、特技演员、军人、消防员六种职业的24名女性，根据职业划分为4人一组的小队，在3万平方米的无人岛上进行7天团队战。每天分成竞技战和阵地争夺战2轮。第一轮竞技战中获得成功的队伍，将获得阵地战中的某项优势条件。阵地战中，被夺走队旗的团队将被整组淘汰，且获胜组将占领淘汰组的基地并自由使用。淘汰组将前往败者之岛，等待复活赛开始。最终占领岛上所有基地的队伍获胜。

图2 《海妖的呼唤》节目截图

（图片来源：https://media.netflix.com/zh_cn/only-on-netflix/81631016）

2.节目规则

第一个环节：6组同时出发徒步穿越泥潭（泥潭全程5千米），需要等待全队成员一起到达对面才能够带着队旗（队旗有长长的杆子，重达50千克）折返。根据到达顺序进行房屋分配，最后的一组将被分派到庇护所（一个简陋的帐篷）。

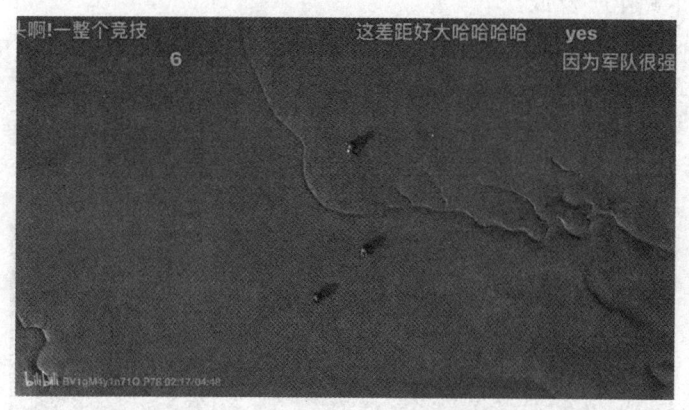

图3 《海妖的呼唤》节目截图

（图片来源：https://media.netflix.com/zh_cn/only-on-netflix/81631016）

第二个环节：6组成员需要对自己最初携带的行李进行取舍，每位成员需要在60秒之内选择必需品装进一个小文具袋里面。

第三个环节：6组成员在第一天接下来的时间去熟悉岛屿，迎接第二天的挑战。

3.警报规则

①每队在基地内隐藏1面防守旗帜。根据电话指令，每天一次，30分钟内除指定时间外不能改变旗帜位置（维持到下一次基地战）。

②当警笛响起时，所有队员都穿着基地储物箱内的作战服，抓住旗帜并开始基地战斗。

③每个队员都有1面攻击旗帜，这面旗帜就像蒂隆斯家族的剑术。每队共有4面攻击旗帜，每个团队成员1个。如果攻击旗帜被拿走，你将立即被排除在基地战斗之外，并且你将移动到竞技场并等待基地战斗结束。

④占领对方基地并移除防守旗帜即可获胜。

⑤如果一方成功占领基地，结束警报就会响起，当天的比赛结束。如果所有队员的攻击旗帜都被夺取，则在整顿30分钟后重新开始基地战斗。

⑥占用基地和剩余卡路里，所有物品均属于获胜团队。此外，从对方队伍中移除最多旗帜的队员将获得"拔旗数×100卡路里"的奖励。（抽出的旗帜数量×100卡路里）发放。

基地战中绝对禁止对对方的打击或相当于打击的威胁行为。违反规则者被排除在当天的基地战之外，在竞技场等待，直到基地战结束。

4.商店规则

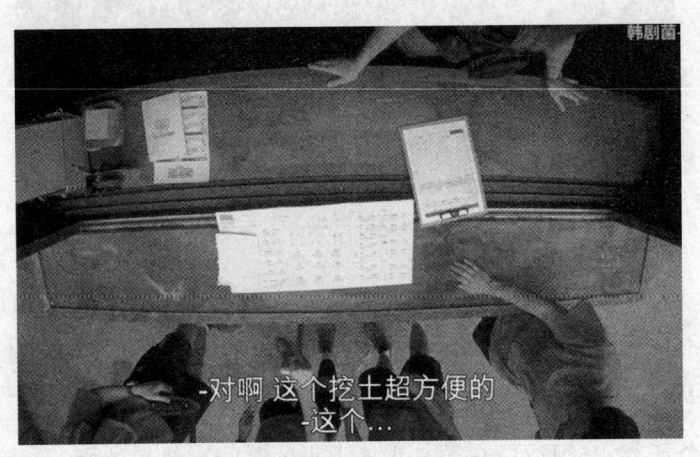

图4 《海妖的呼唤》节目截图

（图片来源：https://media.netflix.com/zh_cn/only-on-netflix/81631016）

在火之岛上卡路里就等于货币，每天早上8~9点可以到商店转换卡路里，活动卡路里指前一天深夜12点至隔天深夜12点4人行动时消耗的卡路里总和，基地战出局队伍剩余的卡路里归获胜组所有。商品店里面的货物会售罄，每样货物不能够满足所有组同时购买。

5.竞技场战规则

图 5 《海妖的呼唤》节目截图

（图片来源：https://media.netflix.com/zh_cn/only-on-netflix/81631016）

所有组员到高台上按照指定区域入座，比赛开始先公布当天竞技场战的福利，第一次竞技场站的获胜队伍可以获得生存必需的生火用具组还能在基地战使用的特殊福利30分钟庇佑权，当30分钟庇佑权开始后，该队的基地在30分钟内将不受其他队伍的攻击。第一个环节：竞技场站的内容为"熄火后仍需小心谨慎"：每个圆木要劈成4小块才算成功，并最终劈完30个圆木。以一起游戏（团队协作）的方式进行劈柴，各组自行决定劈柴顺序，组员依照顺序劈柴，每人劈柴的数量将会影响到其他组员必须劈砍的数量。（劈柴的时候旁边会喷洒水雾，用来打湿木头从而增加难度）第二个环节：各组需要在焚火区内尽可能地生起大火，但军人组一开始生火，所有组别的时间皆会开始倒数，倒数60分钟；第三个环节：保护火苗，各组选出一位代表，该位代表将获得能攻击另一组别焚火区的机会，洒水攻击时长为30秒抵御攻击的方式只有一种只能利用身体保护焚火区，攻击结束后各组需于5分钟内让焚火区的火焰复燃成功保护火苗到最后的队伍即为获胜队伍。（这一次的竞技场角逐，消防员组非常具有优势，她们对于灭火的技巧，在比赛过程中穿插着对消防员的单采画面科普灭火的技巧，让观众在观看时顺便学习到更多的知识。）

在基地失败的队伍将会待在败者之岛，在败者之岛上只提供得以生存的最小空间各组从必须运用各自带来的生存背包想办法活下来,并应对随时可能发生的复活战。

第二次竞技场之战:竞技场战的福利获胜的队伍可以获得消暑的冰块组合还有能在基地战使用的特殊福利——警报权,获得警报权的队伍可以在第二天深夜12点到隔夜深夜的12点在想要的时间点启动警报展开基地战。"口渴的人挖井":在竞技场中间有四口井,各组必须用所给的道具挖井,最先找到藏在地底的水阀,让水涌出的队伍获胜,但是井里有秘密在各个井藏有不同的攻击币,只有拥有位置支配权的队伍知道攻击币的不同之处在哪里。率先挖到攻击币的队将决定对哪一个队使用该攻击币从而增加该队的获胜难度。

根据腕力来进行比较分出拥有位置支配权的队伍,每队以擂台赛的方式进行先前基地战获胜的队伍拥有腕力比赛的对战决定权。

(该项比赛运动员因为是有在沙滩比赛项目有一定经验,军人因为户外生存和训练也有技巧,消防员因为职业特殊性有时警情需要用土来掩盖,因此也有经验,她们组在进行挖土时会进行经验分享。)

6. 节目旗帜

消防组——haetae根据韩国的记载,海泰有一个肌肉发达的狮子身体,上面覆盖着锋利的鳞片,脖子上有一个铃铛,额头上有一个角,生活在边远地区,以前海泰被认为可以抵御火灾,海泰雕塑被用于建筑(如景福宫)用来防火;

警察组——鹰:侦察力强、果敢、具有攻击性;

警卫组——不死鸟(凤凰):坚毅、涅槃重生;

特技演员——蜘蛛:灵巧、特技;

军人组——狼犬:团体行动,警觉,善于围捕,适应性强,隐匿性,灵活性,智慧,夜行性,耐力,感官,沟通能力,善于诱敌;

运动员组——老虎:勇猛、健硕、果敢。

7. 节目内核

(1)为职业荣誉而战:赌上职业荣誉进行竞争,24名成员她们是在各行各业里享受自己职业的女性。她们的一言一行,都充满了自信和骄傲,透着职业素养的自信，对自己力量的骄傲。启迪人们享受职业的乐趣，以及职业带给你的自信和力量，投入地过自己的人生。在职业荣誉感的驱使下，每名女性选手都展现出了强烈的胜负欲。队伍之间针锋相对，让选手忍不住评价：这是真正的战争。

（2）为竞技精神而战：在第七期节目中，军人组的两名选手为了守住阵地为队友争取时间，做出了威胁对手安全的举动，在被淘汰后仍然持续进攻。

面对这些，导演组坚定地维持了公平规则，宣布竞技中止，并公开惩罚规则：两人在下一轮PK中禁赛。这也让节目和那些强调"不择手段获胜"的生存节目区隔开来。真正的女战士，要赢，更要得体地赢。胜利的代价从来不是破坏规则和失去尊重。真正的竞技精神，胜负欲应建立在尊重规则和对手的基础上。

美丽而危险的女人：一种全新的女性人设，美丽而危险的能力者。"海妖的呼唤塞壬"是节目核心的视觉标签，如同塞壬一般"美丽而危险"，是节目对女性参加者形象的概括。节目的另一个巧思，是这些象征力量的职业，往往都是男性强势主导。而普通人在提到这些职业的时候，脑海中浮现出的画面往往都是男性。这背后，女性在这些行业和领域的付出被忽视了。警察在前采中就表示：在压制闹事人时，人们看到男警察会喊"刑警先生"，看到女警察却只会喊"小姐"。"我不是小姐，我是刑警。"这是韩国女性在职场中面临现状的一个缩影。借助这些职业，《海妖的呼唤》从个体的力量崇拜，进一步上升到发掘被这些所谓的"男性职业"掩盖的女性力量。

8.节目播出

（1）播出平台：Netflix。

（2）播出时间：2023年5月30日。

（3）播出效果：

节目上线第二天就登上Netflix韩国电视点播榜前10，并保持高位直至现在。在国内，节目也在豆瓣获得9.6的高分。除韩国外上线的四个国家和地区（中国香港、马来西亚、新加坡、越南）全都冲入TOP10热播榜单。在各个社交媒体平台上掀起一股讨论热潮，综合目前的网友评价，对于《海妖的呼唤》

的正面评价更是呈现一边倒的态势。

9.节目成就

2023年斩获第二届青龙系列大奖最佳网综作品。

## 二、演职人员

### （一）导演组

导演：《海妖的呼唤》是李恩京担任总导演的第一个节目，可以说这是史无前例的，因为在这之前被网飞招募的导演都是已经有代表作的，而《海妖的呼唤》是她第一个在韩网飞拍摄出道作品的综艺作品。

### （二）参演人员

参演人员分为消防组、警察组、警卫组、特技演员组、军人组、运动员组等。

图6 《海妖的呼唤》节目截图

（图片来源：https://media.netflix.com/zh_cn/only-on-netflix/81631016）

消防组组长是第一位参加消防员奥林匹克"消防技术大赛"的女性。组员有尚州消防局第1号女性消防车辆驾驶人员，她在22个月的消防局工作期间，作为消防车司机人员执行了107件，作为灭火人员进行了178件出动任务。在火灾现场默默地竭尽全力，在大型消防车驾驶有很好的驾驶能力受到好评。她说"我会努力成为在现场情况应对能力优秀、任务执行能力高的现场队员"，

"想通过积极的活动成为消防组织和女性消防公务员准备生的榜样"。

警察中有的组员曾经当过运动员,是前摔跤选手,后来通过武术特别录用比赛加入警队;有的是韩国海警中第一个成功缉捕毒品犯人的女警,等等。

警卫组组长曾是韩国总统警卫室第一个女性警卫,护卫过政府要员。

特技演员组组长有着7年的格斗选手经历,韩国格斗新人王战冠军,参演电影《柏林》《暗杀》等。

军人组组长曾经是特战队中最厉害的高空降落TANDEM小队的最初女性教官;组员有的在特战司服役8年,团队是韩国前0.01%的精英,现在她是后备军中士;有的曾在反恐特勤队服役,专攻枪炮;有的曾在军队中任职高等专责小组,职责是渗透敌营、传达情报。

运动员组组长现任女子卡巴迪国家代表,卡巴迪是一项团体格斗运动;组员中有的是前柔道国手,擅长过肩摔,在2013年世锦赛获得铜牌;有的是运动攀登选手,有的是摔跤选手,兼具耐力与速度。

(三)角色定位

1. 消防组:看见地狱的人,坚强不屈的意志;消防组给人感觉很像勇往直前、光明磊落的热血漫女主,永远冲锋陷阵,永远节目效果拉满。消防组这场竞技赛高光真的很多,在军人组和特技组的围攻之下依然取得了第一名,珉先为了照顾组长的腰伤一个人劈完了所有木头,后期灭火也发挥出了相当专业的实力,顺利灭掉军人的火,这一场的消防组,尤其是珉先简直熠熠生辉,组长贤娥姐也展现出了很符合职业特征的"守护者"心态。不同于其他组的敌人是人类,消防组的敌人是无情火场,消防组说"没有现场是不危险的""如果有地狱一定是火灾现场的模样",可见她们虽然常常出入火场,但也要克服恐惧一次一次往里冲,为了拯救被围困的人不惜把自己置身于危险之中。她们的勇气、生存技能和全方位综合实力都在危险的工作环境中被不断极限开发。

2. 警察组:不眠不休的人,坚韧不拔地埋伏;有着超强的观察能力,比如能够记住不同组别人员的称谓特点,根据听到的声音来判断组别。

3. 警卫组:为死而生的人,滴水不漏的观察力;冷静、近战致命。特技演员忘却恐惧的人，变身无极限；每一个女孩子的缩影，平凡普通，没有身体体能优势，没有完备的策略培训，也没有成体系的生存学习，所有的技能都是自己慢慢摸索主动学习。

4. 军人组：必须活下来的人，平时就是战时状态；对于战略和情报的掌握让她们在整个比赛过程更加游刃有余，掌握全局。

5. 运动员组：沉迷于运动的人，太极旗的重担；运动员对于卡路里的精准掌握，能够在商品店里面拥有足够的货币。

（四）摄影团队

图7 《海妖的呼唤》节目截图

（图片来源：https://media.netflix.com/zh_cn/only-on-netflix/81631016）

节目拍摄时，最多时总共安装了354台摄像机，调动了大约200名工作人员和60名摄像导演。参演者会嫌弃摄像导演动静太大："嘘！别跟着我！"然后一溜烟跑没了，摄像师为了不暴露其他组的行动路线也都穿着吉利服进行拍摄。

三、节目制作

（一）制作周期

《海妖的呼唤》最开始是由网飞创意团队策划的，从敲定到播出项目周期长达一年三个月。（韩国电视台综艺节目为了降本增效通常制作周期只有三个月，有时候第一次拍摄之后马上就开播。这对于大部分韩综来说都是巨大的工作量。）

导演组前期花了大量时间做两件事：大量采访参演者、找无人岛。

寻找参演人员：参演者部分的难点在于她们是公职人员，加上一开始因为保密工作不能说直接邀请参加节目，而是邀请参加面试，所以导演组在给警局打电话之后被当作电信诈骗调查了。同时参演者担心被恶意剪辑。导演组明确：没学过这种剪辑！都是"以参演者为中心"而不是"以节目为中心"。公职人员为了参演节目得请假这个问题怎么解决？导演组刻意选取了长假期+周末比较多的时间，而尽可能不使用参演人员的年假进行拍摄。

无人岛：找无人岛首先是在卫星地图上搜寻，调查小岛目前是谁在使用，岛主能不能协助拍摄。《海妖的呼唤》找的小岛面积总共3万平方米，土地主人有30多个，导演组需要说服30户人家同意拍摄，在征求拍摄时还写了手写信展开情感攻势，最后靠诚意获得了在岛屿上拍摄的机会。

参与者的奖金分配：从最开始就平分，不会按出演集数和淘汰时间分配，因为参演者都留出了相同的时间去参与节目录制。至于金额，导演组会在法律允许的范围内尽可能多给一些。

因为没有剧本，不知道演员会如何行动，所以导演团队要做上百种的预案，导演组会事先做模拟，因为不知道参演成员会去哪里，所以会预先考虑周全。

### （二）前期采访

在节目前期采访环节，导演组就引导每个选手回答，所有队伍中谁的实力最强和最弱，在竞技前将氛围烘托得火药味十足。警察会大方表示，消防队的体能考核标准低于自己，因此消防队应该比自己更弱。每个队伍都对特技演员的实力表示怀疑，认为"演戏"和真正的战场厮杀是不一样的。警卫更是直言，自己曾经参加过特技拍摄，为了动作好看，她们总是用大幅度的高难度的动作。但真正"杀人"的动作都是很小的。

## （三）后期剪辑

### 1. 节目划分

图 8 《海妖的呼唤》节目截图

（图片来源：https://media.netflix.com/zh_cn/only-on-netflix/81631016）

每集标题紧跟着台词出现在后面的空镜镜头里。

第一集：我做的工作不简单——很多人不知道特技演员具体是做什么的，她们说"希望大家能知道有女性在做这么辛苦的工作"。赵慧炅："我挺自豪的，我做的工作不简单。"

第二集：顽强是我的强项——警察组被偷家后，她们说："从明天起要好好展现出我们的强悍。"金慧离："我想让她们知道警察组很强，顽强是我的强项。"

第三集：只要能赢，其他都无所谓——军人组在第一次同盟后思考未来走向，她们说："即使我们现在是同盟，也不可能持续到最后。"姜昕媄："只要能赢，其他都无所谓。"

第四集：和强者对抗吧，那样才酷——消防组在竞技场上被两组一起针对选择时，第一轮选择了军人组。她们说："我们要选军人组吗？当然要选她们必须灭掉军人组的火。"郑珉先："和强者对抗吧，那样才酷。"

第五集：相信自己的体能，去尝试吧——运动员组在全员出动成功拔旗后，后采说明了全员出动没人顾基地的原因，金喜晟："我们想说要尝尝攻击的滋味，凭着一股冲劲，相信自己的体能，去尝试吧。"

第六集：谁能赢过我们？——运动组赢得掰手腕第一名，竞技场战起步很顺利，金省然说："我努力地向她们证明了。"金恩别："我们必定是第一名，谁能赢过我们？"

第七集：等待是值得的——军人组出门侦查房屋情况，金罗恩留下潜伏等待后获取到更多的信息，金罗恩："我在这里等待是值得的。"

第八集：必须用结果来证明——军人组在接受惩罚后叹气的同时表示："特种兵不都是用结果来证明的吗？"李炫宣："必须用结果来证明。"

第九集：身经百战的展示——军人组复活后在岛上到处打招呼，NPC鞠个躬并说了句："身经百战的勇士。"

第十集：勇往直前——消防组边吃饭边商量着最后的策略，她们说："就算会死也要冒这个险吗？对啊，英勇战死。"金贤娥："在打基地战的过程中，我的个性展现得越来越多，就是勇往直前。"

2. 剪辑原则

每个小组的执行导演都希望自己跟的小组播出分量多一点，但是从节目制作角度来说，肯定是要控制时长。但参演者都是赌上职业荣誉参加的，导演承诺了会保护她们的名誉不会被恶剪，所以很多人观看的时候反应是：一开始喜欢警察组，消防也不错，特技也好厉害等。

3. 镜头配乐

警察被消灭第一场战斗，浓雾弥漫，剪辑者用三大段音乐和镜头表现那种紧张刺激的追逐试探和入侵的感觉，几个令人印象深刻的镜头配乐：①例如两名警察在雾中留下背影前去杂技地盘。②三名警察与两名消防的互相追逐试探。③两名消防员高喊人太多了，三名警察从雾中追出，消防员消失在丛林里。④军人在山林中穿梭手高举放在伞把上。⑤军人匍匐在地四处张望，突然音乐响起站起来把手放在伞把上。⑥三名杂技演员入画海上房屋，接着两名军人高举手在伞把上四处张望入画。⑦军人敲玻璃左下角几下就敲开了。

4. 剪辑节奏

为了整体节奏剪掉了第一个竞技场。

剪辑渲染紧张氛围，比如在第二集的时候警察组晚上去摸查其他小组居住地点时离开了自己的基地，然后基地被军人组进入并简单搜查。等警察组回来之后看到屋内场景发现有人来过，此时的画面给到了最开始的屋子的场景和现在屋子场景的对比。

抓住细节，比如在比腕力的比赛前夕对于不同队伍成员手臂肌肉的放大特写。

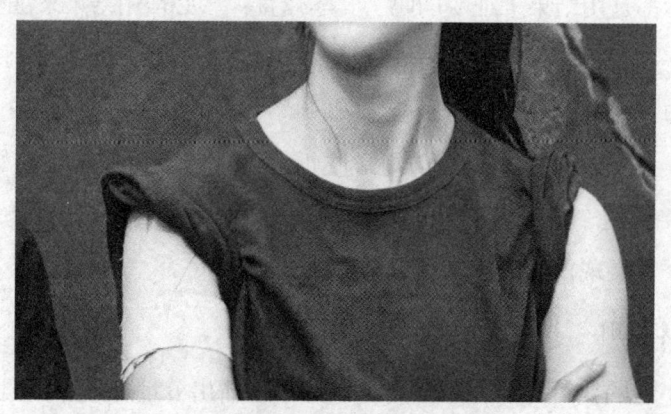

图9 《海妖的呼唤》节目截图

（图片来源：https://media.netflix.com/zh_cn/only-on-netflix/81631016）

5. 情感细节的把握

女性的反思：在警察组的一名队员在防守失败时的自责害怕回来的队友没办法接受被淘汰的现实。队友回来之后，没有人责怪她而是各自承担自己的责任反思。

结盟队伍的相互芥蒂，互相试探和防备，比如军人组和特技演员组不能够做到完全的信任，互相之间需要提防。

人性的考验：特技演员组被消防组和运动员组同时攻击的时候呼唤暗号给军人组，军人组立即出动两人进行支援，但还是来迟了，军人组抵达时特技演员组已经被淘汰至一人，军人组就决定不去帮助而是旁观撤退，临时反水。

### （四）拍摄过程

巨大的场地，激烈的争夺环节，绝对的拍摄难度。节目导演介绍说拍摄中无人岛面积约为3万平方米，最多时总共安装了354台摄像机，调动了大约200名工作人员和60名摄像导演同时进行工作。

## 四、节目反思

### （一）优点剖析

#### 1. 快节奏的节目进程

《海妖的呼唤》刚开始的节目流程便是环环相扣，基本的团队介绍之后，无人cue流程，随着烟雾信号弹的引燃，便展开艰辛的泥潭旗帜争夺战，在后来的基地保卫战中，每队也仅仅只有30分钟的时间来藏匿旗帜，每天的警报也都是定时定点发出，节目组在每次的团队赛环节更是采用倒计时的方式来营造这种快节奏的氛围。一方面设置这种极限的环境，激发出队伍的极限潜能，另一方面更是吊足了观众胃口，让悬念和紧张程度拉满。

图10 《海妖的呼唤》节目截图

（图片来源：https://media.netflix.com/zh_cn/only-on-netflix/81631016）

在展现女性力量这个主题的指引下，快节奏的叙事让这档节目摒弃了惯常的娱乐属性，专注于节目议程的巧思之中，每当节目组用这种快节奏的方式推进剧情之时，也会让每支队伍之间的竞技特性更加彰显，节目设置也并非单纯的四肢发达、全凭肉搏，每一个竞技环节也都需要活用侦查、布局、逻辑推理，甚至强强联合的心理战术。

2. 大逃杀式的安排将刺激程度拉满

《海妖的呼唤》的内核依旧采用孤岛求生的大逃杀式的节目设置，6个团队在孤岛之上通过体力和智力的比拼，谁能留下谁便是赢家。第一期用一场泥潭争夺赛决定每支队伍的住所。第二期便开始正式的孤岛生存游戏，每天必须淘汰一支队伍，其他队伍才暂时安全。从第三期开始我们会看到随着参赛队伍的依次减少，节目的精彩程度也在不断加大。更有意思的是，淘汰队伍依然有末位复活赛的资格，在另一座孤岛开始新一轮大逃杀之旅。

**图 11 《海妖的呼唤》节目截图**

（图片来源：https://media.netflix.com/zh_cn/only-on-netflix/81631016）

游戏性的设置吊足观众胃口，与此同时，节目组更是巧妙地设置了许多的环节来增强其游戏属性，比之《体能之巅》那种纯粹的比拼，这里还有团队、策略、时机、运气等诸多因素，可看性也更丰富，当然制作难度也大大增加。此外游戏化的人物设定也更容易吸引年轻受众群体的观看，譬如队友如果在基地争夺战当中被拔掉小旗子便会出局、队伍也会用消耗的卡路里值当作货币购买道具和食物等。

3.女性主体聚焦：铿锵玫瑰

《海妖的呼唤》的魅力就在于它从阵容上就拆除了"男性力量"的神话，是实打实的全女性班底。节目里的24位女性，个个来头不小。有警察、警卫、军人，也有消防员、运动员、特技演员。节目组选角的微妙像是暗示着在男性为主导的职场中，女性的行进，本身就艰难得像场荒岛求生记。

《海妖的呼唤》环节设置沿袭了生存类节目的惯常风格：通过力量对决和脑力博弈等方式展开交战，总体上属于旧调重弹，并不算新奇。恰恰是24位女性在赛制和互动中的出色表现，为节目效果注入了强大的能量。

首先是体能上的表现，竞技场站中，她们肩扛锄头掘土，手持斧子劈柴。基地站中，她们徒手攀楼、直拳破窗。近身肉搏时，更是快准狠地运用抱臂背摔、顶肘撞膝等招式，与敌方较量。每场表现都足见其力量之强。

图12 《海妖的呼唤》节目截图

（图片来源：https://media.netflix.com/zh_cn/only-on-netflix/81631016）

各方战队为防止被偷家，相继使出十八般武艺。警卫组在山林中，设下多道铁丝障碍，为自己争取备战时间。军人组潜入虎穴勘察地形、探取情报，巧用假旗帜干扰敌军判断，除此之外，还在自己的基地暗设陷阱，诱敌深入。消防组则搞起了心理战：通过拉长战线的方法消耗敌军精力，而后选择有利时机发动奇袭，乘虚而入。摘得桂冠的运动组，更是灵活多变。在决战中，巧用以守为攻、擒贼擒王等策略与消防组周旋。就全女性综艺来讲，《海妖的呼唤》它不仅为女性魅力增加了新定义，也毫不规避女人的狂气、霸道、武力，甚至狡黠。这6支不同职业的女性队伍都展现出了韩国女性从事不同行业的力量、理性与智慧，我们也能看到女性的更多元化的身份和他们的不可估量的可能性。

4. 打破"性别决定论"

探寻跨文化的大众视野主题。传递文化理念的共性也是网飞近些年来的跨文化传播策略，往往以简约美学的叙事理念，传播国际共同价值，加入全球性议题的讨论之中，达到"人类命运共同体"的集体宣泄功能。《海妖的呼唤》在"爽"的同时，也在探讨"性别的刻板印象"这一主题，这是一个迄今为止一直在探讨的问题，在大众视野中一直以男性为主导的特殊职业，被该节目以女性化的视角展现了出来，网飞很好地抓住了全球当下的社会热门议题和社会痛点去与之结合。

长期以来，在消防员、警察、军人、运动员等职业领域中，女性总是位于从属地位，以一种"他者"的姿态存在于大众的认知定式中，其真实魅力被弱化、边缘化，甚至隐形化。女性气质，也常被等同于温柔、贤淑等词汇。但《海妖的呼唤》的出现，如同平地惊雷，轰隆一声震碎了"性别决定论"这种二元化概念。它将真正的女性力量推至公众视野，极大程度地完成了对性别偏见的纠偏与解构。透过节目，我们看到了这些女性的智识之强、身法之灵、血气之勇。她们的种种表现，都是对"男强女弱"这一说法最掷地有声的回击。

用"厌女文化"的神话角色之一海妖的呼唤塞壬恰来命名节目，与节目girl power的核心充满矛盾感，但随着节目的推进，重新定义原本污名化女性的海妖的呼唤一词，海妖的呼唤此刻的呼唤不是危险的诱惑，而是对同为女性的号召，展现千人千面的女性形象，如同一场正名之战。这才是我们想看到的女性内容，是即便残酷但有真实的女性现实境遇，而不是单纯出演者为女性但又处处透露着"女性价值由男性决定"的潜台词。

## （二）不足改进

### 1. 各组实力发挥受限

每组的基地位置和地势对于整组的输赢有着至关重要的作用，因此不能够发挥每组的实力。例如，特技演员组的阁楼具有能够易守难攻的优势，军人组在后期复活赛之后的帐篷基地就处于劣势，很容易被摧毁，警卫组基地位置偏远，永远赶不到作战地区，每次其他团队在作战的时候永远在路上，虽然活到了最后，但因为没有什么对抗性，镜头也少得可怜。

### 2. 主线剧情没有副线精彩

主线的游戏设计没有正面发挥各组的能力，导演组其实可以设计一些环节，让各组的能力得到更全面、更丰富的展现。

### 3. 故事线不够丰富

在这档节目中消防组的故事线最好，从队长受伤到被联盟针对最后触底反弹拿到第一然后再被针对再拿第一，人物形象完全立起来再加上她们可爱的性格是非常招人喜欢的。但是相较于消防组而言其他组的故事线就差了许多，人物形象些许片面，不够立体。

### 4. 复活赛情节设计简单

复活赛：滚动的石头不生苔。

规则与入岛规则几乎一样，因此军人组在第一集时就第一个扛旗过泥滩，特技组第二但对她们构不成威胁，警察组倒数第二更不用说。所以同样的环节重复一遍，获胜的大概率还是军人组，而事实上，败部复活排名确实和第一集扛旗过泥滩的顺序一样，军人组确实稳定发挥复活了。导演组安排让军人组复活的意图过于明显，也让节目被人诟病。

# 案例十五：

# 《这是蛋糕吗？》节目制作宝典

## 一、节目概述

### （一）基本信息

1.节目的名称与类型

节目名称为《这是蛋糕吗？》（英文原名Is It Cake?），类型是真人秀烘焙比赛节目。本节目灵感来源于TikTok上走红的网络热梗——蛋糕被伪装成一种常见的物体或食物的一系列短视频。本节目由美国知名喜剧演员麦基·戴（Mikey Day）主持，2022年3月18日在网飞（Netflix）流媒体平台首播。单季集数8，现共两季。第二季已于2023年6月30日播出。

2.节目呈现形式

节目以选手制作外观足以以假乱真的蛋糕为呈现形式。节目的参赛者将制作外形酷似常见物体的蛋糕，每期节目拥有特定的烘焙主题。环节结束后，选手制作的蛋糕与其余四件常见物体被放在一起，由三位明星评委进行选择。评委的目标是成功选出蛋糕，选手的目标是成功以假乱真。每集的获胜者将获得5000美元奖金，并有机会通过识别现金的真实与否来赢得更多奖金。

3.主持人挑选

节目选择著名喜剧演员麦基·戴担任主持人，他有超过20年的从业经验，常年作为喜剧演员出演综艺节目、短剧等，极具镜头表现力。麦基尽管没有相关烘焙经验或背景，但他选择担任这一节目的主持人。A解释说，该节目的吸引力在于激起了"人类的求真欲,即期待辨认出'伪装者'"。

### (二)节目受众分层定位

1.目标受众分层

年龄分层:节目主要面向成年观众,包括青年群体和中年群体,对青少年缺少吸引力。

性别分层:男性和女性观众均可,没有明确的性别偏好。

阶级分层:节目目标受众的社会阶级分层是多样的,因为烘焙、美食和创意设计都是跨越社会阶层的普遍兴趣和娱乐形式。可能的受众阶级分为:对烘焙和美食有浓厚的兴趣,愿意投入时间和资源来学习及尝试新的烘焙技巧的中产阶级家庭或个人;有更多的资源和时间来追求精致的烘焙和美食体验的上层社会群体;爱好烘焙的工薪阶级;将节目当作娱乐消遣的学生群体等。

2.受众群体定位

节目的受众群体定位是多样的,无论是烘焙爱好者、美食探索者还是创意设计师,他们都可以在节目中找到共鸣和娱乐。此外,本节目主要的受众群体是真人秀观众。

烘焙爱好者:对烘焙有浓厚兴趣,喜欢尝试新的烘焙技巧和创意,以及了解不同类型的蛋糕制作过程。

美食探索者:对美食有独特追求和欣赏,喜欢品尝和欣赏精致的蛋糕,并对烘焙艺术感兴趣。

创意设计师:对创意设计有兴趣,关注蛋糕的形状、装饰和创意设计,寻找灵感和创造力的启发。

真人秀观众:对真人秀节目感兴趣,喜欢观察选手之间的竞争和互动,并从中获得娱乐和情感上的满足。

网飞平台用户:节目可在网飞平台观看,主要面向该流媒体平台的用户,他们可以访问其内容。

### （三）节目宗旨与核心理念

1. 节目宗旨

该节目的宗旨是鼓励选手们展示其独特的烘焙技巧和创意设计。在节目中，选手们需要在有限的时间内，根据每期不同的主题和要求，制作出精美的蛋糕作品。节目在娱乐的基础上，展示烘焙艺术的多样性和创新性，同时一定程度上向观众传授烘焙技巧，激发他们对烘焙的兴趣和探索。此外，视觉效果是节目的一个关键要素，评判选手是否成功的标准之一是选手制作的蛋糕是否能在视觉上欺骗评委及观众。

2. 节目核心理念

节目中，选手需要制作出外观足以以假乱真的蛋糕，核心理念是展示蛋糕烘焙的创意性和艺术性，并在此基础上增加趣味和挑战，节目的核心理念是竞争、创造力、趣味和娱乐的结合，旨在成为面向普遍大众的烘焙真人秀节目。

## 二、选手选拔与准备

### （一）选手报名与筛选流程

1. 选手报名

本节目选手筛选面向大众，由节目官网发布招聘信息。烘焙师可通过节目官网寻找到官方报名渠道，填写姓名、地址、联系电话和电子邮件地址等个人信息，并上传照片和签名，最后提交报名申请表。此外，网飞平台真人秀选角网站设有一个站点，也可以在其中提交参加流媒体平台上任何真人秀的简历视频。

2. 选手筛选流程

本节目选手筛选流程如下：

（1）初步筛选：制作公司及节目选秀团队对申请者资料进行初步筛选，以确定哪些人有资格进入下一轮。

（2）面试和试镜：通过初选的申请者被要求参加面试。制作公司及节目选秀团队更好地了解选手的个性、能力是否符合节目要求。

（3）背景调查和参考：制作公司及节目选秀团队对通过面试的申请者会进行背景调查，以确保选手没有身份背景问题。

（4）最终筛选：从试镜中，制作公司及节目选秀团队挑选出最终的候选人，其将参加节目的录制。

（5）合同和法律程序：选手签署合同，其中包括了选手参与节目录制的权利和义务、保密协议和其他法律条款。

（6）录制和播出：选手经过筛选后，他们将参加真人秀节目的录制。录制后，节目会在电视或流媒体平台上播出。

### （二）选手背景与技能要求

节目对选手的蛋糕烘焙水平要求极高，选手需要具备极为出色的烘焙技能，不仅能够将蛋糕做得好吃，更重要的是能将蛋糕的外观做成日常物体，使其能够以假乱真。选手还应具备良好的创意和设计能力、抗压能力，以及足够的耐心。选手报名时需附上自己的作品集供节目组考量。

此外，选手应当具备较强的综艺感，不怯场、不怕生，能够在镜头前自由发挥，说话流畅，表现力强。

## 三、节目环节与规则

### （一）节目环节设置

第一环节：由主持人亮相开场，八名选手共同争夺本期节目参赛机会。此时台上有五个与本期主题相符的日常物品，包括一个隐藏其中的蛋糕。主持人邀请所有选手共同猜测蛋糕，回答正确的选手将获得本期节目参赛的机会。每期节目有三名选手同台竞争。

第二环节：挑战成功的三位选手分别从其余四个物品中任意挑选一件作为样品，并制作出与其外形一致的蛋糕。制作完毕后，主持人向三位名人评委依次展示三组不同的物品，并以五件一组的同一物品的形式呈现。每组物品中有一个是由参赛者当天制作的蛋糕。如果评委正确猜出哪个物体实际上是蛋糕，则该参赛者将被淘汰。当多名参赛者都成功时，评委将品尝蛋糕，并根据质量选出获胜者，打破平局。

第三环节：上一环节的获胜者获得再一次赢取更多奖金的机会，他需要正确识别两袋现金外观物品中的蛋糕。如果识别正确，他将获得更多奖金；识别错误，多余奖金将被回收，保留至下一期节目。

### （二）时间限制与奖金设置

第一环节，选手有20秒的时间选择蛋糕；第二环节，选手有8小时时间制作蛋糕，评委有20秒的时间选择蛋糕；第三环节，选手依然用20秒的时间选择蛋糕。

每集成功欺骗评委的获胜者将首先赢得5000美元。如果他能在第三环节正确识别，则还可以额外赢得5000美元；没有正确识别，则5000美元将添加到下一期节目的第三环节奖金中。

### （三）评委评判标准

评委没能正确猜出蛋糕，则该参赛者获胜。当多名参赛者都成功时，评委将品尝蛋糕，并根据质量选出获胜者，打破平局。

节目不能脱离烘焙本身，蛋糕质量的影响必须在节目中占据一定的决定作用。所以将评委品尝蛋糕的环节加入，作为辅助评判标准，既增加了节目的挑战性，也满足了烘焙真人秀节目本身对蛋糕品质的追求。

## 四、舞美设计

### （一）舞台布置和道具设计

舞台布置有可旋转台、烘焙工作台、洗手池等。正对舞台最前部有一排座位供本期节目不参加挑战的选手就座观看。舞台前部靠左放置可旋转台，用于展示日常用品以及混入其中的蛋糕，是整个舞台最重要的道具。除了制作环节，可旋转台对面的舞台右侧放置供选手及嘉宾选择号码并输入答案的小讲台。舞台后部有三张直角形工作台，配备搅拌器、搅拌碗、擀面杖、烤模具、蛋糕纸、蛋糕刷、烤箱、烤架等烘焙蛋糕时常见的工具和材料，供选手使用。工作台后有装有各种原料的冰箱，以及一个中间的公用洗手台。

可旋转台上有五个标上数字的柱形展示台，分别放置五个物品。主持人配有不同样式的刀，用于切蛋糕以验证答案。

## （二）灯光、音响及视觉效果

1.照明布局

前景照明、人物照明使用多盏角度不同的聚光灯，舞台道具配备灯带软光。工作台上方悬挂吊灯为工作台照明。台下选手使用顶光照明。

2.音响设备

演播室现场安装高质量的音响系统，确保清晰的声音传输。预定适当的音乐和音效，以增强情节和氛围。现场与录机分频道收音，音频师降低演播室内部收音音量，确保录入主持人嘉宾等声音清晰。

## 五、评判与点评

### （一）评委挑选

本节目每期邀请三位在美食相关领域具有显著成就或从事相关工作的名人明星作为评委。

### （二）评委评判标准

节目评判第一标准为作品外观，即评委是否正确识别隐藏在日常物品中的蛋糕。如果评委正确识别，选手失败；评委没能正确识别，则该选手胜出。

节目评判第二标准为作品质量。当出现多名选手成功的情况时，评委需要通过现场品尝选手所制作的蛋糕，通过味道确定一个胜出者。

### （三）选手回应与互动规定

对评委的最终评判结果，选手不得有言语、肢体行为上的不满。

## 六、录制与后期制作

### （一）录制时间及场地安排

本节目为录播节目，本季共8期，总录制时长共4周，地点在美国洛杉矶的一处单元摄影棚内。考虑到选手烘焙蛋糕所需时间，单期节目录制时长超过10小时。

### （二）摄像机位设置

演播室设置多个机位，各机位分工不同，现以环节为单位进行说明。

1.第一环节机位设置

舞台全景1、主持人+旋转台全景1、主持人中近景1、选手中近景2、飞猫1、物品台下特写1、旋转台近景1。共8个机位。

2.第二环节机位设置

制作环节：舞台正全景1、选手中近景3、台下选手1、选手特写3、主持人1、飞猫1。共10个机位。

评判环节：舞台正全景1、主持人+旋转台全景1、主持人近景1、选手近景3、评委近景1、台下选手1。共8个机位。

3.第三环节机位设置

舞台全景1、主持人+旋转台全景1、主持人中近景1、选手中近景2、飞猫1、物品台下特写1、旋转台近景1。共8个机位。

### （三）后期剪辑与特效添加

后期包装在加入节目片头及结尾的基础上，在演播室所录制片段的合适位置插入选手自我介绍、作品集、选手后期采访、蛋糕及物品补拍特写镜头等。

## 七、节目播出

### （一）播出时间与频道选择

节目首播时间：2022年3月18日。由于这是一档网飞流媒体平台独创的真人秀节目，所以只在网飞平台独家上线。

## （二）节目播出效果

由于播出前期宣传推广力度不大，节目首播效果欠佳。但由于节目形式新颖、网飞平台订阅用户基数大等，节目播出周期内斩获大量收视率，节目获得第二季续订。此外，节目播出后，网飞官方自媒体对节目内容进行视频改编二创，并发布在海外TikTok平台，联动网络趋势，引发大量关注。

# 案例十六：
# 《再见爱人第一季》节目制作宝典

一份综艺制作宝典，应该对节目进行事无巨细的计划。下文将对国产爱情真人秀综艺《再见爱人第一季》进行分析，尽量还原总结成为一份相对具体的制作宝典。

制作宝典目前计划覆盖：节目概念及目标、节目流程、节目主持、嘉宾邀请、VCR录制、节目团队、节目版权、节目场地、节目场景设计等14个方面。

这14个方面大体分为四类：节目前期、节目录制、节目后期、节目宣发，下面进行简要的分析和概括。

## 一、节目前期

### （一）节目概念及目标

《再见爱人》作为一档婚姻纪实观察真人秀，[①]该节目第一次将镜头对准不那么美好的爱情和充满疏远与疲惫但仍在挣扎的婚姻。它旨在把观众带到离婚现场，展现婚姻中由双方性格、生活节奏、沟通方式、生育理念等维度上的差异所造成的实际问题，这是在国内综艺中较为少见的题材。

具体到《再见爱人第一季》（下文皆以"《再见爱人》"指代），节目邀请了在婚姻生活中受阻的夫妻，并展开了为期18天的旅程，不仅回首相爱的美好时光，还直面和剖析婚姻中的问题。这一季的目标是通过第三人的视角探讨

---

[①] 吕婧.情感观察类真人秀节目《再见爱人》的叙事策略研究[D].曲阜：曲阜师范大学，2023.

婚姻中的酸甜苦辣，带给观众共鸣与反思。除此之外，夫妻团嘉宾们不仅需要面对自己的婚姻问题，还要从他人的困境中观照自己。

总体来说，该节目意在通过真实的故事和情境，引发观众对婚姻、爱情和人性的深度思考。它尝试从不同角度探讨婚姻中可能出现的问题，并提供一个平台让观众能够共同参与这一过程。

### （二）节目流程（故事设计、环节设计）

#### 1. 故事设计

节目共设14期，每一期主题不同。例如第一期"最熟悉的陌生人"，第二期"开始懂了"，第八期"易燃易爆炸"，第十二期"问"等。

从前几期介绍三对夫妻团嘉宾各自的婚姻状态，分析他们的性格，了解嘉宾；到在旅行中看到问题，甚至引发争吵和冷战；再到引入家人进行最真诚的沟通，给矛盾带来新的解释；再到旅行尾声，夫妻团嘉宾解开心结，进行坦诚36问，做出最后的抉择，找准日后相处的位置和方式。随着夫妻团嘉宾的旅行和节目的更新，起承转合，高潮迭起，让观众跟随《再见爱人》的故事设定，看懂三对嘉宾的婚姻及个人存在的现实问题，并反思自己。

#### 2. 环节设计

18天的旅行中，每晚两对面临离婚抉择的夫妻将会根据伴侣当天的表现，以及一天的经历，组织心情，在问答卡上做出是否离婚的选择。

旅行中，夫妻团男女嘉宾面临不同的任务，制造"新角色"，新体验。例如在第三期中倪萍老师作为飞行嘉宾，以长者身份和第三人视角与夫妻团对话；第四期第五期中杨迪作为旅行向导；第七期引入家人，将婚姻问题与家庭结合，进行更深入探讨；第九期任静、付笛声夫妇作为模范夫妻代表，和夫妻团夜话等。

根据婚姻学家、心理学家研究，利用"吊桥原理"设计玻璃栈道挑战；旅行尾声，进行夫妻团36问吐露心声，通过节目组准备好的问题更加走进爱人的内心。

最后，夫妻团嘉宾要决定是否下车，是留是走，既是他们对旅行的选择，也是对婚姻的最后决断。

**（三）节目主持与嘉宾邀请**

由主持人、明星等组成观察团。

1. 夫妻团嘉宾

①H&I：两人职业均是演员/婚龄10年/协议离婚1年/育有一子；

②J&K：王秋雨是知名编剧，朱雅琼是酷爱唱歌的艺人总监/年龄相差10岁/相恋19年/处于离婚冷静期/育有一子；

③L&M：魏巍是主持人兼演员，佟晨洁是初代超模/婚龄7年/未生育。

2. 飞行嘉宾

倪萍、杨迪、付笛声&任静等。

**（四）VCR录制**

此档节目为情感观察类节目，观察团会在演播室内观看夫妻团旅行。所以，夫妻团嘉宾的旅行故事部分是最大的VCR准备。除此之外，片头及动画、夫妻团嘉宾日常生活、工作生活、采访等场景小片要提前跟拍录制或制作。

**（五）节目版权**

《再见爱人》版权来自韩国综艺《我们离婚了》。《我们离婚了》由韩国TV CHOSUN电视台推出，由李国龙担任制作人，郑善英担任编剧，是韩国第一个提出离婚后新关系可能性的离婚真人秀节目。从"离婚的夫妇只能像陌生人一样生活吗"的提问开始，虽然曾经是彼此的全部，但是现在已经是比别人差的离婚夫妇再次相遇，在一个家里生活几天，互相思考的实镜综艺。

《再见爱人》在韩国版的基础上，脱离"家庭"环境限制，组织3组夫妻踏上旅程，他们不仅需要面对自己的婚姻问题，还要从他人的困境中观照自己。

## 二、节目录制

### （一）节目场地

1. 演播室

观察团嘉宾组成的"催更团"在芒果演播室里进行录制，通过观看本期夫妻团嘉宾的旅行故事，发表自己的评价。

2. 夫妻团旅行

夫妻团嘉宾进行为期18天的新疆之旅，由喀拉峻出发，参观伊宁老城、赛里木湖，途经克拉玛依市、禾木风景区、库木塔格沙漠等新疆特色旅游胜地，最后到达三个桥村，在酒庄结束这次旅行。

### （二）节目场景设计

场景设计只涉及演播室部分，整个演播室布置像是清吧与客厅的结合，观察团嘉宾身后设置酒柜、酒杯、展台等，景区悬挂吊灯、放置聚光灯装饰物，茶几陈列水果小食等。

观察团嘉宾们好像在清吧，几个好友共聚、吃瓜、谈论其他人的情感、婚姻和性格；但又好像深挖过后，又能在犹如酒意"微醺"意犹未尽之时与他人产生共情，进而联想自己。

## 三、节目后期

### （一）节目后期剪辑包装

多机位剪辑：这是真人秀节目中最常见的剪辑方式，通过不同的机位记录嘉宾表现，包括定机、游机、Gopro等摄像设备。用多种机位进行剪辑，能够引导观众多方位、多视角地关注节目。

花字版式设计：根据节目整体画面制作适应节目本身的内包设计，如节目的logo设计等。

后期包装设计：后期包装一般要与节目风格相符，紧贴主题和节目节奏。例《再见爱人》是偏慢综的风格，所以后期节目包装时偏向手绘，包括注释、背景音乐歌词、嘉宾金句等。这样既增强了节目的观赏性，又符合了节目的主题氛围。

## （二）音乐选曲

对于一个节目来说，好的背景音乐能够更好地带动观众情绪，使受众产生情感共鸣。无论是歌词、旋律，还是演唱者，都能够给故事的发展和质量增效。

《再见爱人》的选曲很有自己的风格。比如开头的音乐，是由HAIM演唱的*Let Me Go*，曲如其名，在几对夫妻的感情中，是否也应该做出让对方离开的体面选择。

在节目正片中，也出现了很多有特色的音乐选曲。《随意歌唱》是朱雅琼写给老王的歌，在第一天的集体对谈中弹唱："我站在这里想象你就在我身旁，假装陶醉静静听我歌唱。"这是朱雅琼对老王的期待，但这也是老王这辈子可能都完成不了的期待。

《无常》这首歌来自杨宗纬。嘉宾说如果没有孩子，自己就将漂泊无定。"我幻想，能有座停泊的岸""没牵绊，在寂寞荆棘的路上""我幻想，有道温暖的晨光""照亮我自由自在无忧飞翔""我幻想，化成云不停飘散""迎着风，变成雨落在你心上""我在想，随波逐流变成星空""细细看遥远的无常的世界，从亮到黑"也许都是自尊心作祟，自卑的人总希望能抓住更多，得到更多的肯定。而对KK来说，有一个自己的孩子才是最大的安全感。

《因缘》这首歌是朱雅琼和老王第一次合作，朱雅琼为老王编剧的电影写了插曲。她希望老王能跟她一起上台唱，但被老王拒绝了。"缘分该由谁来作出判断""因果该如何了断""爱总是短暂情总是艰难""为什么曲终人会散""如果还有来世今生诺言算不算""一生难得缘分为何轻易留下遗憾"她将对音乐的爱传递给老王，但曲终时，人也将散。

《再见爱人》，这是郭柯宇在车上犹豫时的背景音乐。这首歌是这个节目的主题曲，郭柯宇作词作曲演唱。这个曾经组过乐队的文艺女青年，是否能和年轻时一样果敢、洒脱。"看月亮像一颗慈爱的哈密瓜""她照亮我们身着赤裸的盛装""手攥一张遗憾的地图""向爱出发"。歌词很美，郭柯宇的声音也将歌曲里的故事娓娓道来。听这首歌的时候好像明白了章贺放不下她，以及渴望得到她的爱的原因。

### （三）节目宣发

在宣发方面，《再见爱人》节目组通过各种方式进行推广。首先，他们通过芒果台招商会宣布了节目的具体信息，即一档离婚综艺。很多媒体平台及自媒体账号便就此产生自发营销，关于节目夫妻团嘉宾的选角众说纷纭，在互联网上引起热议。此外，他们还利用社交媒体平台发布节目相关的新闻和花絮，吸引观众的关注，公布观察团员名单。同时，节目中的嘉宾们也通过自己的社交媒体账号分享节目的幕后故事和个人感受，进一步提高了节目的话题度和关注度。最后，一些知名的娱乐博主和媒体人也对节目进行了报道和推荐，帮助节目获得了更广泛的传播。

总的来说，《再见爱人》第一季的宣传发行策略充分利用了各种资源和渠道，成功地吸引了大量观众的关注，并取得了良好的播出效果。

### （四）节目播出

《再见爱人第一季》于2021年7月28日，每周三12：00在芒果TV播出。于2021年10月27日完结，节目共14期。

### （五）节目评价及商业价值

1.节目评价

《再见爱人第一季》作为现象级综艺，豆瓣评分8.9分。中国青年报评价该节目："比起恋爱的甜蜜，《再见爱人第一季》是更贴近生活的存在。"而该综艺所探讨的"婚姻，而远不止婚姻"的观点也是足够深挖人心和情感。

2.商业价值

《再见爱人第一季》节目中反复出现"铂爵旅拍"的广告，这样一个拍摄婚纱照的旅拍品牌赞助离婚综艺，初看来让人有些摸不着头脑。但从商业化和仪式感的角度去细究，还是比较容易理解的。现代人把"仪式感"放在一个很高的位置上，吃饭的仪式感、纪念日的仪式感、结婚的仪式感……当然，离婚也需要仪式了。近年来社会离婚率升高，离婚更需要引发关注。

### （六）节目后续

《再见爱人第一季》播出后广受好评，于是芒果TV及湖南卫视再次策划第二季节目。2022年11月1日起每周二12：00《再见爱人第二季》在芒果TV和咪咕视频播出，并于2023年2月14日完结。从2023年的9月5日起，第三季节目也于每周二12：00播出正片。

第二季在第一季的基础上，进一步聚焦离婚主题，展现了爱情的复杂多变。节目中的夫妻们经历了甜蜜热恋、生育大作战、日常争吵，甚至走向离婚边缘的过程，最终通过节目找回初心，选择携手守护纯洁的爱情。然而，据相关数据显示，第三季上线以来，热度排名一直不高，微博相关话题的阅读量与讨论度也较同期综艺表现平平。所以可以说，《再见爱人第一季》能称得上是该系列栏目里口碑最佳之作。

## 四、总结

离婚综艺，创新了情感综艺模式，打破原本"合家欢"的庸俗套路，深度挖掘感情与婚姻中的苦辣。好的作品，无论是电影、电视剧还是综艺，都应该能在故事结构、人物塑造方面做到真实立体，让观众产生强烈的情感共鸣，而《再见爱人第一季》就做到了如此。

近些年国内生育率下降，国家政策导向即促进婚恋和生育，而如此媒体产品，直观地展现婚姻，即使是有问题的情感关系，也能让观众从中得到经验。观众在自身生活中遇到节目里嘉宾经历过的坎，就可以更加客观地面对和解决。甚至比一味阐述爱情的甜蜜更容易达到促进高质量婚姻的效果。

现代年轻人对于婚姻及婚恋观有着更加独到和新颖的见解，我们不再无脑地相信媒体产品中刻画的爱情"乌托邦"，而更希望看到真实的，甚至是爱情与婚姻消极的一面。通过剧中人的观念，观众能够联想到自己，与自身的想法进行对比，深入地思考婚姻与情感的意义，这样展示出来的内容才足够让受众信服。总之，《再见爱人第一季》称得上是一档高质量的情感真人秀，也希望我国媒体产品制作行业能够取其精华，为观众呈现出更加优秀的作品。

## 参考文献

[1] 吕婧.情感观察类真人秀节目《再见爱人》的叙事策略研究[D].曲阜：曲阜师范大学，2023.

[2] 吴秀娟.情感观察类真人秀《再见爱人》的创新表达与价值建构[J].视听，2022，（10）：86-88.

[3] 王亚妮.《再见爱人》真人秀的故事叙述与情感表达分析[J].新闻研究导刊，2022，13（07）：184-186.

# 竞演类节目

《声临其境》节目设计宝典

# 案例十七：

# 《声临其境》节目制作宝典

湖南卫视作为"以娱乐、资讯为主的综合性频道"，致力于不断创新，在引入类节目做得风生水起的同时也努力打造原创节目，在2017年底湖南卫视推出了一档原创声音魅力竞演秀节目《声临其境》。节目于2017年12月30日播出试播版，2018年1月6日起每周六晚22：00在湖南卫视正式首播。

## 一、节目概述

### （一）节目目标与宗旨

1.传承优秀文化

《声临其境》旨在通过竞演的形式，让观众领略到中华文化的博大精深和语言艺术的魅力。节目中，嘉宾们会为经典影视剧、动画等作品配音，通过声音的方式展现出不同历史时期、不同地域的文化特色，传承和弘扬中华优秀传统文化。

2.展示声音艺术

《声临其境》以声音为主题，着重展示声音的艺术和魅力。在节目中，嘉宾们需要通过配音来还原或者再现影视作品中的经典场景和角色，这不仅需要他们具备出色的语言技巧，还需要对情感、人物性格等方面有深入的把握和理解。因此，《声临其境》为观众呈现了一种独特的艺术形式，让人们更加深入地了解声音艺术的魅力。

### 3.创新节目形式

《声临其境》采用了竞演的节目形式，将声音艺术的展示与竞技比赛相结合，为观众带来全新的视听体验。在节目中，嘉宾们需要在限定的时间内完成配音任务，并通过竞演的形式角逐出最终的优胜者。这种形式既增加了节目的观赏性，也让观众能够更加深入地了解和感受声音艺术的魅力。

### 4.传递正能量

《声临其境》旨在通过嘉宾们的精彩表现和竞演过程，传递出积极向上、努力拼搏的正能量。在节目中，嘉宾们需要面对挑战和压力情境，在短时间调整自己并克服心魔缓解紧张情绪，这种正能量的传递能够激励广大观众在面对困难时勇敢前行，同时也能够激发人们对于声音艺术的热爱和追求。

## （二）节目定位

### 1.内容定位

《声临其境》是一档专注于声音艺术表现的综艺节目，其核心亮点在于通过声音竞技的形式，展现参与者们的卓越演技和声音魅力，旨在通过展现嘉宾们的声音表演能力和情感表达，以原创精神聚焦声音魅力，利用演员的配音竞演秀使影视桥段经典再现，展现优秀影视演员和配音演员扎实的台词功底和配音天赋，该节目强调声音的技巧和情感的表达，通过声音的呈现来传递情感和故事。用"经典之声"展现声音魅力，用"魔力之声"展现声音张力，将小众的配音艺术与竞演比赛巧妙结合，融合观赏性与竞赛性，开启声音之旅。

### 2.目标受众

《声临其境》的目标受众主要是年轻人和家庭观众。这类观众群体对新颖的、有创意的节目有着较高的兴趣和需求，同时也对声音艺术和情感表达有着较高的敏感度和欣赏能力。此外，该节目的目标受众还包括对声音艺术和表演艺术感兴趣的观众，以及希望通过观看节目来提升自己声音表演能力和情感表达能力的观众。

## （三）节目内容与形式

### 1. 节目内容

《声临其境》巧妙地以"声音竞演"为切入口，带给观众奇幻的听觉盛宴，在真人秀游戏类的视觉型竞演节目逐渐模式化的现状下脱颖而出。区别于其他竞演类节目，《声临其境》依托于小众的配音文化，在传播配音文化魅力的同时，打破大众对演员台词功底的偏见与质疑，形成良好的口碑生态层次。

《声临其境》为季播综艺节目，每逢播出季都会在每周六晚上的10点准时登陆湖南卫视，为观众带来长达90分钟的视听盛宴。该节目已成功播出三季，每季都以其独特的魅力吸引着无数观众。在前两季中，每期节目都会邀请四位演员同台竞技，[①]"声咖"的演员们会在从幕后到前场的几轮环节中，充分展现他们扎实的台词功底、卓越的配音实力以及出色的临场发挥能力。而最终的"声音之王"将由现场观众投票选出，这些优胜者将有机会进入年度声音大秀，[②]继续他们的声音之旅。到了第三季，节目形式进行了创新，采用首席声咖搭配神秘声咖的竞演方式，为观众呈现更加多元、精彩的声音对决。最终，观众将通过投票选出他们"最喜欢的声音"，[③]为这一季的节目画上圆满的句号。

### 2. 节目形式

（1）竞技展演

在《声临其境》中，嘉宾们以声音表演为核心，通过竞技展演的形式展示自己的声音实力与魅力。每期节目都会迎来不同的嘉宾阵容，嘉宾们需要在现场进行声音表演，并接受专业评委和观众的评判。这种竞技展演的形式不仅能够展示嘉宾们的才华和能力，同时也能够增强观众的观赏性和参与感。

---

① 2020年值得关注的综艺节目[EB/OL].（2022-01-01）[2023-11-25].https://xw.qq.com/cmsid/20191214A0OB7J00.

② 高艺凡，刘可文.声音竞演类节目的困境与突破——以《声临其境》第三季为例[J].传播与版权，2021（02）：50-52.

③ 罗恋.谈综艺节目《声临其境》的成功之道[J].视听，2018（11）：53-54.

### (2) 叙事建构

《声临其境》注重通过声音表演来传递情感和故事。每期节目都会设定一个主题，嘉宾们需要根据主题进行声音表演，展现自己在情感表达和声音技巧方面的能力。这种叙事建构的方式不仅能够增强观众的情感共鸣和观赏体验，同时也能够提升节目的文化内涵和艺术价值。

### (3) 仪式传播

在《声临其境》中，仪式传播是一种重要的传播方式。每期节目都会设置一系列的仪式化环节，如嘉宾入场、表演环节、评选环节等，这些环节都具有强烈的仪式感。这种仪式传播的方式不仅能够增加节目的质感，同时也能够提升节目的传播效果和文化内涵。

## 二、节目策划

### （一）节目创意来源

导演徐晴在2017年4月底《书香中国》的晚会上，被徐涛、李立宏、曲敬国、吴俊全、刘润成几位艺术家现场配音的《三国演义》表演所打动，便萌生出制作一档专注于声音的综艺节目，在制作团队经过市场调研和灵感打磨后，于2017年底推出了《声临其境》试播版，一周后便正式上线，开启年度声音大秀。

### （二）节目流程与结构

#### 1.节目开场

（1）《声临其境》每期节目会以一个小片开始，此小片会介绍本期节目的声音主题，如恋爱之声、藏不住的声音、王的声音、百变声音等，该小片由本期参演嘉宾出演，风格多幽默风趣，吸引观众。

（2）嘉宾依次进入二层配音室，每进入一位嘉宾即播放嘉宾代表作小片，嘉宾聊天间会擦出一些火花，后期剪辑制造紧张感。

（3）进现场后，以主持人一段精简的开场白开始，串完商业化口播后介绍本期邀请的数位配音领域的专业从业者。

（4）介绍节目的主题和宗旨，同时通过现场观众的热烈掌声和主持人热情的介绍，为节目营造出热烈的气氛。

2.嘉宾初亮相

4位嘉宾通过大屏的虚拟人像在幕后初亮相，并分别进行自我介绍，展示自己的声音魅力和表演风格。这个环节观众无法得知虚拟人像背后隐藏的到底是哪位嘉宾，为节目制造悬念，也为接下来的声音竞技环节做了铺垫。

3.声音竞技环节

（1）经典之声：4位嘉宾依次进行事先准备好的两段配音表演，展示他们的声音魅力和表演能力。这个环节是节目的核心环节，不仅考验嘉宾的声音技巧，也让他们展示出自己的个性和风格。

（2）亮相环节：第一轮结束后，根据观众呼声与芒果新生班学员的建议，请出最感兴趣的一位嘉宾从二层配音室乘电梯下至一层主舞台与观众见面。在此环节中，主持人常会向嘉宾提出一个与其特长和风格相符的要求，嘉宾需现场展示，考验嘉宾的临场发挥与紧张情绪的调节能力。

（3）魔力之声：嘉宾们被要求以独具匠心的手法，为各种场景配音，考验其即兴发挥的表演能力。这个环节主要考验嘉宾声音调动的灵活性、思维的敏捷度、对声音的控制力，同时也能展现他们与电视上不同的一面。

（4）亮相环节：第二轮结束后，根据观众呼声与芒果新生班学员的建议，请出感兴趣的第二位嘉宾从二层配音室乘电梯下至一层主舞台与观众见面。此环节中，主持人常会向嘉宾提出一个与其特长和风格相符的要求，嘉宾需现场展示，考验嘉宾的临场发挥与紧张情绪的调节能力。

（5）嘉宾集体亮相环节：剩余的两位嘉宾将一同从二层配音室乘电梯下至一层主舞台与观众见面。此环节中，主持人依然会向嘉宾提出一个与其特长和风格相符的要求，嘉宾需现场展示。

（6）声音大秀：在该环节中，4位嘉宾将在一段时间的排练后合作完成一段经典片段的配音大秀，每位嘉宾分饰一位或多位人物。表演时4位嘉宾并排站在舞台上，实时为观众带来一段沉浸式的配音表演。这个环节不仅增加了节目的观赏性，也让观众看到嘉宾之间的默契和配合。

（7）"声音之王"的评选：现场观众将通过投票选出当期的"声音之王"，每期的"声音之王"可参与到年度声音大秀的竞演中。[①]这个环节不仅让观众参与到节目中来，也为节目增添了紧张感和悬念。

4.节目结尾

最后，节目以一段感人的结尾语结束。主持人将总结本期节目的亮点和感动，同时预告下期节目的嘉宾和主题。这个环节不仅为节目画上了一个完美的句号，也为下期节目留下了期待。

### （三）节目嘉宾与主持人选择

1.节目嘉宾

《声临其境》是一档以声音为主题的明星真人秀节目，嘉宾的选择是节目制作的重要环节之一。以下是嘉宾选择的原则和特点。

（1）嘉宾的专业背景和声音表现力是首要考虑因素：节目组倾向于选择具有声音表演经验和才华的嘉宾，比如配音演员、歌手、演员等。这些嘉宾在声音表现上有一定的基础和经验，能够为观众带来精彩的表演。例如嘉宾边江是专业的配音演员，他的声音表演经验和才华在节目中得到了充分展现。他的表现也说明了节目组选择嘉宾时注重专业背景和声音表现力的原则。通过边江的表演，观众可以领略到专业配音的魅力，进一步了解和欣赏声音艺术。

（2）考虑观众的喜好和关注度：节目组会选择具有一定知名度和粉丝基础的嘉宾，以满足观众的期待和喜好。这些嘉宾在节目中能够吸引更多的关注和讨论，提高节目的收视率和话题度。

（3）注重嘉宾的多样性和代表性：节目组会尽可能选择不同领域和风格的嘉宾，展现出声音表演的多样性和代表性。比如选择老中青不同年龄段的嘉宾、不同类型的演员和歌手等，以展现出声音表演的不同风格和魅力。例如有老一辈的演员，在《声临其境》中，他展现了扎实的台词功底和声音表现力，通过配音表演塑造了多个生动的角色形象。也有年轻的演员和歌手，在节目

---

① 周瑞.传播学视角下《声临其境》的成功路径分析[J].视听，2018（10）：60–61。

中，通过精彩的配音表演展现了多样化的声音魅力，赢得了观众的喜爱和认可，取得第一季"声音之王"。

（4）嘉宾的个性和互动性也是考虑因素之一：节目组会选择具有一定个性和互动性的嘉宾，能够在节目中与主持人和其他嘉宾展开有趣的互动，增加节目的观赏性和趣味性。例如有的嘉宾是知名的相声演员和影视演员，在《声临其境》中，他的个性和互动能力得到了充分展现，与主持人和其他嘉宾展开了有趣的互动，为节目增添了欢乐和趣味性。

2.主持人选择

《声临其境》是一档以声音为主题的明星真人秀节目，主持人的选择也是节目制作的重要环节之一。以下是《声临其境》主持人选择的原则和特点：

（1）知名度与专业性：首先，节目组会选择具有一定知名度和影响力的主持人，以增加节目的曝光度和关注度。同时，主持人还需要具备专业知识和技能，能够深入解读声音表演的艺术和技巧，为观众提供专业的指导和解读。

（2）互动性与综艺感：主持人需要具备较好的互动能力和综艺感，能够与嘉宾、观众以及其他主持人进行有效沟通，营造轻松愉快的氛围。能够敏锐地捕捉到嘉宾的特点和亮点，引导嘉宾展示出最佳的状态和水平。

（3）语言表达能力与形象气质：主持人需擅长表达，能够清晰准确地传达信息和情感。同时，形象气质也要与节目相匹配，能够为观众带来愉悦的视觉享受。

（4）适应性和灵活性：主持人需要具备适应性和灵活性，能够根据节目的需要进行调整和变化。在面对突发情况时，能够迅速做出反应，妥善处理问题，保证节目的顺利进行。

针对以下特点，《声临其境》的主要主持人为：

• 第一季的主持人：主持人王凯是作为"凯叔讲故事"品牌的创始人，同时也是深受孩子们喜爱的儿童故事大王，以及全民阅读推广的杰出大使。他以其卓越的声音演绎技巧和对儿童内容的无限热爱与追求，秉持着"快乐、成长、穿越"的独特创作理念，为近千部电视剧和译制片中的关键角色赋予了生动的声音，为无数孩子带去了知识和快乐。赵立新为湖南卫视新生代突出的主持人，其思维敏捷，形象佳，极具亲和力，负责在第二现场串场、与嘉宾对话。

• 第二季在第一季主持阵容的基础上，增加了3位声音指导。作为声音指导，他们不仅在现场点评演员的配音作品，同时在排练过程中积极提供宝贵的专业见解和建议。在声音大秀环节中，他们更是担任导演的角色，负责联络协调、台词指导等多项工作。这3位声音指导凭借他们丰富的专业知识和经验，成功激发了演员的潜能，使节目不仅具有高度的观赏性，更在专业性上得到了充分保障。并且他们作为家喻户晓的"铁三角"，拥有广泛的知名度，能够为节目吸引更多的关注和讨论，也为观众带来了更多的话题和期待。

• 第三季由于疫情的原因，演播室规模与嘉宾的位置都受限，采取了云录制形式，主舞台的主持人由周涛担任，杜海涛则作为第二现场的主要主持人。他们都是具有丰富主持经验的嘉宾，他们的加入可以增加节目的专业性和观赏性。周涛是前央视主持人，拥有广泛的影响力和知名度，她的主持风格端庄大气，能够为节目带来更加正式和专业的氛围。杜海涛则是新生代主持人中的佼佼者，他的主持风格幽默风趣，能够为节目带来更多的轻松和娱乐元素。还有一位是新生代主持人中的一员，她的主持风格活泼可爱，能够为节目带来更加年轻化和时尚化的元素。她的加入也可以吸引更多的年轻观众，增加节目的关注度和话题性。这3位主持人的搭配可以形成良好的互补，为节目带来更加全面和多样化的主持风格。他们不仅具备了丰富的主持经验和技巧，还拥有不同的个性和特点，能够为观众带来更加丰富多样的视觉和听觉享受。

## 三、节目制作

### （一）制作流程

1.策划和立项

节目组首先需要确定节目的主题和形式，主题可能涉及不同的领域和风格，例如历史、科幻、喜剧、悲剧等。框架包括节目开始、嘉宾介绍、配音表演、互动环节等部分。

当初征集方案的时候，一共有80多个方案，光徐晴团队就提了20多个方案，由制片人和台领导组成的评审小组会对各个方案打分，高分通过的节目会制作样片。样片完成后，由各个制片人、台内领导组成的评审小组会对各个节目进行打分，《声临其境》就是当时的冠军方案，之后进行试播。从最初有这样一个设想到最后节目正式上线，共经历了7个月，这几乎是国内综艺节目开发最快的速度了。

湖南卫视给原创的新节目设立了专门的节目带进行试播，当初一共有4个节目进行试播，但成功上线的大型节目只有《声临其境》一个，从最初的80个方案，到4个进入试播，到最后仅1个正式上线的大型栏目，说《声临其境》是百里挑一并不过分。

2.前期准备工作

• 制订拍摄计划和时间表，并确定参与的嘉宾和主持人。在策划阶段，节目组需要与嘉宾和主持人进行沟通，确定他们的参与方式和时间安排。

• 根据节目框架和嘉宾特点，撰写台词和旁白。台词主要是嘉宾在配音表演中的对话和独白，旁白则是用来引导节目进程和解释嘉宾特点的声音叙述。

• 选择音效和配乐，音效和配乐是《声临其境》节目中非常重要的部分。音效可能包括环境音效、效果音效、动作音效等，配乐则是用来衬托节目氛围和情感的音乐。音效和配乐的选择要与节目内容相匹配，同时也要考虑是否能够突出嘉宾的声音表演。

• 在完成初步脚本后，进行排练和修改。这个过程中，可能需要调整台词、旁白、音效和配乐等，以确保节目的顺畅进行和呈现最佳的效果。

3.现场拍摄

在拍摄现场，节目组需要协调嘉宾、主持人和工作人员，确保拍摄工作的顺利进行。每个场景都需要进行多次拍摄，以便获取最佳的效果。

4.后期制作

在拍摄结束后，节目组需要对拍摄的素材进行剪辑和处理，添加音效、背景音乐、字幕等特效，以制作出最终的节目。

5.审核和播出

在制作完成后，节目组需要审核和检查最终的节目效果，确保其符合播出要求。如果审核通过，节目就可以在电视台或网络平台进行播出。

（二）节目拍摄

《声临其境》共有23个现场录制机位、26个真人秀跟拍机位。

现场录制机位（23个）

舞台中央主摄像机（1个）：位于舞台中央，主要捕捉嘉宾在舞台上的表演和对话。

舞台侧面摄像机（2个）：位于舞台侧面，用于捕捉嘉宾的表情和动作，以及与观众的互动。

舞台背后摄像机（1个）：位于舞台背后，用于拍摄嘉宾在舞台上的全景，以及与背景的互动。

观众席摄像机（4个）：安装在观众席的不同位置，捕捉观众的反应和表情，以及观众与嘉宾的互动。

飞猫摄像机（1个）：安装在舞台上方，用于捕捉舞台上的高空表演和动作。

摇臂摄像机（1个）：安装在舞台周围，可以灵活地捕捉舞台上的不同角度和细节。

航拍无人机（1个）：用于拍摄舞台和现场的空中视角，提供独特的视觉效果。

音频摄像机（2个）：专注于捕捉声音表演和音效，记录现场的原声表演。

特写摄像机（4个）：主要用于捕捉嘉宾的特写镜头，包括面部表情、动作等。

访谈摄像机（2个）：用于录制嘉宾访谈环节，捕捉嘉宾的情感和思想。

真人秀跟拍机位（26个）

领队摄像机（1个）：跟随节目领队，记录领队与嘉宾的互动和观察。

专家摄像机（2个）：跟随节目专家，记录专家与嘉宾的互动和评价。

主持人摄像机（1个）：跟随节目主持人，记录主持人与嘉宾的互动和谈话。

观众互动摄像机（4个）：安装在观众席的不同位置，捕捉观众与嘉宾的互动和反应。

后台摄像机（2个）：记录嘉宾在后台的活动和心情。

训练摄像机（2个）：记录嘉宾在训练和准备过程中的表现。

情感摄像机（4个）：捕捉嘉宾的情感和内心世界，记录他们的心路历程。

任务进行摄像机（4个）：跟随嘉宾完成任务的过程，记录他们的挑战和成就。

环境摄像机（4个）：记录嘉宾所处的环境和氛围，展示嘉宾与环境的互动。

这些机位的具体设置和拍摄内容可能会根据节目的实际需要进行调整和改变，以确保节目的顺利进行和呈现最佳的效果。

### （三）节目后期编辑与制作要求

《声临其境》是一档以声音为主题的明星真人秀节目，后期编辑和制作对于节目的呈现效果至关重要。以下是节目后期编辑和制作的一些要求：

1.声音处理：节目的核心是声音，因此后期编辑需要注重声音的处理。包括配音、音效、配乐等都需要进行精细的剪辑和加工，以突出声音的特点和情感，增强观众的听觉体验。

2.画面剪辑：画面剪辑要与声音相协调，通过精心剪辑，将画面与声音完美结合，呈现出最佳的视听效果。同时，画面剪辑还要注重节奏的把握，使整个节目更加流畅、生动。

在《声临其境》中，导演特意将配音画面和演员的表现放在一起做对比，产生强烈的反差。比如演员配《喜欢你》中金城武的时候，"原生附体"让观众产生错觉，人物形象发生了大转变。

3.人物表现：后期编辑需要通过对嘉宾的表情、动作、语言等进行剪辑和处理，使观众能够更好地了解嘉宾的性格和情感，增强观众的代入感和参与感。在制造比赛的紧张气氛时，节目通常会捕捉嘉宾的微表情和微动作。

4.特效制作：为了增强节目的观赏性和视觉效果，后期编辑需要进行各种特效制作，如字幕、动画、慢动作等。这些特效要与节目内容相匹配，不要过于花哨，以免影响观众的观看体验。从粗剪、精剪到最后包装，节目后期制作共使用了45台索贝NOVA非编，完全满足了海量素材和多机位剪辑的需求。

5.配乐选择：配乐是节目中非常重要的一部分，后期编辑需要根据不同的场景和情感选择合适的音乐，以增强节目的氛围和情感表达。在嘉宾出场时，往往会选择一些动感十足的音乐来营造出热情洋溢的氛围，而在嘉宾进行配音表演时，则可能会选择一些平静舒缓的音乐来衬托出嘉宾的声音特点。

6.文字撰写：后期编辑还需要根据节目内容和嘉宾特点撰写相应的文字，如旁白、字幕等。这些文字要简洁明了，能够准确地传达信息和情感。

## 四、节目推广

### （一）节目宣传渠道和策略

1.明星效应和创意营销

例如节目邀请知名演员作为嘉宾，并在官方微博上发布了其参加节目的短视频，引起了广泛关注和讨论。此外，节目还通过制作主题曲、短视频挑战赛、互动游戏等创意营销手段，吸引了大量观众的参与和分享。这些创意营销手段不仅增加了节目的趣味性和互动性，还精准地触达目标受众，提高了节目的知名度和影响力。

2.社交媒体推广

在社交媒体推广方面，《声临其境》也做得非常出色，节目通过官方微博、微信等社交媒体平台，发布了一系列精彩片段、花絮和互动内容，吸引了大量观众的关注和讨论。同时，观众也可以在社交媒体上分享自己的观看体验和感受，形成口碑传播，进一步扩大了节目的影响力。

3.线下宣传活动

如海报张贴、视频播放等，吸引了路人的关注。在商场、电影院、公交站等公共场所设置宣传海报和视频，使更多的人了解和关注节目。

通过多渠道、多形式的宣传手段和策略的执行，《声临其境》成功地提高了节目的知名度和影响力，吸引了更多的观众关注和参与。同时，《声临其境》也注重创新和创意营销的应用，以实现最佳的宣传效果和观众体验。

### （二）节目推广合作伙伴和赞助商选择

《声临其境》的合作伙伴与赞助商包括：

1. 喜马拉雅FM

作为节目的独家冠名商，喜马拉雅FM不仅在节目中进行了品牌展示，还为节目提供了音频素材和创作支持。喜马拉雅FM是一家知名的音频分享平台，与《声临其境》在品牌形象上有很强的关联性，能够共同营造良好的品牌形象，同时精准地触达目标受众。

2. 华为手机

华为手机作为一家电子产品品牌，与《声临其境》节目在目标受众上有很高的重合度。华为手机为节目提供了技术支持和设备支持，让观众能够更好地体验节目的音频效果。同时，华为手机的品牌形象也与节目相符合，能够共同营造良好的品牌形象。

3. 碧桂园集团

碧桂园集团是一家知名的房地产企业，与《声临其境》节目在品牌形象和目标受众上有一定的关联度。碧桂园集团为节目提供了场地支持和资源支持，让节目能够更好地展现音效和场景效果。同时，碧桂园集团的品牌形象也得到了提升，增强了企业的社会影响力。

4. 湖南卫视

作为节目的制作方和播出平台，湖南卫视与《声临其境》节目之间有着紧密的联系。湖南卫视提供了广泛的传播渠道和资源支持，为节目打造了良好的播出平台，同时也为节目的制作提供了专业的技术支持和指导。

## 五、节目预算

1. 工作人员的工资

制作一档综艺节目需要大量的工作人员，包括导演、化妆师、服装师、编剧、制片人、策划、摄像师、录音师、灯光师等。这些工作人员的工资支出是制作成本的重要组成部分。

2.场地租赁

由于《声临其境》是一档现场录制的综艺节目，需要租赁合适的场地作为录制现场。租赁费用包括场地的使用费、布置费等。

3.设备租赁

制作综艺节目需要使用各种设备，如摄像机、麦克风、灯光设备、音响设备等。这些设备的租赁费用也是制作成本的重要组成部分。

4.后期制作费用

后期制作包括视频剪辑、音频处理、字幕制作、特效制作等。这些工作需要耗费大量时间和人力，因此也是制作成本的重要组成部分。

5.明星、嘉宾、主持人费用

制作规模越大、明星片酬越高、后期制作越复杂，成本也就越高。明星片酬是节目中一项重要的成本支出，一些国际知名的综艺节目中，制作成本可能会高达数百万或上千万美元。

根据相关论文和研究报告，《声临其境》的制作成本预算每期节目大约在100万元。这个预算主要包括上述几个方面的费用，但不包括广告收入和赞助费用。

## 六、节目评估和总结

### （一）节目播出效果评估和反馈收集

1.收视率情况

截至2023年7月，根据灯塔专业版上的数据，《声临其境》的播放量已经达到了3.48亿，全国网城域收视率1.02，份额占据到了5.78%，再次登上星综合组第一。节目在播出期间全网收视率始终保持在0.6%以上，第六期甚至高达1.08%，平均收视率达到了0.88%。此外，《声临其境》在同时段节目收视中获得十一连冠，节目单期播放量均过亿，视频总播放量高达13.3亿。收官一期的

"年度声音大秀"播放量达1.8亿,并且以全网收视率0.94%、市场份额7.09%在同时段收视中高居第一,成为当晚市场份额最高的综艺节目。

第一季的首期收视率为0.775%,市场份额为6.19%。

第二季在第一季的基础上进行了创新,例如加入"声音指导"这一新角色,增加声音竞猜等环节,但第二季的口碑并不如第一季。

第三季加入了明星导师作为声音指导,首期收视率为0.98%,市场份额为7.23%,同时段排名第七。这一季的口碑和收视都有所回升。

2.影响力

《声临其境》在首播后立即引发了广泛的关注和热议。据百度指数显示,该节目的指数在短短一天内就攀升至56862,显示出其强大的网络影响力。而在三天后,媒体对节目的报道数量也飙升至约3950篇,凸显了节目备受媒体瞩目的地位。

在报道内容方面,媒体从多个角度对节目进行了全面的剖析。其中,既有对参加节目的嘉宾进行的人物特写,也有对《声临其境》这一原创综艺模式的高度评价。多家媒体盛赞该节目的首播口碑,认为其独特的综艺形式和精彩的嘉宾表现令人印象深刻。

据新榜数据显示,节目开播前后,《声临其境》相关的微信文章阅读量持续上升,7月8日的阅读量更是达到了日巅峰值394660。此外,微博上的主话题阅读量也达到了2.4亿,显示出节目在社交媒体上的高热度和高关注度。截至7月9日,#声临其境#话题的阅读量高达2.4亿,讨论量也达到了18.8万,再次证明了节目在大众中的影响力和吸引力。

(二)节目优缺点

1.节目优点

(1)节目形式新颖:节目通过邀请优秀的演员和配音演员,让他们现场为经典影视片段配音的方式,让观众了解到配音的魅力和艺术性。这种形式不仅新颖有趣,而且能够吸引不同年龄段的观众。

(2)嘉宾表现精彩:节目邀请的嘉宾都是具有丰富表演经验和深厚台词

功底的演员和配音演员,他们的表现非常精彩,无论是表情、声音还是肢体语言,都能够完美地诠释角色和情节。

(3)制作精良:节目的制作非常精良,从舞台布置、音响效果到服装道具等细节都体现了专业水准。这使得观众能够更好地沉浸在节目中,感受到更加真实的表演氛围。

(4)关注度高:由于节目邀请的嘉宾都是知名演员和配音演员,而且节目形式新颖有趣,因此在播出期间备受关注,吸引了大量观众的关注和讨论。

2.不足之处

(1)竞技性过强:由于节目采用了竞技比赛的形式,使得嘉宾之间的竞争压力过大,有些嘉宾可能会因为过于紧张而发挥不佳。此外,节目中的一些环节也过于强调竞技性,导致观众可能会忽略嘉宾的表演本身。

(2)环节设置单一:虽然节目中的一些环节非常有趣,但是整体来说环节设置相对单一,如果能够加入更多不同的元素和环节,可能会让观众更加惊喜和兴奋。

(3)主持人作用有限:虽然主持人在节目中起到了引导和串联的作用,但是他们的作用相对有限,主要是在开场与结尾进行简单的介绍和总结。如果能够更好地发挥主持人的作用,让他们与嘉宾和观众进行更多的互动和交流,可能会让节目更加生动有趣。

(三)节目改进措施和未来发展建议

1.改进措施

(1)增加环节多样性:在保持节目核心竞争力的同时,可以尝试增加更多的环节和元素,如增设配音挑战、嘉宾互动游戏等,以提高节目的观赏性和吸引力。

(2)强化嘉宾表现:可以进一步突出嘉宾的表演和声音魅力,增加他们的参与度和互动性,如通过现场演绎、对话交流等方式,让观众更深入地了解嘉宾的专业素养和人格魅力。

(3)优化制作效果:可以继续提升制作质量,通过更加精细的剪辑、音效和视觉效果，使节目更具观赏性和艺术性。

（4）强化主持人的控场能力：可以赋予主持人更多的互动和引导职能，增强主持人与嘉宾、观众之间的互动，使节目更加生动有趣。

2.未来发展建议

（1）拓展主题范围：《声临其境》节目可以多尝试拓展主题范围，不仅局限于经典影视片段的配音表演，还可以包括动画、游戏、文学名著等多种题材，以满足不同年龄段和兴趣爱好的观众的需求。

（2）开展国际合作：可以考虑开展国际合作，邀请国外优秀的配音演员和影视明星参与节目，促进中外文化交流和艺术碰撞。

（3）开发衍生节目：可以考虑开发一些衍生节目，如明星访谈、幕后揭秘、配音教学等，以增加节目的丰富性和吸引力。

## 参考文献

[1] 2020年值得关注的综艺节目[EB/OL].（2022-01-01）[2023-11-25]. https://xw.qq.com/cmsid/20191214A0OB7J00.

[2] 高艺凡,刘可文.声音竞演类节目的困境与突破——以《声临其境》第三季为例[J].传播与版权,2021（02）：50-52.

[3] 罗恋.谈综艺节目《声临其境》的成功之道[J].视听,2018（11）：53-54.

[4] 周瑞.传播学视角下《声临其境》的成功路径分析[J].视听,2018（10）：60-61.

# 直播类节目

《娱乐6翻天》节目设计宝典
《抖音TopView》产品设计宝典

# 案例十八：

# 《娱乐6翻天》节目设计宝典

## 一、主题背景

随着互联网和移动通信技术的迅猛发展，直播节目正在全球范围内迅速崛起，成为当代数字传播的重要形式之一。与传统电视和视频相比，直播凭借其高度互动、个性化内容展示以及便捷的观看体验，吸引了大量观众参与。这一趋势不仅表明了互联网技术的快速进步，更凸显了当代观众，尤其是年青一代，所渴望的即时性、参与感和多元化体验。直播不仅是一个内容展示的工具，更成为一种现代化的营销手段，为品牌与观众建立情感连接提供了前所未有的机会。随着互联网媒介的快速发展和年轻受众的更新迭代，短视频直播内容以"快、新、潮"为特点，越来越符合当代人碎片化的生活方式和消费习惯。短视频直播的迅速流行不仅反映了用户对高频、低时耗娱乐形式的需求，还反向推动了娱乐产业积极探索新的互动传播形式，催生了更多注重参与性、交互性的创新内容，从而大幅提升观众的满意度和忠诚度。由此可见，娱乐行业正在步入一个"零距离"互动的新时代。

当前，直播让明星和观众之间的边界愈发模糊，明星通过直播展现自己的生活状态，打破了以往的"偶像"人设，拉近了与大众的心理距离，形成了一种高度参与和深度共鸣的全新模式。特别是在以年轻女性为主要消费力的娱乐市场中，这种"去标签化"的接地气直播内容尤为重要，它不仅满足了观众对偶像更真实、更生活化的一面的一种渴望，也极大地激发了用户的互动欲望，建立了明星与粉丝之间更为亲密的联系。《娱乐6翻天》作为一档主打娱乐热点直播的节目，意在打造一款涵盖多种娱乐热点的直播IP。其核心理念是通过展示明星的日常状态与个性化内容，打破传统娱乐的固有边界，突破明星与观众之间的隔阂，满足观众对"无距离"偶像互动的需求。这种直播形式迎合了现代观众，尤其是年轻女性群体，对娱乐节目的期待，塑造了一种"我参与，我在场"的沉浸式互动体验。节目致力于营造一种轻松、开放的氛围，让观众能够在屏幕的另一端直接与明星对话，打造了一种属于大众的娱乐形式。

不仅如此，《娱乐6翻天》不仅定位为娱乐热点的展示平台，更是娱乐行业新型传播模式的一次重要探索。通过创建多样化、个性化、互动性强的节目内容，它突破了以往娱乐节目单向输出的传播模式，让观众成为内容的一部分。这种模式不仅提升了用户的黏性，也在观众和明星之间建立了稳定的社交联系，同时为娱乐内容的商业化和IP化提供了更多元的操作路径。

## 二、节目意义

《娱乐6翻天》采用长线创作策略，注重节目IP价值的延续性和影响力的持续性，不断迭代和升级内容，从而在直播行业的IP化发展上起到了示范作用。节目不仅着力于吸引用户的初次关注，更注重通过内容质量和用户体验建立长期的用户忠诚度，为直播行业的创新带来了积极影响。

在内容设计上，节目以年轻女性观众的消费需求为出发点，涵盖不同年龄、兴趣爱好和消费习惯的广泛群体，为观众提供了一个追星、娱乐消遣的综合平台。例如，通过多样化的主题设置和热点明星的邀约，节目既满足了年轻观众对偶像的"零距离"需求，又通过开放的互动玩法，增强了观众的参与感和黏性。这种模式让观众不仅是内容的观看者，更是节目内容共创的一部分。观众可通过打赏、送礼物等方式与节目互动，进一步推动节目商业化。同时，与品牌的深度合作为节目带来了丰富的盈利渠道，成功实现了"内容生产—内容传播—用户沉淀—商业收获"的完整营销生态闭环。在此基础上，《娱乐6翻天》也为品牌合作开辟了全新空间。例如，与天猫618合作推出的"姐姐来了"系列直播，通过定制节目内容和直播道具，将品牌形象和活动内容深度融入节目中，使观众在享受娱乐的同时，潜移默化地接受品牌信息。这种内容与品牌的深度融合不仅增强了观众的品牌认知，还通过"情感驱动消费"激发了观众的消费行为，构建了多元化的品牌结合角度。这一成功合作也进一步印证了《娱乐6翻天》的商业价值和影响力，为其他品牌合作和直播节目提供了可借鉴的模式。

## 三、节目方案

《娱乐6翻天》是快手文娱独家打造的全新形态直播系列IP，节目的受众群体非常广泛，涵盖了不同年龄、性别、兴趣爱好和消费习惯的人群。节目整体来说以年轻人为主，女性占比较高。女性更乐于关注明星动态和作品等，愿意以商品、服务或虚拟礼物支付娱乐消遣观看。因此节目一方面通过直播方式为用户提供了一种全新的、具有强互动性和强真实感的娱乐内容形式，用户可以通过直播节目看到明星更生活化、更真实的一面，满足了用户对于明星的好奇心和亲近感。例如，在节目中姐姐们抛开舞台上的形象包袱，呈现出日常的状态，丰富用户娱乐体验。另一方面节目提供了一个明星与粉丝深度互动、拓展宣发的平台，帮助明星提升曝光度、增加粉丝量，甚至成为一种吸粉扩圈的"作品"。明星们在节目中可以展示自己的才艺、分享自己的故事，与粉丝建立更紧密的联系。这不仅是一次对传统节目方式的革新，也是一次对娱乐直播节目的探索和尝试。

## 四、节目创新

### （一）在直播内容策划方面

#### 1.热点追踪与内容挖掘

《娱乐6翻天》始终紧扣娱乐热点，深入挖掘和追踪娱乐圈的大事件，保持节目内容的前沿性和新鲜感。这不仅体现在节目对当前热点的快速响应上，还通过邀请话题明星参与直播、深入探讨观众关注的焦点，展示明星独特的个性和经历。在《浪姐4》掀起话题热潮时，节目邀请"乘风姐姐团"参与直播，带领观众探访她们在节目之外的多彩生活。这种"热点+明星"的内容搭配，激发了观众的强烈兴趣，并在短时间内拉动了节目的关注度。

### 2.主题设置的多样化

为了避免内容的单调性并保持观众的新鲜感，《娱乐6翻天》在每期节目中精心设计了多样化的主题和环节设置。每期直播围绕特定主题展开，例如"真心话大冒险"环节中，明星们在轻松愉快的氛围下畅谈个人生活细节，展示其真实一面；"talking姐姐"主题大会则以访谈形式探讨当下热点话题和价值观，为观众带来深度的内容体验；才艺展示、互动小游戏等环节更是从娱乐性和互动性上满足了观众的多元需求。这些丰富的内容设计有效提升了节目的趣味性和可看性，使观众能够持续获得新的体验。

### 3.创新互动形式

在互动玩法上，《娱乐6翻天》与传统单向直播截然不同，节目不仅有明星与观众之间的互动，还引入了达人连麦、实时观众问答等多种实时互动形式。这种多维互动模式使得观众不再是被动的内容接收者，而是节目内容的共创者。节目通过邀请快手达人连麦、征集观众的问题，观众可以直接与明星对话，增加了内容的参与感。此外，节目独家推出了拼手速定制礼物的互动玩法，使观众能够在直播中快速反应，体验到互动的乐趣。这种开放性的玩法不仅提升了直播的趣味性，也让用户的观感更加丰富多彩。

### 4.文化融合的创新尝试

在文化多元化方面，《娱乐6翻天》主动促成不同文化背景的明星共同参与直播，为观众提供新颖的视听体验。例如，美依礼芽与龚琳娜的合体直播，将二次元文化与中国传统民族音乐文化进行了创意碰撞。在直播过程中，观众不仅欣赏到美依礼芽的日式音乐风格和龚琳娜的独特民族音色，还能感受到两者在音乐、艺术、文化等层面上的深度交流。跨国界的文化融合形式，既满足了观众对新奇体验的渴望，也实现了对多元文化的传播，使节目在娱乐之外也具备了深厚的文化意义。

### （二）与传统电视访谈的区别

《娱乐6翻天》是直播节目，具有很强的实时性，所有的内容都是即时发生、即时呈现给观众，没有经过后期剪辑和加工，能让观众第一时间看到明星嘉宾最真实的状态和反应。例如，明星在直播中可能会出现一些即兴的表演、意外的状况等，这些都增加了节目的新鲜感和吸引力。而且直播的时间和时长相对灵活，可以根据实际情况进行调整，甚至可以根据观众的反馈随时增加或改变节目内容。传统电视访谈节目在实时性和灵活性上相对较弱；本直播节目互动性极强，观众可以通过快手平台的弹幕、评论、点赞、送礼物等方式与主播和嘉宾进行实时互动。主播和嘉宾能够即时看到观众的留言和提问，并进行回应，这种互动方式增强了观众的参与感和黏性，使节目更加贴近观众的需求。例如，观众可以在直播中要求明星表演特定的节目、回答某些问题等，明星也可以根据观众的要求进行互动，形成良好的互动氛围。传统电视节目互动方式相对较少且具有一定的滞后性。观众主要是通过电话、短信、网络投票等方式参与节目，但这些互动往往是在节目播出后的一段时间内进行，无法实现实时互动。而且观众的反馈对节目录制过程的影响较小，节目访谈内容主要是由节目组提前策划和安排好的。

《娱乐6翻天》整体风格更加轻松、娱乐化，氛围较为自由和随性。节目中明星嘉宾可以更加自由地展现自己的个性和生活状态，没有太多的束缚和限制。例如，明星可能会在直播中分享自己的日常生活、兴趣爱好等，让观众更好地了解他们的真实一面。传统电视访谈节目，通常会有较为严格的节目风格和定位，需要符合电视台的整体形象和播出要求。节目内容往往更加正式、严肃，注重节目的教育性、文化性或艺术性等方面的表达；由于直播时间的限制和实时性的要求，《娱乐6翻天》节目内容可能相对较为碎片化、表面化，难以深入探讨一些复杂的话题或进行深度的内容挖掘。但是，它能够快速地捕捉到娱乐圈的热点事件和话题，及时邀请相关明星嘉宾进行互动和讨论，具有很强的时效性。但传统电视节目可以有更充足的时间和资源对节目内容进行深入的策划和制作，能够对一些话题进行深入的探讨和分析，内容的深度和广度相对较高。如一些文化类、纪录片类的电视节目，可以对历史文化、科学知识等进行系统的介绍和讲解。

在场景搭建方面，《娱乐6翻天》主要使用手机、电脑等便携式设备以及简单的外接摄像头、麦克风等，设备相对轻便易操作，能够快速搭建直播环境。但在画面和声音的质量上，可能会因设备的性能和网络状况而有所波动。传统电视节目使用的是专业的广播电视级设备，如高清摄像机、专业的音频采集设备、导播台等，能够保证高质量的画面和声音采集，并且可以通过多机位切换、实时编辑等技术手段，为观众呈现出丰富多样的视觉效果。

## 五、营销推广

### （一）热点事件结合明星效应，拉动流量与热度

《娱乐6翻天》在内容策划中始终紧跟娱乐圈热点，以热门事件的吸引力扩展观众流量。每当娱乐热点出现时，节目团队迅速抓住机会，邀请相关明星进行直播，从而借助热点效应提升节目热度。在《乘风2023》引发热议之时，节目特别邀约"浪姐"热门成员加入直播，让观众得以一窥明星在舞台之外的日常和真实状态。此类策划不仅满足了观众对明星的好奇心和追星需求，还让节目成为获取"独家内容"的平台。当然《娱乐6翻天》也不乏当红流量明星的加入，如迪丽热巴、岳云鹏、古力娜扎、檀健次和张晚意等，他们的参与大幅度提升了节目关注度和话题热度。通过高人气明星的粉丝流量加持，节目以明星的吸引力为杠杆，进一步扩大其在年轻观众中的影响力。

### （二）深度定制品牌内容，拓展合作影响

针对品牌合作需求，《娱乐6翻天》深度定制直播内容，围绕品牌形象进行内容设计，以创意的方式巧妙植入品牌信息。例如，在与天猫618合作期间，节目不仅将天猫的活动信息和视觉元素嵌入直播内容，还通过设计符合品牌调性的舞美、口播信息等，将品牌形象自然融入直播氛围中，使观众能够潜移默化地接收到品牌信息。为提升品牌曝光效果，节目推出了"姐姐来了"系列直播，通过多场连续播出和连贯话题输出，使直播形成了较长时间的热点效应。这种系列化直播不仅延长了节目的传播热度，还为品牌合作提供了更宽泛的展示空间和曝光机会，形成了互利共赢的品牌营销模式。

### （三）社交媒体策略：短视频传播与粉丝互动

《娱乐6翻天》利用社交媒体的传播广度，通过各大平台发布节目预告、

明星动态和高光片段，将热点内容推向更广的观众群体。比如，明星在直播中的精彩瞬间、搞笑片段、意外互动等剪辑成短视频，在社交媒体上广泛传播，吸引观众关注并参与讨论。节目官方和明星嘉宾的社交账号也在节目期间与粉丝互动，发布福利活动信息、回复粉丝留言，增加了观众的参与感和归属感。粉丝的高频互动不仅增强了节目与观众的黏性，还通过"粉丝经济"效应扩散节目影响，使节目在多平台上形成了广泛的传播矩阵。

### （四）多样化的线下线上活动，构建立体式营销推广

在重要合作活动中，节目团队通过策划MV、定制视频等创意内容，进一步扩大节目和品牌的宣传效果。节目组在与天猫合作中，特别拍摄了由明星出演的定制MV，将品牌活动与节目内容紧密结合，形成了一次有规模的事件营销，引发了网友和媒体的高度关注。根据节目的内容和明星嘉宾的情况，还策划了线下活动、粉丝见面会等，将线上直播的热度延伸至线下场景。通过在线下与观众近距离互动，节目增加了粉丝黏性和参与感，进一步提升了节目的影响力和品牌价值。这一线下活动不仅为节目增添了温度，也为品牌提供了更具情感连接的推广渠道，使品牌的推广和节目内容更具互动性与感染力。

## 六、节目执行与监控

在《娱乐6翻天》的节目执行与监控中，保持高效、精确的操作流程是确保节目成功的关键。这一阶段的任务不仅涉及细致的项目安排和实时风险管理，更需要团队间的密切合作和灵活应变的能力，以实现每场直播的顺利运行并保障节目质量。

### （一）制定详细时间表，明确任务安排

在节目执行初期，导演组需根据整体流程和直播需求制定详细的时间表，细化每项任务的开始和结束时间，并明确各环节的工作重点。《娱乐6翻天》在直播过程中涉及不同板块的切换，如明星访谈、互动游戏、才艺展示等，确保这些环节按时进行和无缝衔接至关重要。因此，导演组会提前将具体任务分配给团队成员，明确各自的职责，从主持人和嘉宾的进场到设备调试、灯光布

置、舞美设计等，确保每一部分都在适当的时间内完成。

### （二）任务分配与团队支持

根据节目需求和计划，将工作任务合理分配给团队成员，确保每位成员清晰了解自己的职责和目标。为了支持每一成员顺利完成任务，团队还会提供必要的资源，如嘉宾专用的妆发团队、后台设备支持以及紧急状况下的备用器材。在《娱乐6翻天》的实际操作中，节目中涉及的实时连麦互动、观众留言收集、互动礼物分发等多个技术和操作环节，项目团队通过预演和分工明确的计划来确保观众与嘉宾的互动体验顺畅，实现高质量的节目效果。

### （三）进度检查与团队沟通

节目执行期间，导演组需定期检查任务进展，确保各个环节按计划推进。同时，与团队成员保持沟通，了解任务执行中的困难与挑战，及时提供技术支持和应急解决方案。例如，若现场遇到网络连接不稳定的状况，技术团队会立刻进行网络调试或切换备用网络，确保直播画面和声音的稳定输出。在《娱乐6翻天》的直播中，互动效果对观众体验的影响较大，导演组特别重视与互动技术团队的实时沟通，确保每一个观众留言、互动礼物等都能及时呈现在直播间中。

### （四）实时风险监控与应对措施

在节目执行过程中，提前识别和管理潜在风险尤为重要。《娱乐6翻天》的直播执行包括直播设备（高清摄像机、麦克风、灯光设备等）的多重检查与调试，以确保直播质量。此外，导演组会准备备用设备，以便在出现设备故障时能够快速切换。对于不可控因素，比如网络故障或突发情况，节目组提前制定了应急方案，以便在出现问题时快速响应、调整直播流程，并通过技术手段减少对直播的影响。

### （五）促进团队协作与沟通

《娱乐6翻天》的直播执行涉及多个团队间的配合，包括导演组、技术团队、艺人团队以及互动团队之间的协作。为了保障各团队高效协作，节目组通过建立专门的沟通渠道和协同系统，确保信息的实时共享和更新。例如，导演组与艺人团队在直播开始前就具体互动内容和时间安排进行沟通，确保艺人能够提前熟悉互动流程和节奏。同时，通过快速反馈机制，团队成员在节目执行中可以灵活调整，保证直播过程顺畅、观众互动自然，最大化提升节目效果。

## 七、给其他直播节目的借鉴

《娱乐6翻天》在直播形式和内容策划上的创新为其他直播节目提供了多方面的借鉴和启发。其成功的经验体现在热点话题的把握、多样化互动、明星嘉宾的搭配以及商业化运营模式等多个层面，以下是为其他直播节目提供的一些重要参考：

### （一）紧跟热点，保持节目新鲜感

《娱乐6翻天》对热点话题的灵活运用是极为重要的，通过实时融入热门电影、电视剧、综艺等的最新话题来吸引观众。节目组在热门影视剧上映或播出期间，邀请主演参与直播，分享拍摄花絮、幕后故事和创作心得。这种实时互动不仅让观众得以近距离了解明星的生活和工作，还满足了观众的好奇心，激发观众的观看兴趣，使节目始终保持新鲜感和话题性。此外，将热点内容作为主线贯穿节目策划，可以让直播内容更具时效性，从而提高节目在观众心中的认知度和关注度。

### （二）多样化环节设计，增强趣味性与观众黏性

在节目的直播中，环节设计丰富多样，例如"口令抢福利""达人连麦""观众征集"等创新玩法，增加了直播过程的趣味性，吸引观众持续参与。通过这些有趣的互动环节，观众不仅被动观看节目，还能够以多种方式参与内容创作。这种互动模式让观众在屏幕另一端也能体验到真实的参与感，打破了传统的单向内容输出，使观众的黏性大大提高。其他直播节目可以借鉴这种设计，通过增加互动环节丰富观看体验，以增强观众的专注度与参与度。

### （三）创新互动形式，提升观众参与感

《娱乐6翻天》开创的达人连麦、观众征集等实时互动模式，为其他直播

节目提供了可参考的互动样板。通过灵活使用互动工具，如弹幕、口令福利、礼物打赏等，直播节目能够快速、有效地与观众建立联系，打破屏幕隔阂，提升观众的归属感。观众通过弹幕提问、实时要求明星表演等，让观众深度参与到节目中，进一步激发观众的兴趣和投入度。

### （四）明星嘉宾多元化组合，丰富节目内容层次

《娱乐6翻天》将多领域明星嘉宾组合到一个节目中，通过邀请影视演员、综艺明星等不同风格的嘉宾同台，不仅丰富了节目内容，还创造了更多的惊喜和话题。对于其他直播节目来说，可以尝试将不同领域、不同风格的嘉宾进行巧妙搭配，使得观众在观看过程中始终保持新鲜感和期待。尤其是跨领域明星的互动碰撞，不仅能提升节目的趣味性，还能够吸引更广泛的观众群体，使节目在各类人群中形成更强的吸引力。

### （五）系列化与IP化运营，提升节目品牌价值

《娱乐6翻天》通过系列化运营成功打造了影响力持久的直播IP，使节目在观众心目中占据了一席之地。长期稳定的内容输出形成品牌化效应有助于培养观众的消费习惯。例如，通过固定的播出时间、独特的节目风格以及稳定的明星嘉宾阵容，逐步形成观众的收视习惯，打造强大的品牌效应。长期的IP化运营不仅提升了节目的品牌价值和商业价值，还为节目吸引更多的商业合作机会提供了基础。

### （六）品牌合作与内容融合，构建商业闭环

《娱乐6翻天》通过品牌合作与内容的深度融合，实现了"内容生产—内容传播—用户沉淀—商业收获"的完整营销生态闭环，为其他直播节目树立了典范。在商业合作中，节目团队根据品牌需求定制内容，将品牌元素巧妙植入节目之中，使观众在享受娱乐内容的同时，自然接受品牌信息。在互动环节中，设置品牌专属道具、口播信息等，可以增强观众的品牌记忆。其他直播节目也可以借鉴这种模式，通过与品牌的深度合作达到"节目与品牌共赢"的效果，创造出更具商业价值的直播内容。

# 案例十九：

# 《抖音TopView》产品设计宝典

## 一、产品介绍

### （一）产品背景

为了满足广告主对强曝光率和高效触达的推广需求，抖音App推出了全国第一款有声开屏广告《抖音TopView》。用户打开抖音App，有概率展示TopView广告，前3秒视频无干扰全屏播放，3秒后淡出广告组件，原生融入信息流首位吸引用户参与互动，提升品牌广告记忆度及影响力。此方式不仅有效避免了竞品的上下文干扰，还增强了品牌的记忆度，为用户打造了极具抖音特色的沉浸式视频体验。TopView广告支持10~60秒的视频播放，能够充分展现品牌形象与信息。

### （二）产品交互逻辑

TopView广告的交互逻辑包括以下步骤：

1. 视频前3秒以全屏形式进行沉浸式展示，用户可以选择不同的交互方式；
2. 点击右上角"跳过"：直接进入信息流，观看下一个视频内容；
3. 无操作：广告将继续播放，最多可连续播放两遍，随后展示互动蒙层，用户可通过点击进入落地页或进行点赞、评论等互动操作；
4. 点击屏幕任意位置：直接跳转至落地页，点击返回后可继续观看广告。

## （三）产品亮点

**1.首屏有声展示，强曝光**

TopView广告在用户打开抖音App时以有声视频的形式进行沉浸式展示，若用户手机未设为静音状态，广告视频的音效将随之播放，为用户提供沉浸式的视听体验，实现较高的曝光效果，并提升品牌记忆度。

**2.前3秒无干扰霸屏展示**

在广告播放的前3秒，视频以全屏形式呈现，无昵称、头像、创意标题等界面元素的遮挡，确保无干扰的纯净体验，有效避免上下文竞品的影响，从而提升品牌的安全性与曝光质量。

**3.平滑过渡至信息流，增强广告互动性**

在前3秒全屏展示后，广告内容将平滑过渡至信息流形式，并逐渐淡出视频互动组件，用户可以通过一键点赞、评论、转发等方式与广告进行互动，或进入品牌广告主页及落地页，以满足用户的分享、评论、收藏等需求，进一步提升广告的互动性与用户参与度。

## 二、产品特点和效果评估

TopView广告因为自身的强曝光、无干扰、平滑过渡等特点，在传播和触达用户过程中会产生很好的效果。评估TopView广告对品牌知名度的效果可以结合它的特点从以下几个方面进行考量：

### （一）广告曝光量

广告曝光量是衡量广告传播效果的重要指标，通过了解广告的曝光量可以判断有多少用户看到了广告，从而影响品牌知名度。TopView广告的曝光率与触达率是评估广告效果的关键因素之一，其中曝光率代表广告展示给用户的比例，触达率表示广告成功影响用户的比例。高曝光率与触达率意味着广告在抖音平台上具备较高的可见性，从而能够广泛影响用户。TopView广告通过"开屏+信息流"的呈现形式，凭借强烈的视觉冲击力，以及无干扰的展示特性，确保了其较高的曝光量和触达率。尤其是对处于市场导入期的品牌，投放此类广告能够在短时间内迅速引起市场关注，使消费者快速了解品牌及其产品。通过最大声量的覆盖策略，结合超级品牌日、双十一大促、年货节等活动，实现对用户的广泛首次触达，树立品牌形象，加深大众对品牌的印象。

### （二）广告点击率

广告点击率是衡量广告效果的另一重要指标，指用户在看到广告后点击广告的比例。高点击率表明广告内容对用户具有较高的吸引力，能够有效满足目标受众的需求，从而有助于品牌知名度的提升。传统信息流广告的点击率往往受到多次跳转的影响，而TopView广告通过从开屏广告直接过渡到信息流的方式，直接展示品牌内容，直面广告主投放痛点，使得品牌形象和宣传语能够得到充分展现，有效提高品牌的认知度与影响力。同时，通过对用户位置、兴趣、行为等多因素的精准筛选，实现广告的精确投放，提升了广告的点击率与转化率。对于预算充足、处于推广期的品牌而言，投放此广告可以充分有效地触达目标用户，增强品牌记忆，吸引消费者。根据营销需求定制曝光策略，有助于提升品牌的记忆度与市场反响。

### （三）用户参与度

用户参与度是衡量用户在广告投放期间与广告互动的频率。通过分析用户参与度，可以评估广告是否引起了用户的兴趣与共鸣，进而对品牌知名度产生积极影响。相较于传统开屏广告，TopView广告增加了信息流页面，用户能够直接进行点赞、评论和转发等互动操作。这种互动形式不仅提升了用户参与度，还能够有效评估用户对广告的反馈是否积极，帮助广告主进行广告内容、创意和形式的优化，引导用户从初期的购买意向向后期的实际消费行为转变。

### （四）转化率和投资回报率

转化率是衡量广告对目标用户转化效果的重要指标，表示用户在点击广告后实际采取特定行动的比例，如下载应用或购买产品。TopView广告凭借其无缝衔接的沉浸式展示和信息流过渡，能够有效吸引目标受众，从而实现较高的转化。TopView广告通过从开屏广告直接引导至品牌主页或落地页的方式，减少了用户操作路径，降低了跳失率，进而增加了用户与品牌之间的接触频次和深度。这种顺畅的用户体验有助于促使用户采取进一步行动，进而提高广告的转化效果。广告主可以通过对广告的投放成本与产生的效果进行比较，计算投资回报率（ROI），评估广告在经济效益上的表现，从而优化广告投放策略。对于处于市场成长期的品牌，TopView广告能够通过精确的投放与广泛的品牌触达，最大化广告收益，确保广告支出的有效性与合理性。

### （五）品牌搜索量

品牌搜索量是衡量广告效果的重要维度之一，通过监测品牌在搜索引擎上的搜索量，可以了解广告投放后品牌知名度的变化。TopView广告通过高曝光率和沉浸式体验，不仅直接提高了用户的品牌记忆度，还进一步激发了用户的好奇心，促使用户主动搜索品牌相关信息。品牌搜索量的增加，通常意味着广告成功吸引了用户的关注，提升了品牌在用户心智中的存在感。此外，通过用户调研，可以了解用户对广告内容、品牌和产品的认知度、印象及态度的变化，以此评估广告在品牌建设中的效果。TopView广告通过系统性的品牌展示和多次触达，在培养用户心智、塑造品牌形象和提升品牌知名度方面表现出色，对于促进用户对品牌的认知与兴趣有着显著影响。

## 三、与其他竞品的对比

### （一）与传统开屏广告的对比

传统开屏广告通常只有几秒钟的展示时间，并且由于其短暂的时长，用户往往会在短时间内快速跳过，导致广告的传播效果受到限制。相比之下，TopView广告的展示时间为10~60秒，为广告主提供了更大的信息传达空间，能够有效传递更丰富的品牌内容与核心信息。TopView广告支持有声播放，进一步提升了广告的感染力和吸引力，通过音效与画面的结合为用户带来沉浸式的视听体验。TopView广告从开屏广告无缝过渡到信息流广告形式，形成完整而流畅的广告体验，避免了传统开屏广告展示结束后的突兀感，显著提高了用户的体验质量和广告的持久影响力。

## （二）与信息流广告的对比

信息流广告虽然能够以内容嵌入的方式在用户浏览时呈现，但其展示效果容易受到其他竞品内容的干扰，从而影响广告的曝光率和用户的注意力集中度。一方面TopView广告在展示过程中不存在上下文竞品干扰，品牌的独占性展示确保了用户的注意力可以完全集中于广告内容，提升了品牌的安全性和广告的视觉效果。另一方面，TopView广告在广告的互动性方面也表现优异，用户可以在观看广告的过程中进行点赞、评论和转发等操作，增强了用户与品牌之间的互动联系，而信息流广告的互动性相对较弱，用户通常只能通过点击广告进入落地页，缺乏足够的互动选择和社交分享的机会。

## （三）与其他视频广告平台的对比

相较于其他视频广告平台，TopView广告在用户覆盖、精准投放和用户体验等方面具有显著优势：

1.庞大的用户群体：抖音平台拥有庞大的用户基础，覆盖广泛的年龄层次和兴趣偏好。通过TopView广告，广告主可以在短时间内触达更多的潜在目标客户，快速提高品牌的市场渗透率。

2.精准投放：抖音平台凭借其丰富的用户数据和强大的数据分析能力，能够基于用户的位置、兴趣、行为等多维度数据进行精准投放，从而有效提升广告的点击率与转化率，确保广告能够触达最符合品牌定位的目标受众。

3.高互动性：TopView广告提供了点赞、评论、转发等多种互动功能，用户不仅可以对广告进行反馈，还可以通过评论表达对品牌的认知和态度。这种高互动性的设计大大增加了广告在社交网络中的传播机会，增强了品牌的影响力。而其他视频广告平台的互动功能相对较为单一，通常仅限于点击跳转，难以充分激发用户的参与兴趣。

4.沉浸式体验：TopView广告采用全屏沉浸式视频展示，结合有声播放和顺滑的开屏至信息流过渡，打造了独特的沉浸式广告体验。相比之下，其他视频广告平台的展示形式相对单一，难以达到类似的沉浸效果，用户的广告体验通常较为分散，难以有效地与品牌产生深度联系。

## 四、相关产品创作建议

### （一）快消行业广告创作建议

1.画面前提：在广告创作中，保持高品质的画面是吸引用户的首要条件，尤其是对于快消品，广告画面需呈现积极向上的基调，增强观赏的舒适性。同时，画面切换的频率要适当，避免过于频繁的镜头切换影响用户的视觉体验。光效处理也需适中，避免频闪或强烈的光暗变化，以免对用户产生视觉疲劳。

2.前几秒的创意内容：广告的前几秒至关重要，不应直接呈现过于明显的营销信息。快消品的广告需要避免显得太过"硬推"，而是通过软性的品牌信息传达，利用创意性手法引起观众的兴趣，而不是直接重复产品的卖点。

3.适配播放设备：可以横屏改竖屏，但是不能过于生硬，需根据竖屏的视听语言进行调整，比如上下分屏加背景板，把横屏视频放在中间，或者画中画多屏叠加。例如，上半部分展示人物使用产品，下半部分展示产品细节特写，这样可以在竖屏上更好地展示产品和使用场景，避免重复拍摄或者裁切横屏素材。

4.设置悬念与故事化表达：在视频开头巧设悬念，率先提出一些问题，或露出惊讶的表情吸引用户注意；另外可以选择拍摄一些适合品牌态度，展现产品功能的小短剧、小故事，这契合抖音本身充满内容创作的氛围，也深受抖音用户喜爱。

5.花式产品试用：在使用产品的姿势、流程中增加一些花样（擦面霜、吃饼干……），既可以让产品的记忆点变得更轻松活泼，也可能在抖音上形成一波模仿的热潮。

6.有美感的产品细节展示：食品类型的产品，可以从食品制作的画面开始展示，化妆品，可以从内含的科技，化妆品本身的品质感开始展示产品深层的科技、匠心、诱惑力等。

### （二）网服行业广告创作建议

1.抓住观众的注意力：在广告中使用引人注目的视觉效果、音乐和文字等元素，以在短时间内吸引观众的注意力。利用有趣的音乐来引发用户模仿，用歌曲来讲述品牌信息，加深用户对于品牌认可度。

2.契合抖音的玩法：网服行业与用户体验息息相关，抖音的用户群体主要是年轻人，因此建议在广告中采用与年轻人相关的元素和语言，以更好地吸引他们的注意力。契合抖音的调性、玩法（如转场、音乐等），借用抖音的玩法，一方面能让内容更易被用户接受，另一方面也展示出平台对用户体验的重视。

3.使用高质量的视觉效果：使用高质量的视觉效果可以提高广告的质量和吸引力。这包括高质量的摄影、视频剪辑、特效等。建议用魔幻化、夸张化的视觉来表达产品的特点，给观众以震撼，能抓住用户注意力，让人们对产品滋生更多好奇心，提升好感度。

4.使用平台用户的真实故事：用真实、真诚的故事去潜移默化地阐述自己的产品，好的故事总能让观众带入自身的情绪。

5.强调品牌标识：由于广告时间较短，建议在广告中保持简洁明了。突出最重要的信息，如品牌名称、产品特点等，以便观众在短时间内能够理解并记住。在广告中强调品牌标识可以帮助观众更好地记住品牌名称和标志，从而增强品牌的认知度和印象。

6.测试和优化：为了提高广告的效果，建议对广告进行测试和优化。根据测试结果调整广告的策略和元素，以便更好地吸引观众的注意力并提高转化率。

（三）数码行业广告创作建议

1.展示产品特点：在广告中突出展示数码产品的特点，主要围绕新机外观和产品功能。产品外观：颜色、质地、尺寸、轻重、折叠/滑盖/全面屏；产品功能：景别、像素、音质、处理器、显卡、程序核心优势等。通过展示产品的独特功能和优势，能够吸引用户的关注并引发购买欲望。

2.使用吸引人的场景：选择与使用数码产品相关的吸引人的场景，例如旅行、摄影、游戏、娱乐等。通过将产品置于这些场景中，可以更好地展示产品的使用方式和带来的乐趣，从而激发用户的兴趣。如果着重介绍产品功能，可以讲个简单的小故事，有趣的剧情会引起用户看下去的欲望，同时生动地解读功能。

3.强调用户体验：重点强调数码产品带来的用户体验，例如高速度、流畅的操作、出色的画质等。通过展示用户在使用产品时的愉悦和满足感，可以增强用户对产品的渴望和购买意愿。

4.利用明星来吸睛：只要有喜欢的明星，观众肯定愿意把整支广告都看完，甚至不止一遍，既然有代言，不如充分发挥他们的价值。在广告中展示明星或网红代言者使用产品的场景。这样可以吸引粉丝和关注者的注意，并增加广告的曝光度和影响力。

5.创意和幽默元素：在广告中加入创意和幽默元素，例如通过搞笑的场景、有趣的对话或令人惊叹的特效来吸引观众的注意力。这样的广告更容易被观众记住并分享，从而提高品牌的知名度和传播效果。也可以借助抖音玩法，抖音不断地有新的玩法，新的拍摄形式出现最终演化为"抖音热梗"，借助它们，能消除用户的陌生感，并且带给观众一种品牌"与时俱进"新潮时尚的感觉。（当然，这一切都建立在和产品有机结合的基础上）

6.做到足够酷炫：加强视觉冲击，做到足够酷炫。酷炫的黑科技，就用最酷炫的方式去展示，让客户产生信服。通过3D建模技术，提高视觉冲击力，让用户隔着屏幕，也能从感官上得到真实触感共鸣。高质量的制作可以使广告更加专业和吸引人，从而提升用户对产品的信任和购买意愿。

7.品牌宣传：品宣核心营销的目的是品牌的生活理念和价值观，表达的是一种生活状态，它可能是积极向上，舒适安逸，年轻张扬，格调精致，追求极致，绿色健康的生活。可以通过明星标榜自己的生活状态，或是记录年轻人的生活片段，或是口播式阐述品牌的核心竞争力。

### （四）母婴行业广告创作建议

1.强调产品安全性：母婴产品的安全性是首要考虑的因素。在广告中，突出展示产品经过严格检测和认证，符合国家安全标准，确保婴儿使用安全。

2.展示产品特点：重点展示母婴产品的特点，例如材质柔软、设计贴心、功能实用等。通过展示产品的优势和特点，可以吸引用户的关注并激发购买欲望。[①]

3.建立情感联系：通过广告中的故事情节或温馨画面，建立母婴产品与母爱、亲情之间的情感联系。这样的广告更容易触动用户的情感，引起共鸣并增加购买意愿。

4.使用真实场景：在广告中展示真实的母婴场景，例如喂养、换尿布、婴儿护理等。通过展示产品的实际应用和方便性，可以让用户更好地理解产品的价值和用途。

5.强调品牌信誉：在广告中强调品牌的信誉和口碑，例如品牌的历史、专业性、质量保证等。通过展示品牌的优势和特点，可以增强用户对品牌的信任和认可，进而增加购买意愿。

## （五）美妆行业广告创作建议

1.突出产品效果：在广告中直观地展示产品的效果，例如通过使用前后对比、特写镜头或动画演示等方式，突出美妆产品对肌肤或外貌的改善效果。

2.使用吸引人的模特：选择具有吸引力和代表性的模特来展示产品，可以是代言的明星或者是长相出众、令人赏心悦目的美妆模特。确保模特的外貌、肤质和妆容与产品的定位和目标受众相符合，以提高用户的认同感和购买欲望。明星代言可以借助明星的影响力和粉丝基础，从而提高产品的知名度和美誉度。美妆模特则可以通过展示产品的使用效果，让用户更加直观地了解产品。

3.强调产品独特性：重点展示美妆产品的独特性，例如特殊的成分、创新的技术或独特的包装设计。通过突出产品的差异化特点，可以吸引用户的关注并激发购买欲望；在广告中传达品牌的核心价值观和信誉，例如专业品质、天然成分、无刺激等。通过与用户的情感共鸣和建立信任，可以促进用户对品牌的忠诚度和购买行为。

---

① 林安红.基于传播"5W"模式解读出版社微信营销的应用[J].苏州教育学院学报，2015，32（04）：58-61.

4.创造令人向往的氛围：通过广告中的视觉元素、色彩搭配和背景音乐，创造出令人向往的氛围和情绪。选择与美妆产品相关的场景，例如时尚秀场、浪漫约会或自信职场等，使用户能够感受到产品所带来的自信和美丽。视觉元素可以包括精美的画面、时尚的造型和美丽的风景等；色彩搭配要符合产品的定位和目标受众的喜好；背景音乐要选择轻松愉悦、时尚动感的音乐，增强广告的感染力和吸引力。

5.教授美妆技巧：在广告中展示产品的使用过程，例如化妆步骤、护肤程序或产品应用技巧。通过教授用户正确使用产品、更好利用产品的一些tips，可以提高用户对产品的尝试兴趣和信心。也可以通过模特的示范、文字说明或动画演示等方式，详细介绍产品的使用方法和技巧。同时，还可以在广告中提供一些美妆小贴士，让用户在使用产品的同时，也能学到一些美妆知识。

6.使用高质量的制作：确保广告的制作质量高，包括摄影、剪辑、音效和配乐等方面。高质量的制作可以使广告更加专业和吸引人，从而提升用户对产品的信任和购买意愿。摄影要清晰、美观，剪辑要流畅、有节奏感，音效和配乐要与广告的氛围和情感相符合。同时，还可以在广告中加入一些特效和动画，增强广告的视觉冲击力和吸引力。

## （六）游戏行业创作建议

1.讲述背景故事：借用或者编纂游戏的背景故事，介绍游戏的主线情节，将其演绎出来，能让观众对游戏产生代入感。一个精彩的背景故事可以吸引玩家的兴趣，让他们更加深入地了解游戏的世界和剧情。可以通过动画、漫画、小说等形式来讲述游戏的背景故事，也可以在广告中通过演员的表演来展现游戏的情节。

2.讲述人物故事：借用游戏中的主要人物，演绎人物的故事。游戏中的人物往往具有鲜明的个性和魅力，通过讲述人物的故事，可以让观众更加深入地了解游戏的角色和剧情。可以通过动画、漫画、小说等形式来讲述人物的故事，也可以在广告中通过演员的表演来展现人物的性格和经历。

3.趣味短片：提炼游戏的主要卖点，编写趣味短视频脚本。具有娱乐性的内容会让观众产生好感，留下印象。趣味短片可以通过幽默、搞笑、夸张等手法来展示游戏的特点和玩法，让观众在轻松愉快的氛围中了解游戏。可以制作一些搞笑的游戏场景、玩家的搞笑操作或者游戏中的趣事等，吸引观众的注意力。

4.设置悬念：在影片前3秒设置一个悬念，吸引观众的注意力，然后再进入游戏介绍的环节。

5.IP展示：如果游戏本身自带IP，在前3秒充分地展示IP人物，能够有效地抓住观众。IP是游戏的重要资产之一，通过展示IP人物，可以吸引粉丝的关注，提高游戏的知名度和美誉度。可以制作一些精美的IP人物动画、漫画或者游戏截图，在广告的开头展示给观众。

6.展示游戏画面：此方法适合CG制作极为精良的游戏，直接展示画面，能让观众直接感受到游戏制作的水准。精美的游戏画面可以吸引玩家的眼球，让他们对游戏产生兴趣。可以制作一些游戏的实机演示视频、动画或者截图，展示游戏的画面效果、场景设计、角色造型等方面的特点。

7.借助抖音玩法：可以配合音乐或者利用抖音内的玩法，用更适合抖音的方式来制作广告。如：抖音经典的换装玩法；极具抖音特点的镜头切换模式……抖音上有很多流行的玩法和挑战，可以将这些玩法与游戏广告相结合，制作出更加有趣、有创意的广告。例如，可以制作一个抖音换装挑战的游戏广告，让观众在观看广告的同时，也能参与到挑战中来。

## 五、抖音TopView产品的未来发展趋势

未来，抖音TopView产品的发展将主要集中在技术创新、内容创新和用户体验优化三个方面。在技术创新方面，抖音TopView将逐步引入虚拟现实（VR）和增强现实（AR）技术，人工智能（AI）技术以及5G等高新技术应用，用户可以利用VR设备进入虚拟广告场景，与品牌进行互动，或通过AR技术在现实环境中增强广告的真实感和趣味性；人工智能（AI）技术的应用也将帮助广告主更好地分析用户数据，提供个性化广告推荐，并提升广告创意制作和优化的效率；5G技术的普及将显著提高广告的视频播放质量和互动体验，提

供更高的分辨率和更快的响应速度。

在内容创新方面,未来抖音TopView广告将增加互动式广告内容,用户可以直接通过点击、滑动等方式参与到广告中来,提高参与感和互动体验。短视频与长视频的结合也将为广告主提供更加多样化的广告形式,用户利用短视频了解品牌亮点,进而通过长视频深入了解品牌故事。除此之外,跨平台合作也是产品发展的另外重要方向,TopView广告可以选择与电商平台、线下活动等进行联动,实现广告与购物、线上与线下的无缝结合,进一步扩大品牌的传播范围和影响力。

在用户体验优化方面,抖音TopView可以利用抖音平台强大的算法优势进一步完善个性化推荐算法,根据用户的行为数据不断优化广告内容的匹配度。同时,广告质量应该得到严格把控,在确保广告内容的合法性、真实性和有效性的同时,还要建立用户反馈机制,及时处理用户投诉。此外,随着用户隐私保护意识的增强,抖音TopView将通过更加严格的隐私保护措施,确保用户数据的安全,并通过透明的隐私政策提升用户的信任感与安全感。

## 参考文献

[1] 林安红. 基于传播"5W"模式解读出版社微信营销的应用[J]. 苏州教育学院学报, 2015, 32 (04): 58-61.

# 原创节目创作宝典

原创节目创作宝典是本书实例创作者对媒体产品知识的深入理解，对媒体产品设计与创作原理方法的细致学习，同时也是创作者发挥创意、表达内心需求与真实期待的舞台，是原创节目全要素策划案的集结手册。书中内容对原创节目的背景、模式、特点、市场潜力、内容构成、嘉宾选择、商业化布局、营利策略以及推广渠道等多个维度进行了前瞻性的预测和深入的分析。它不仅局限于已有案例的剖析，更是对未来可能涌现的创新节目模式的积极探索。这种对未来道路的探寻更是借助年轻群体敏锐的洞察力、对现实需求的精准把握以及丰富的想象力，从微观角度进行细致而全面的分析。这部分内容也为媒体产品的设计与创作提供了新的思路和方法，为媒体产业的持续发展注入了新的活力。

原创节目及创作成员如下：

节目一：《翻转食堂》节目创作手册
创作成员：范烨、王晓玥、张若木、张芷潇
节目二：《慢慢喜欢你》节目创作手册
创作成员：王文哲、单昕、孙溢函、栾暮冬
节目三：《文化传送带》节目创作手册
创作成员：刘静、刘悦琪、邵一平、翟思睿
节目四：《古妆里的中国》节目创作手册
创作成员：陈宝琦、崔丽君、刘洋序、李嘉
节目五：《文化织锦：丝路传承之旅》
创作人员：田煜薇、杨龙姣、何叶、席彪

# 原创节目创作手册

《翻转食堂》节目制作宝典

《慢慢喜欢你》节目制作宝典

《文化传送带》节目制作宝典

《古妆里的中国》节目制作宝典

《文化织锦：丝路传承之旅》节目制作宝典

# 案例一：

# 《翻转食堂》节目制作宝典

## 一、背景环境

### （一）背景分析

1. 社会背景

生活方式转变：如今，人们日益注重生活品质和健康饮食。自己动手做饭成为许多年轻人追求健康、经济、实惠的生活方式。因此，展示大学生在做饭方面的才华和技能，可以为观众提供一种积极、健康的生活方式参考。

家庭与教育观念变化：现代家庭和教育体系越来越注重学生的实践能力和综合素质。通过真人秀节目，可以展示大学生在烹饪技能、团队合作和创新思维等方面的能力，进一步强化这种教育观念。

2. 行业背景

电视娱乐节目创新：在众多电视娱乐节目中，真人秀节目一直备受欢迎。大学生做饭竞技类真人秀是一个新的创意，目前行业内还没有相似的节目。

美食产业发展：随着人们对美食的追求和对健康的关注，美食产业近年来得到了快速发展。不管是电视节目还是新媒体节目，美食类频道都受到了广泛关注。

大学生参与度高：大学生是真人秀节目的主要受众之一，他们具有较高的参与度和关注度。通过展示大学生的烹饪技能和创新精神，节目可以获得更多年轻观众的喜爱和支持。

UP主破圈与B站的生态：B站作为一个视频分享平台，拥有庞大的用户群体和丰富的社区生态。据调查，B站用户主要以90后和00后为主，多是学生。B站拥有独特的弹幕文化、梗文化、社区文化，邀请B站UP主，精准把握了节目的核心受众人群，并且能够增加综艺的曝光度和关注度，提高节目的知名度和影响力。

### （二）策划动机

1.推广地方美食文化：每个地区都有自己独特的饮食文化。通过美食真人秀，可以展示不同地域的美食文化，提升地方特色美食的知名度和影响力。

2.培养大学生的烹饪技能和兴趣：很多大学生缺乏基本的烹饪知识和技能，通过参加美食真人秀，他们不仅可以学习烹饪技巧和技能，还能培养对烹饪的兴趣和热情。

3.培养大学生的健康饮食观念：现在很多大学生不注重饮食健康，偏爱快餐、零食等不健康食品。通过美食真人秀，可以向大学生传递健康饮食的观念，引导他们养成健康的饮食习惯。提高自己的烹饪技能，还能培养对烹饪的兴趣和热爱。

4.娱乐大众，丰富大学生活：美食真人秀具有很强的观赏性和娱乐性，可以吸引更多的大学生观看。

## 二、节目设定

### （一）节目名称

"翻转食堂"这个名字的灵感来源于大学生的"翻转课堂"。翻转课堂是一种创新的教学方式，将传统的教学方式进行颠倒，这种教学方式旨在提高学生的主动性和参与度，提高教学效果。

借鉴翻转课堂的概念，"翻转食堂"这个名字传达了一种创新和颠覆传统的内涵。在食堂这个场景下，翻转意味着改变传统的就餐方式，提供更加个性化和多样化的餐饮选择和体验。同时，通过与大学生的翻转课堂概念相呼应，可以强调这个真人秀节目对于大学生创新和团队合作的展示。另外，"翻转食堂"这个名字能够吸引更多人的注意力和好奇心，贴近大学生的生活，与当代大学生追求新颖、独特的生活方式相契合。

### （二）节目类别

料理类竞赛式真人秀节目。

### （三）节目目标

延续当下真人秀火爆流行的趋势，打造中国第一档"大学生料理类真人秀节目"。节目将大学生做饭这一日常行为进行真人秀化的改造，展示大学生的烹饪才华、创新思维和团队合作精神。同时，通过设置有趣的挑战和游戏环节，以及与美食评审和观众投票等互动形式的结合，增加节目的娱乐性和观赏性，传递健康的生活方式和积极的社会价值。

### （四）节目目标观众定位

大学生、料理类节目爱好者，特别是95后和00后的年轻观众。他们对于新颖、独特、有趣的事物充满好奇，同时也对美食有着极高的追求。通过创新和有趣的挑战，以及与美食评审和观众的互动，节目能够吸引这些年轻观众的注意力，并提高他们对健康生活方式的认识和兴趣。

### （五）节目形态

娱乐、美食类节目，在特定环境特定环节下的真人秀，每期时长60分钟，每季共8期。节目播出时间为每周三周四晚6~7点，一周双更。节目包含菜谱制作、厨艺知识竞答、食材抢购、烹饪、评审、厨艺知识科普等环节，是一档兼具综艺性、竞技性、科普性的料理类综合性节目。

### （六）节目内容

1.内容概述

邀请18位大学生小UP主参加厨艺比拼，通过对其厨艺知识方面以及美食制作实践层面的考验，全方位观察当代大学生的厨艺技能水平和厨艺知识储备现状，以此打破大众对大学生"下不了厨房"的偏见和误解，同时凸显出青年学子在新时代生存环境下的创造性和多样性。

2.赛制

对阵赛制

第一期：18位B站年轻/新人美食区UP主以同一菜品主题进行海选，票数最高的6位选手可挑选2位选手组队。

第二期：排位赛，6支队伍（每队3人）分为两组，通过同一菜品主题的比拼决出票数前2名，可优先选择下期比赛的菜品主题（其他组在赛前一天抽签决定下一期菜品主题）。

第三期：根据两个不同的菜品主题分为两组，票数最低的两支队伍淘汰。

第四期：两位固定嘉宾UP主每人带领2支队伍，4支队伍根据两个菜品主题（赛前抽签决定）分为两组进行比拼（同一UP主带领的两支队伍对阵）。2位嘉宾UP主作为导师可参与菜谱制定与竞答环节的场外帮答援助，但不参与本期投票，票数最低的2支队伍淘汰。

第五~第七期：个人赛赛程开始，6位选手1VS1单挑（在第四期结束后在场下录制对手选择），有三个菜品主题供选手选择，对阵双方的菜品选择可相同可不同，在对阵双方上场后才会得知对方的菜品主题。每位选手可邀请一位助阵UP主（已淘汰的选手中），单挑败者一方淘汰。

第八期：进入决赛的3位选手通过两轮比拼决出冠军：1.拿手菜环节 2.现场在菜品库中抽选第二轮菜品，两轮票数总和最多的选手取得冠军。

3.评分赛制

固定投票：节目共设置5位嘉宾：2位固定美食区UP主，每期位飞行的美食区UP主，两位美食专业顾问。每场5位嘉宾将亲自品尝各队菜品并选出本场最佳。

特殊投票：播出后线上观众投票：现场嘉宾投票=1∶2的计票规则。适用于第一期海选，在节目播出之初制造话题，并使观众脑海中形成选手群像，增加观众的参与感与期待值；

第四期嘉宾UP主导师制，在现场嘉宾可投票人数减少至3名时，开放观众投票通道，使结果更具说服力，并在嘉宾UP主参与到竞演环节之中的情况下，充分应用嘉宾UP主的带动作用；

第五~第七期选手1VS1单挑，竞技性增强的同时增加观众的参与度，并且选手可邀请已淘汰的选手助阵，使"意难平"的观众会回归，调动观众情绪。

决赛现场观察员的引入：

在前几次线上观众投票中最活跃的满勤观众有机会被邀请到决赛的现场，在第二演播室或现场的观众席现场观看比赛、品尝菜品并投出宝贵的一票。共设置10~15名。在回馈忠实观众的同时也提高了前几期观众的参与热情和欲望。

（总决赛的获胜队可获得1万元的烹饪奖金并与2位固定嘉宾拍摄一条B站投稿视频。）

个人小片奖励

赛后观众可在节目官方微博平台或B站评论区链接进入投票通道，投出本期最感兴趣的菜品，选手可获得拍摄菜品的教学分享视频（商业化执行的一部分），在凸显本节目厨艺科普与展示的主题并为选手提供福利的同时，也完成了商业化的甲方任务。

**（七）节目结构**

1.赛前准备：预热片制作

第一期：节目总体内容+赛制介绍小片、嘉宾UP主与顾问介绍小片、UP主群像（介绍各位选手擅长的菜系与菜品，个人投稿的精华）、本期菜品主题介绍、赛前菜谱的准备、赛前+赛中+赛后采访小片；

第二期：上期选手比赛集锦、现场嘉宾投票回顾+赛后观众投票动画小片、赛前高分的6位选手选择队友、6支队伍菜谱准备会议、本期飞行嘉宾介绍小片、本期规则介绍、竞答与食材抢购环节规则介绍、赛前+赛中+赛后采访小片；

第三期：本期飞行嘉宾介绍、本期规则介绍、现场嘉宾投票回顾+赛后观众投票动画小片、上期前两名优先选择菜品的小片、其他组在赛前一天抽签选择菜品的小片、各队赛前菜谱讨论、赛前+赛中+赛后采访小片；

第四期：本期飞行嘉宾介绍、现场嘉宾投票回顾+赛后观众投票动画小片、本期规则介绍、赛前菜品抽选+2位固定嘉宾UP主与选手会面并参与赛前准备的小片、赛前+赛中+赛后采访小片；

第五~第七期：现场嘉宾投票回顾+赛后观众投票动画小片、本期飞行嘉宾介绍、本期规则介绍、选手1VS1单挑对手+菜品抽选小片、选手邀请已淘汰选手助阵并准备菜谱、赛前+赛中+赛后采访小片；

第八期：现场嘉宾投票回顾+赛后观众投票动画小片、决赛赛制介绍、本期飞行嘉宾介绍、赛前菜谱准备、赛前+赛中+赛后采访小片。

2.节目环节

主持人开场词+嘉宾UP主介绍（2~4分钟）。首期需播放完整版的2位固定UP主+2位顾问介绍小片、后期播极简版+每期的飞行UP主放单独的介绍小片；

选手入场（2~5分钟）。播放小片：第一期选手介绍、第二期至第八期上期投票结果与比赛集锦、赛前采访；

（1）赛前环节（1分钟）：

本期规则介绍（1~4分钟）。主持人串词+播放小片（第二期选择队友的小片、第四期嘉宾UP主与选手会面+指导小片、第五~第七期1VS1对手选择小片&已淘汰选手助阵邀请小片）；

（2）菜品主题展示（1~3分钟）：

第一期：主持人串场、大屏展示（统一菜品主题）；

第二期：主持人串场、大屏展示（统一菜品主题）；

第三期：前两名提前选择菜品主题的小片+其他队赛前一天抽选菜品的小片、大屏展示（两个不同菜品主题）；

穿插选手采访（矛盾：未能提前选择菜品、不擅长的菜品、准备时间不足、处于劣势/提前选择菜品准备充分、充满信心）；

第四期：赛前抽签选择菜品小片，大屏展示（两个不同菜品+对阵状况）；

第五~第七期：赛前选手自定菜品主题的小片大屏展示；

第八期：第一轮赛前自定菜品小片+第二轮当场抽选菜品主题；

（3）菜谱制作环节（3~5分钟）：

·240·

赛前菜谱准备会议小片（矛盾、合作）+现场复刻并展示菜谱。5位嘉宾根据菜谱与菜名的创意性与期待度，进行赛前投票，取得票数最多的选手可获得烹饪环节的5分钟加时。

竞答环节+食材抢购环节（8~10分钟）。设置一个食材抢购区，通过一个竞答环节来赢取烹饪所需食材的抢购时间。选手通过灶台上放置的平板进行答题，大屏可实时监看选手屏幕，答对加20秒，答错不加时，共15题。竞答题目主要为常识类与技巧：什么与什么不能混吃、某食材应该怎么处理等，以凸显大学生的厨艺知识储备。

烹饪环节（15分钟）。限时30分钟，选手在规定时间内烹饪菜品；穿插赛中、赛后采访小片；菜谱展示环节取得第一的选手可获得5分钟加时。

菜品介绍与展示环节（3~4分钟）。选手介绍并展示菜品的巧思和制作要点。

嘉宾UP主与顾问品尝+点评+投票（6~7分钟）。嘉宾UP主与顾问上台品尝各队菜品，并进行点评，投票选择本场最爱菜品。

嘉宾UP主和厨师顾问总结环节（6~8分钟）。总结比赛过程中选手的操作优缺点与建议、科普做菜技巧与知识+厨艺小贴士小片。

比赛结果总结（3~4分钟）。汇总各队获得的票数+talk环节+下期预告的小片。

## （八）节目特色

1.第一档融入科普与竞演等多种元素的大学生料理类探索性节目。制作组洞察市场趋势，发现现阶段市场美食综艺主要以竞赛（争霸类）、养生（专家座谈类）、明星（脱口秀类）等类型为主流，而社交媒体上食谱测评短视频发展正呈上升态势，为填补综艺垂类题材空白，拓宽美食综艺的圈层受众，打造美食综艺新范式，本节目定位于以大学生为代表的青年群体，旨在通过中小体量网络综艺的形式弥补大学生在生活技能上的空缺，能够更好地与社会接轨，打破学校与社会、职场与生活的适应壁垒。

2.契合大学生"轻实践、弱生存、乐子人"的群体画像。传统的美食竞技和生活技能科普类节目对Z世代而言已经很难再具有核心吸引力，只有消解掉

"传递知识信息"的严肃语态，将话语权下放至创新化、爱好化、娱乐化的厨房环境，才能重新唤醒青年对生活细节的热爱。节目对创意料理形式不受限，当脑洞大、主意新的大学生走进厨房，又将创制不一样的乐趣。

3.植入B站基因，创建网络生态互动仪式链。与入驻爱优腾芒四大平台的综艺不同，B站作为拥有7000余个兴趣圈层的多元文化社区，具有庞大的Z世代受众群体与良好的小众文化孕育土壤，互动问答、弹幕文化等强互动功能发达。在此基础上开启美食分区垂直综艺的打造，是适应且符合平台气质和受众喜爱的。节目将从形式、功能、嘉宾配置上贴近平台特性，以高品质、新叙事、趣氛围作为节目特点。

4.大学"课堂"再衍生，从形式向内容的多维仿真。节目初拟名为"翻转食堂"，事实上是现实生活中大学常见"翻转课堂"形式的类型外延。节目从潮流语境中摘取出大学生最有感触、能共鸣的课堂模式，并进行综艺的影视化"整活"，从而牢牢抓住青年群体的视点。

### （九）节目风格

1.反转、灵活。节目的核心主要聚焦于"创意"一词，由于大学生选手与成熟厨师相比，在创制经验、菜品搭配上略显劣势，但是在创意转换、灵活变通上能够大开脑洞、敢想敢试。在多元赛制的主导下，选手们面临的挑战和变数会更频繁，这也增加了节目的可看性和趣味性。在菜谱制作单元，能否在选菜环节如愿获得必需菜品，是一大看点；在试错范围较窄、菜品数量有限的情况下，能否把握机会一举成功，是二大看点；而在抽中非熟练菜系时，能否创意发挥充分应对，则是三大看点。

2.幽默、轻松。同时节目所选取的嘉宾也是B站美食区知名的搞笑UP主，具有标志性个人水印和高能整活因子，在一些流量UP主的加盟下，无论是选手创制过程中的"弹幕式"现挂，还是点评过程抛出个性化观点，都存在百变可能出梗出新，使整档节目的风格倾向轻松化、喜剧化。

3.温馨、治愈。根据节目定位，这档美食节目的创制意义并不在于要生硬地灌输生活常识，教大学生如何践行健康理念，以"耳提面命"的形式说教，而是要结合时代情绪，真正地体会"朋克养生"背后的不得已，是生活压力、社会车轮、节省成本多方考量下的结果，将心比心，从而给出结合实际，不悬浮、有实用价值的建议和妙招。因此，节目的底色应该是温馨治愈的，它当以平易近人的姿态走进内心，暖胃又暖心。

4.节奏适中，亲切有共鸣。从节目类型上来看，以美食为切口为嘉宾选手破冰提供了适当通路。美酒佳肴，以御嘉宾。博大精深的饮食文化，早已超越了单纯的果腹之需，而美食恰好最能连接起人与人之间最朴实的情感与共鸣，这是节目从题材类型上开拓出的风格优势。

## （十）节目宣发

以新媒体社交平台宣发矩阵为主，加上大小跨屏传播，台网联动和"线上+线下"辅助。

### 1.社交平台

首先是以微博为主的文娱板块。节目可以通过开设同名认证微博，进行前期筹备、嘉宾录制、节目定档、幕后花絮等系列板块的物料释放。同时设计具有热点、高讨论度的话题词条聚合受众，联合嘉宾的微博账号发布信息为节目引流，具有高粉丝活性的超话和发布路透、录制信息等实时跟进的营销号，都是宣发前期的布局阵地。在筹备阶段，节目预设计选手海选、"民选"推流等高互动性环节，既服务于节目前期的流量蓄势，同时也对推进下一步确定选手环节有所帮助。

其次是微信公众平台。与微博不同，微信作为私域属性更强的圈层性社交软件，具有更好地链接"周边人"的传播特性。而微信公众号上的宣发手段主要分为文稿和视频号两种，后者与短视频平台属性相同，这一部分暂且只讨论文稿类型发布。而这一发布链条主要以时间线为基准，细分为项目启动仪式稿件、拍摄开录启动仪式稿件、首期开播稿件、第二期预热稿、价值解析深度稿、赛段总结稿、收官通稿等，根据实际资金情况进行软文投入和行业公众号的广告投放，从而让节目影响力在行业内外进行深度发酵。

紧接着是小红书这一"种草"图文平台的内容投放。在这一部分需要对节目宣传重点进行调整，不再是微博信息发布和公众号的上宣价值解析，而是应该从节目中捕捉精彩、具有网感的图片，从而打造能驱动受众好奇心实现安利。可预埋的图文包括不限于：神奇海挪场景再现舒芙蕾翻车，UP主"言出法随"，怎么用3种食材完成高质量夜宵的制作等，以及搞怪表情包、大学生的做饭语录、如何摆脱厨房杀手等话题，都可以进行深挖和词条设置。

2.大小跨屏传播

顺应现代人碎片化、迷影化的浅度阅读习惯，节目在传统大屏媒体矩阵的基础上还应着重投入"小屏"，选取节目的高能片段进行短视频制作，让社会议题在抖音、快手、视频号、B站竖屏模式等平台发酵。短视频天然偏好强情绪、强情节、强现实性的话题，在形成一定音量后能带动短视频达人模仿跟拍，自来水效应不容小觑。宣传拟开启"家庭翻转食堂""创意美食赛""厨房学分赛"等分区话题进行创意作品收集，截至每周日播放互动量较高的视频创作者有机会参与进花絮探班节目的录制，与选手嘉宾实时互动。

3."线上+线下"

综艺另一重要的宣发板块是线下宣传。一方面是组织各家自媒体记者参加看片会，通过对节目精彩小片的预览给出前瞻性评价；另一方面是行业外通过城市站点的宣传进行地推，比如可以通过城市限定美食进行活动开发，目前主要限定在地域特色鲜明的一线城市，率先开启北京、上海、广州、成都、长沙、厦门六大城市试点，在第二赛段再通过比赛进程和宣传声量决定是否要下潜至二、三线城市。

### （十一）节目制作要点

在节目的现场拍摄过程中，对选手的拍摄在不同环节中采用不同景别。除去选手亮相环节的全景镜头，在选材、烹饪、点评环节中应以中近景为主。其中烹饪环节中可能包括少量近景和特写镜头以突出选手的心理情绪活动或烹饪过程细节。对嘉宾的拍摄应以中近景与近景为主。中近景用于嘉宾对话环节，近景用于凸显嘉宾面部表情。对主持人的拍摄以中近景为主。同时在拍摄过程中，打光尽量凸显柔和的效果。

节目后期制作过程中需要注意音效和特效两个方面。节目音效中效果声部分以热门游戏提示音效为主，凸显出活泼有趣的节目氛围。音效的背景音部分以节目环节为标准配置：亮相环节以气势磅礴、鼓点强的音乐为主；烹饪环节以急促紧张、鼓点强的音乐为主；点评环节以柔和音乐为主；评分环节以急促紧张、鼓点强的音乐为主。由于节目体量较小，因此需要在后期剪辑过程中多用贴图特效丰富节目画面内容。

### （十二）节目特色

#### 1.赞助商

《翻转食堂》节目赞助商为九阳。由于节目体量小，主题为美食且目标受众为大学生，因此赞助商选择为适合在大学寝室使用的美食烹饪工具出品商。出品商产品应具备廉价、携带便捷、上手难度低、用电量低，赞助商形象应为亲民、好用。综上所述，赞助商选取九阳。九阳品牌主要从事小家电系列产品的研发、生产和销售。其中九阳品牌烹饪工具类产品主要涵盖豆浆机、破壁机、电饭煲、空气炸锅等。九阳品牌烹饪工具类产品贴近平民日常生活、使用与携带简便。预估《翻转食堂》节目赞助费约为300万左右，符合九阳公司体量。对赞助商的体现主要在以下几个方面：

节目舞台设计：在节目舞台设计中包含有多个九阳相关设计。在主舞台大屏幕上将九阳品牌logo作为常驻元素播放；嘉宾座位桌上放置九阳品牌烹饪工具类产品，包括豆浆机与破壁机；节目菜品货架上均匀贴有九阳品牌logo贴纸；主持人题词卡背面印有九阳品牌logo。

节目可视化元素：节目的可视化元素以节目品牌logo为主。节目logo左侧上方带有品牌logo，将其作为节目品牌logo的一部分；节目品牌logo会多次应用于节目中的小片、转场环节以及节目外销售的商品。

节目环节：节目设置的答题环节中，会出现部分与九阳品牌有关的互动问题，有利于赞助商品牌拓宽影响力；在节目的烹饪环节中，节目组提供的烹饪类工具多为九阳品牌产品，且会在节目播出过程中由主持人特别提示。

节目拍摄要点：在节目拍摄过程中，对于九阳品牌logo的拍摄以特写为主，尽量将其放置于画面中心；对于节目拍摄过程中出现的九阳品牌产品的拍摄，会从近景过渡到特写进行拍摄，凸显其品牌。

2.商品化

作为烹饪类节目，《翻转食堂》节目主要卖点在于其专业指导下兼具创新、营养与外观的美食。会将节目中出现的高热度食谱汇总为纸质书或电子书通过线上渠道进行销售，配套以节目嘉宾或选手UP主的教程视频。《翻转食堂》节目食谱主要销售平台为B站、淘宝和京东等。

## 三、人员安排

### （一）主持人选择

《翻转食堂》节目环节较多，内容较为复杂，所以对主持人的专业能力提出了较高的要求。主持人在整个节目过程中要做到既对场上参赛选手与场下嘉宾充分了解，同时在解说比赛的过程中兼顾与选手或者嘉宾的互动环节。

考虑到节目参赛选手以及发布平台，《翻转食堂》节目目标受众在于全国范围内的大学生，因此在主持人的选择上还要考虑到其在全国大学生群体中的风评，同时形象要具有年轻化、个性化以及富有亲和力等特点。主持人的知名度并非选取的首要考量目标。

综上所述，《翻转食堂》节目主持人需要具备以下几个条件：根据节目播放平台的特性，节目主持人首先要符合Z世代审美，追随平台用户"智性"偏好趋势；其次，要具有一定的知名度，能够为节目前期引流；最后也是最重要的一点，要贴近大学生群体，能够充分理解大学生的学习行为方式，和一切看似"反叛"行为背后的潜在动机，这样才能推进节目深层次价值探索，为Z世代提出切实有效、不似说教的中肯提议，完成节目初心使命。

### （二）嘉宾、顾问设置

《翻转食堂》节目嘉宾在节目拍摄过程中要对参赛选手的比赛进行过程与最终作品给出实时点评，并且在节目过程中进行互动环节。

考虑到《翻转食堂》节目播出平台选择在B站且观众以大学生为主，所以节目嘉宾是均为在大学生群体内受众较高的B站美食区UP主。考虑到个人吸引力与粉丝体量，节目嘉宾的选择尽可能以百万粉丝量级UP主为主。

　　《翻转食堂》节目设置共有5个嘉宾，包括2个美食顾问、2个常驻嘉宾和1个飞行嘉宾。美食顾问应该具备丰富的餐饮服务工作经验以及美食节目顾问经历，同时个人形象正面、尽可能年轻，善于沟通交流、语言诙谐幽默。飞行嘉宾会根据当期节目主题为参考，尽可能让其过往作品或拿手作品作为当期节目主题。

### （三）参演人员遴选

　　《翻转食堂》节目的参演人员最主要是节目的参赛选手。参赛选手在节目中的环节主要涉及赛前+赛中+赛后采访、各类小片拍摄、商业化执行以及演播室现场全部环节的拍摄。

　　节目参赛选手是来自B站的各个UP主，年龄段主要以大学生为主，粉丝体量大概在千到万量级。参赛选手数量为18人。为保证节目竞赛公平性与观赏性，参赛选手应均为业余水平，尽量规避职业厨师参加节目。为了尽可能提高节目新鲜感和多元性，18名参赛选手中尽可能涵盖较多美食领域。节目在预热期将与B站进行合作，在首页投放宣传版，UP主可通过此链接进行报名参加预选，在预选大名单拟定后，粉丝可通过线上投票的方式将支持的UP主投入最终的18人参赛阵容中。

### （四）节目组人员

　　《翻转食堂》节目全部12期节目中最多情况下同时设置有13个摄像机位。13个摄像机位具体可分为8个拍摄舞台上4组选手（一个全景、一个中近景），5个拍摄机位分别面对5位嘉宾。因此在摄像人员的布置上最多需要13人。在节目当期同时有3组选手在场上时需要11组摄像机位，11个摄像师；当期有2组选手同时在场上时，需要9组摄像机位，9个摄像师。

　　节目的机位设置如下：

《翻转食堂》节目拍摄机位图

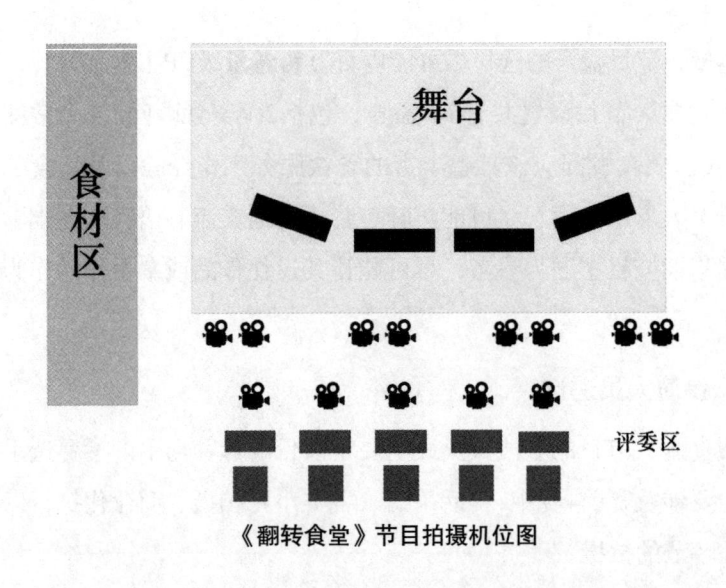

（图片来源：团队自制）

在节目拍摄过程中，评委镜头在评委出镜较少的环节中可以客串安全镜头的机位，负责拍摄舞台的大全景。除摄像人员的设置以外，节目摄制组的其他人员安排情况如下表所示：

《翻转食堂》节目制作人员构成表

| | |
| --- | --- |
| 总策划 | 2人 |
| 策划 | 2人 |
| 营运总监 | 1人 |
| 总导演 | 1人 |
| 导演组 | 3人 |
| 导演助理 | 3人 |
| 舞台监督 | 1人 |
| 策划统筹 | 1人 |
| 导播 | 1人 |
| 摄像 | 13人 |
| 音效 | 1人 |
| 技术统筹 | 1人 |
| 舞美 | 1人 |
| 灯光设计 | 1人 |
| 电脑等设计 | 1人 |

续表

| | |
|---|---|
| 音频 | 2人 |
| 视频 | 5人 |
| 造型 | 1人 |
| 项目经理 | 1人 |
| 制片 | 1人 |
| 后期制作 | 2人 |
| 后期统筹 | 2人 |
| 技术监制 | 1人 |
| 技术总监 | 1人 |
| 营运统筹 | 3人 |
| 宣传组 | 5人 |
| 制片人 | 1人 |
| 监制 | 1人 |

# 案例二：

# 《慢慢喜欢你》节目制作宝典

## 一、概念规划

### （一）节目基本信息

1. 节目名称：《慢慢喜欢你》

2. 节目类型：年轻人交友恋爱真人秀节目

3. 节目期数：周播；单集90分钟；共12期；每期附加会员加更版

4. 播出平台：爱奇艺

5. 播放时段：每周五晚8：00更新

6. 目标受众：90后、00后的婚恋适龄男女

### （二）节目定位及立意

《慢慢喜欢你》是一档在快速发展时代中，以年轻人享受慢慢交友恋爱为主题的真人秀节目。旨在展现当代年轻人的爱情观和恋爱方式，以及年轻人恋爱的特殊性和独特经历。

1. 背景分析

"政策说明"——针对我国青年发展现状，中共中央、国务院印发的《中长期青年发展规划（2016—2025年）》提出[①]，青年在婚恋、社会保障等方面需获得更多关心和帮助，为此要树立起更加文明、健康、理性的青年婚恋观，

---

① 中国共产党中央委员会.中长期青年发展规划（2016—2025年）[EB/OL].（2017-04-13）[2024-05-01]https://www.gov.cn/zhengce/2017/04/13/content_5185555.htm#1。

发挥大众传媒的社会影响力，进一步传播正面、积极的婚恋观，形成积极健康的舆论导向。(中华人民共和国中央人民政府，2017)

"不谈恋爱"——2020年国家统计局发布的调查数据显示，2019年我国单身群体总人数达2.17亿，且人数仍在增加（国家统计局，2020：116-119）。新浪微博单身成年人口超2亿的话题阅读量高达7.7亿（新浪微博，2021），反映出社会各界对单身群体增长问题的高关注度。[1]

"畸形恋爱"——"快餐式恋爱"是指追求速度和即时满足感的恋爱模式，通常表现为关系发展迅速，对于传统的长时间交往和深入了解的方式不太依赖，具有快速恋爱，以及短时间内分开等特点。具体表现为"迅速的发展速度：快餐式恋爱倾向于在短时间内迅速升温，从相识到确定关系往往较为迅速，减少了传统恋爱中长时间的磨合阶段。依赖社交媒体和网络平台：快餐式恋爱往往通过社交媒体和在线交友平台展开，人们更容易通过这些渠道迅速结识新的潜在伴侣。注重外在因素：外貌、社会地位、经济条件等表面因素在快餐式恋爱中可能更为突出，因为在有限的时间内难以深入了解对方的内在品质。注重瞬间体验：快餐式恋爱强调瞬间的感觉和体验，注重快速产生浪漫或刺激的情感，而非通过长时间相处逐渐建立深厚的感情。"

本节目将通过打破"恋爱滤镜"和"恋爱难题"，进一步激发青年观众对浪漫爱情的憧憬，同时使青年人暂时从真实婚恋困境中抽离出来，凝视他人的恋爱故事并从中获得主位控制和实践感，让青年人进一步主动沉醉于节目中。[2]通过设置多个环节，通过真实的案例，向社会展示丰富不同但积极向上健康的恋爱状态和心态，让更多的年轻人敢于追求自己的爱情，不受社会和家庭的压力和束缚，也不陷入功利和相亲的急功近利，而是享受恋爱的过程和结果，培养自己的情感和人格，年轻人积极开展正能量恋爱，提高对爱情的向往感和幸福感，同时也传达恋爱的美好和责任，男女双方都可以从恋爱中获益良

---

[1] 田雪青，王毓川，张晨明. 城市单身青年恋综"上头"的逻辑与影响[J]. 当代青年研究，2023（01）：66-75。

[2] 田雪青，王毓川，张晨明. 城市单身青年恋综"上头"的逻辑与影响[J]. 当代青年研究，2023（01）：66-75。

多、共同进步、度过更有意义的青春，为未来的婚姻和家庭打下坚实的基础。

2.节目优势

表1 竞品分析

| 节目名称 | 节目人员 | 节目环节 | 观众作用 | 节目本质 |
| --- | --- | --- | --- | --- |
| 非诚勿扰 | 每期5位女嘉宾，24位固定男嘉宾（1:24模式） | 每期直接播放VCR短片，通过短片和舞台接触了解对方性格，节目上直接选择 | 仅作为观众去观看相亲娱乐类节目 | 一种大众相亲，虽有娱乐效果，但更多时候谈的不是爱，而是家庭和物质条件 |
| 慢慢喜欢你 | 每期2位女嘉宾，4位男嘉宾（1:2） | 每期节目前设置前期了解环节，通过线下接触了解对方，并在节目上复盘选择 | 观众拥有思考的权利，根据自己的经验发表看法，通过磕CP投票的方式来增强参与感 | 本质上是现代人谈恋爱思想和方式的规劝和建议，是教会年轻人不要恋爱脑、不要不敢谈恋爱，要用正确的恋爱观和全面看问题的方式去选择恋爱，慢慢接触，多方思考后慎重选择 |

节目制作方在设计节目时通过多个AI大数据模型，进行嘉宾选择——丰富角色的生活属性，打破对嘉宾人设、外形的固化选择和设计，加入不同生活背景和身份属性的节目嘉宾，更加真实地贴近青年群体的生活环境，减少对专业演员的依赖，使节目脱离"表演"属性，还原真实恋爱场景。节目内容同时兼顾社会文化语境和个体差异化观看的需求，找准自身定位，将个体与社会紧密联系在一起，在被建构的虚拟亲密表象与现实生活间寻找平衡。①

---

① 田雪青，王毓川，张晨明.城市单身青年恋综"上头"的逻辑与影响[J].当代青年研究，2023（01）：66-75。

## （三）受众分析

### 1.目标受众

年龄：集中在年青一代的观众群体中，主要集中在18~30岁。这一年龄段的观众通常是在大学阶段或者刚刚进入职场，对于恋爱、情感、人际关系等话题比较感兴趣，同时也渴望在日常生活中与同龄人交流、分享和互动。节目围绕校园恋爱展开，更吸引同龄人。

性别：以女性为主。这与女性在恋爱、情感、人际关系等话题上的关注度更高有关，她们在社交媒体上的活跃度和参与度也较高，因此在节目中也占据了一定的观众比例。

城市分布及受教育程度：主要分布在中东部城市。在一二三线城市，人们的文化素养和教育水平相对较高，对于恋爱、情感、人际关系等话题的关注度和认知度也相对较高。同时，这些城市的年轻人在工作、生活上的压力也较大，因此他们更倾向于通过下班后观看这样的节目来放松身心、交流情感。

受众职业以白领、学生和自由职业者为主：白领、学生和自由职业者通常比较注重个性和自由度，对于恋爱、情感、人际关系等话题比较关注，同时也具备一定的消费能力和时间来观看节目。

婚恋状态：大多数处于单身状态，也有一定比例的已婚或恋爱受众。节目的主题和内容主要围绕着恋爱、情感、人际关系等展开，对于单身状态的观众来说，他们更有可能关注和参与到节目中来寻找恋爱机会和交流情感。

### 2.受众心理分析

"磕CP"是当前网络同人文化中备受追捧的流行语，其中的"CP"指的是coupling（配对），表示受众将不同来源的人物（例如，来自小说、电影、电视或现实世界）进行配对的行为和过程。CP粉通过各种同人作品和日常互动，传递和分享彼此的情感体验，构建了一个充满活力、实践性和生产性的情感空间。

这种互动性使得观众与内容之间产生密切联系，而CP粉群体易于形成社群，同人CP的创作虽然源自个人的想象力，却往往涉及共同喜好某一对CP的趣味社群文化共享。这个社群的规模和结构因CP的类型和影响力而异，形成了网络社交社区，即在一些较大型的网络社交平台上根据个人兴趣组成的兴趣社区，例如微博超话、LOFTER、豆瓣小组、Bilibili等。因此，本节目通过巧妙设计"观众投票显示CP值"环节，采用移动座椅具象化的方式，强调CP粉看到自己"CP"行程的过程，引导并增强互动、强关联的受众群体。这种设计不仅提供了一种视觉上的参与感，还将节目与CP粉的独特文化相融合，使节目在情感共鸣和互动性方面更具吸引力。通过这样的创新设计，节目可以有效地为受众提供一种全新的观看体验，使其更加沉浸于磕CP的乐趣中。

### （四）节目模式

节目采用以嘉宾配对为固定板块，并搭配其他飞行板块进行的年轻人交友的节目模式。以下是对其节目模式的阐释：

1.固定板块（配对板块）：在演播室中，在3位嘉宾中进行二选一的交友配对实施该节目的固定板块。其中设置多个环节，让嘉宾之间和观众对场上嘉宾进行充分的了解，采用为自己选定的"CP"进行投票配对的核心板块。

2.飞行板块（相识板块）：除了投票配对的核心板块，节目还搭配其他飞行板块，以提供更多元化的内容。这些板块可以有不同主题，例如，第一次见面互相了解设计、不同的见面形式、不同的拍摄视角如"女嘉宾第一视角"的Vlog、出行中设计探索任务卡等，增进男女嘉宾了解的同时，增强观看节目的趣味性和互动性。

3.专业分析：尽管节目采用观众"磕CP"投票拉近嘉宾的形式，但仍会保持专业感情咨询师的分析水平。主持人和嘉宾们会结合自己的知识和经验，对女性嘉宾和两位男性嘉宾相处的片段进行深入地分析和讨论。这样可以为女嘉宾甄选出更合适的嘉宾，提供专业的观点和深度的分析，增加节目的可信度和权威性。

综上所述，通过科学数据匹配、多元化的飞行板块、多媒体互动和多平台覆盖等元素的结合，节目旨在为参与嘉宾提供恋爱机会，为观众提供丰富多彩的"磕CP"体验，增加观众的参与感和忠诚度，并提升节目的影响力和传播效果。

**（五）节目特色创新点**

1.IP设计——圆圆

（1）形象定位。对标现代化"月老"、中国式"丘比特"，作为"现代化爱神形象"，作为节目的形象IP，承载了现代社会中对于家庭、爱情和幸福的向往，同时也是一位现代化的爱神形象。这个形象具有亲和力，能够引领人们追求美好的婚姻生活，传递正能量和温馨的情感。

（2）形象展示图

图1　形象定位图

（图片来源：AI生成）

形象设计说明：以中国国宝熊猫为IP核心的设计蕴含了丰富的文化内涵，结合卡通形象和符号元素，既突显了中国特色，又营造了一种浪漫、有趣的氛围。

（3）设计理念

采用国宝熊猫：选用中国国宝熊猫为IP核心，旨在突显中国传统文化和可爱元素的结合。卡通形象的熊猫不仅令人喜爱，还通过"熊猫"作为特定符号传达着深厚的文化寓意和民族特色。

竹子象征缘分：灵感源自"丘比特之剑"和"月老红线"，设计中采用竹子作为纽带，象征着缘分和爱情的联结。竹子两端分别触碰过的两位有缘人，将被赋予爱神的祝福，为设计注入浪漫、神秘的氛围。

红心表达爱情：通过直接使用红心来展示爱情，设计简练而直观。通过"爱心震动"和"爱心飘动"等表现手法，巧妙地捕捉心动瞬间和CP感，为形象增添了生动而有趣的元素。

（4）设计亮点

文化传承：通过国宝熊猫，可以成功传达中国传统文化的价值观，弘扬缘分和爱情的美好。

浪漫趣味：卡通形象和竹子红心符号的融合，创造了一种既有趣又浪漫的氛围，吸引着观众的目光。

情感表达：通过"爱心震动"等表现手法，形象生动地传递了心动瞬间，在嘉宾友爱互动过程，可以通过"小爱心飘动"的方式，展现爱情的美好瞬间。

这一设计理念以其独特而富有创意的方式，成功地将中国元素与爱情主题结合，为形象赋予了深刻的内涵和令人难以忘怀的特色。

（5）形象命名说明

取名为"圆圆"的原因有着深刻的文化内涵和现代生活的连接。

以"缘分"为设计初衷：中国传统文化强调缘分，取名中使用了"yuan"的音，寓意着缘分之美。这传达了对缘分和人际关系的尊重，展现了一种注重情感纽带的设计理念。

融入团圆美满寓意：在中华文化中，团圆一直被视为一种珍贵的情感和价值。取"团圆"的圆为"yuan"的写法，深刻地体现了中国人对家庭和亲情的向往，作为象征姻缘IP的名字，使其更富有浪漫和温馨的氛围。"团圆之约"

不仅代表着家庭成员之间的团聚，更寓意着两个人之间的美好约定和共筑的未来。这个名字充分表达了中国人对于婚姻、亲情和幸福生活的向往，为一个温馨、幸福的家庭创造了美好的期许。这个设计巧妙地结合了传统文化与现代价值观，为名字赋予了更丰富的内涵。

（6）形象应用场景

参与嘉宾互动中作为引导、节目环节切换中，作为扫画形象、赞助商播报中，作为AR虚拟展现在演播室中。

2.科技应用——AI大数据智能匹配

节目组将运用AI大数据匹配模型，经过以下步骤，为女嘉宾精选几位符合其择偶标准的男嘉宾，确保嘉宾能够从中选择心仪的对象进行细致筛选。

数据收集：首先需要收集指定区域男性、女性的大量数据，包括但不限于个人特征、兴趣爱好、性格特点等，这些数据来源于线上线下发布的调查问卷。同时，在收集信息的时候要注意尺度，保护隐私。

数据预处理：对于收集到的原始数据，需要进行数据清洗、去重、标准化等预处理工作，以确保数据的准确性和一致性。

特征提取：从预处理后的数据中提取出与理想型相关的特征，这些特征可以包括个人品质、外貌特征、兴趣爱好等。

模型构建：使用机器学习算法，如决策树、神经网络等，构建一个分类模型。该模型将根据输入的特征，预测每个个体的理想型。

模型训练：使用已知标签的数据对模型进行训练，以优化模型的准确性和泛化能力。

预测与推荐：对于新的个体，可以通过输入其特征到模型中，得到预测的理想型推荐。

评估与调整：对推荐结果进行评估，根据评估结果对模型进行调整，以进一步提高推荐准确度。

## （六）演播室舞美

节目的主题为"交友恋爱"，因此设计独特的座位布局——男女嘉宾的座椅呈现一个半心形。这象征着各自的心灵空间。观众通过投票方式表达对于潜在CP的看法，以推动2位男嘉宾座椅分别靠近或远离女嘉宾座椅，呈现CP值的高低。

这一独特设计使得观众能够以视觉方式感知潜在情感关系的发展。座椅的距离变化直观地反映了观众对男女嘉宾关系的喜好程度，为节目注入了一种富有互动性和参与感的元素。

在最后的决策环节，女嘉宾将有机会选择心动的对象。若双向匹配成功，女嘉宾的心形座椅将主动向男嘉宾的座椅靠拢，最终呈现出一个完整的"心形"，象征着情感的契合和完美地匹配。这一设计巧妙地融合了座位布局与情感互动，为节目注入了浪漫而富有戏剧性的元素，使观众能够亲历婚恋的甜蜜时刻。

以下为概念图：

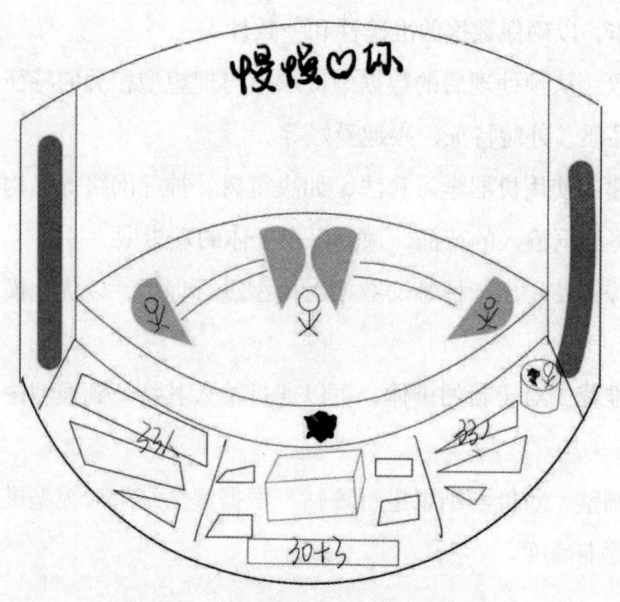

图2 《慢慢喜欢你》演播室图

（图片来源：团队自制）

## 二、内容规划

### （一）节目编排

1.男女嘉宾匹配

（1）男生感兴趣确定：男嘉宾通过对女嘉宾资料/心动关键词进行选择，AI大屏喜欢就右滑，AI根据女生确定的第一顺位择偶条件筛出6个符合条件的"右滑"的男嘉宾。

（2）女嘉宾感兴趣确定：确定后筛选出"6位男嘉宾"，AI将提供星座、星盘、MBIT配程度的大数据分析，同时将分别提供每位男嘉宾的关键词，女嘉宾根据自己的链接情况选择出"2位"。

（3）出行：被选择的2位男嘉宾设计出行内容，分别邀请女嘉宾进行出行计划，节目组跟随录制。

（4）出行后：双方都进行后采，对对方的印象，确定是否继续接触。

（5）全部"是"：进入演播室录。

2.前期出行

女嘉宾会分别收到2位男生的邀请，前往男方策划好的出行地点，进行线下4小时的相处。出行地点可以是男生的学校、在这座城市里最常去的场所、一直想去但还没有机会去的地方。在出行中，能够给双方提供一个相处的机会，通过完成节目组布置的几项随机任务，男方策划给女生的出行环节和惊喜等来试图擦出双方爱情的火花，不仅加速双方了解，也让观众们看到了爱情的美好。但在这个环节，男女嘉宾最好不要谈及过多的身份背景信息，在出行之后到演播室节目录制当天都不能私下联系。

### （二）主体部分——演播室

1.开场【5分钟】

（1）放映先导片，主持人上台+开场白，通过幽默风趣的语言和互动方式拉近与观众的距离，为节目营造轻松愉快的氛围。【2分钟】

（2）请出单身女嘉宾，通过简短的介绍让观众对女嘉宾有一个初步的了

解。女嘉宾上场后进行简单自我介绍。（如，名字、年龄、学校、专业等）

（3）播放女嘉宾小片，通过视频的形式让观众更加了解女嘉宾的成长经历、兴趣爱好等方面的内容。

（4）并播放选角小片：前期女嘉宾在节目组准备的6位男嘉宾中根据AI计算的MBTI等数据选择两位最有好感的男嘉宾。【3分钟】

2.节目主体

第一环节：爱的相识【6分20秒】

男嘉宾入场进行简单自我介绍（如，名字、年龄、学校、专业等），展示自己的个性特点和魅力。

播放男嘉宾VCR，女生通过男嘉宾小片能够加深对他们的了解，同时观众通过VCR内容可以对男女生适配度进行投票来拉近他们的物理距离，增加节目互动性。【6分钟】

观众通过爱之初印象进行投票【20秒】

第二环节：坦白局【16分20秒】

播放女生分别与两位男嘉宾线下相处片段，线下出行由男嘉宾策划，节目组做准备工作，通过现场拍摄的方式展示男女嘉宾在线下出行的真实互动和相处情况，让观众更加了解他们之间的感觉。【8分钟】

男女嘉宾坦白局，分别讲述自己对于这次出行的评价，有哪些方面是比较加分的行为，哪些没有照顾到对方情绪或者感觉双方理解有偏差的地方，同时嘉宾观察团成员对这次出行进行自己的评价，由此提出一些提高恋爱幸福感的tips。【8分钟】

观众根据两人CP感进行第二轮投票，让观众参与到节目中来，提高节目的观赏性和话题度。【20秒】

第三环节：摊牌局【6分钟】

由主持人提出3个话题，由男女嘉宾表达每个话题各自观点和自由问答。通过这种方式，让男女嘉宾更加深入地了解彼此，同时也让观众了解到他们更多的信息。

嘉宾对相关问题和回应进行回复总结，让观众更加了解他们的观点和看法。同时观众根据讨论进行投票。

第四环节：爱的冒险【5分钟】

通过互动环节让男女嘉宾增加彼此好感度，帮助女嘉宾了解自己的内心。例如对视游戏等。

观众通过男女嘉宾互动进行投票。

第五环节：爱的终选择【5分钟】

至此，由投票显示CP值代表的椅子挪动停止，通过现场大屏幕、环带显示中观众和现场嘉宾认为的匹配度，让观众更加直观地看到投票结果。

女生根据内心直觉参考匹配度进行最后的抉择。通过座椅移动，最后女嘉宾和男嘉宾相聚，为节目营造出一种紧张而温馨的氛围。

两人牵手走下座椅发表感言，表达他们对节目的感谢和对未来的期待。

主持人和嘉宾表示祝福。

结束环节【3分钟】

两人走下舞台，进入后台进行采访，让观众更加了解他们的真实想法。节目组为他们送上牵手成功的礼品，表达对他们的祝福。

3.节目加更部分

在每期加更版中放出最终牵手的男女嘉宾在前期出行环节的全部过程，增加节目的后续影响力。

最终成功配对的男女嘉宾将会获得由节目组准备的度假旅行，旅行过程中将会拍摄旅行Vlog并发布在全平台个人社交账号，增加节目影响力的同时给观众更多的糖点。

（三）观众互动

本节目计划邀请96位观众和3位特邀飞行嘉宾。其中，3位飞行嘉宾包括一对明星情侣和一位单身明星。观众分为三个年龄段，每个年龄段有32位观众，具体为18～30岁、31～50岁和51～65岁。

分组的标准是根据我国目前的平均婚育年龄在30岁左右，以30岁为分界线。30岁以下的观众构成同龄人组，他们将从同龄人的角度审视台上嘉宾的婚恋观点以及对男女嘉宾的认同评级情况。30岁以上到50岁的观众被认为是"过来人"，他们在子女成长、婚姻稳定或破裂等方面具有丰富的经验，将从这个视角看待男女嘉宾之间的匹配情况。而在30岁左右生育后的20年后，子女即将或已达到恋爱适婚年龄，观众将以长辈的角度审视男女嘉宾的匹配情况。

3组观众将以不同的视角观察舞台上的嘉宾，并在每一环节进行投票。观众可以选择弃票，或者将自己心目中更合适的一对嘉宾赋予CP值。CP值的高低将影响两位男嘉宾半心形座椅朝女嘉宾挪动的位置，距离女嘉宾的远近。与此同时，舞台下的环带和观众两侧的LED屏幕将实时显示CP值。舞台下的环带左右移动表示哪对组合的CP值更高，而左右两侧的屏幕将分别显示2组嘉宾的CP值高低。

每位观众仅有1票，在最终环节前可进行来回倒戈。

### （四）小片内容策划

1.个人小片内容

自我介绍：嘉宾的自我介绍，包括年龄、职业、兴趣爱好等信息。

家庭背景：播放嘉宾的家庭背景，如家庭成员、家庭经济状况等。

教育经历：展示嘉宾的教育背景，如学历、学校、专业等。

感情经历：播放嘉宾过去的感情经历，如恋爱次数、分手原因等。

性格特点：介绍嘉宾的性格特点，如开朗、温柔、独立等。

爱好和特长：展示嘉宾的爱好和特长，如唱歌、跳舞、做饭等。

个人价值观：播放嘉宾的个人价值观，如对事业、家庭、生活的看法等。

社交圈和生活状态：展示嘉宾的社交圈和生活状态，如朋友圈。

2.出行小片主题示例

共享美食：品尝当地特色美食，或者一起去烹饪美食。

户外活动：参加户外活动，如徒步、骑行、攀岩等。

文化活动：参观博物馆、艺术展览、音乐会等文化活动。

运动活动：去健身房、打篮球、游泳等运动活动。

休闲娱乐：看电影、唱歌、跳舞等休闲娱乐活动。

## （五）选角规划

1.选角导演前期在微博、抖音、小红书、微信公众号上进行报名招募，根据收集上来的资料按照不同地区进行分配，通过以上要求后再进行基本背调。

2.选角导演在抖音和小红书中寻找知名度较高、有粉丝基础且最具话题度、黑料少的男女博主，与其沟通节目立意和流程，询问其是否有参加节目的意愿。

3.选角导演进行两次面试，第一次线上面试，简单介绍个人身份信息、性格以及情感经历。第二次线下面试，具体和嘉宾面对面沟通，深入了解嘉宾性格和对现实情感风向的思考。

4.选角导演组深入嘉宾的日常生活中，近距离了解男女嘉宾的性格、人品和真诚度，以降低节目风险。

5.选角导演组基本确定嘉宾信息后，根据地区筛选进入素人人才库。根据每期节目选择不同地区的嘉宾，让男嘉宾选择6个自己的关键词概括自己的个人信息、性格特点、情感经历等。女嘉宾提供6个择偶标准，例如身高、学历、情感经历、颜值、经济能力、家庭方面等，按照顺位确定好。

# 三、话题探讨

在第四环节的"摊牌局"中，我们精心准备了一系列富有话题性和深度的问题，旨在帮助男女嘉宾深入了解彼此的三观，以及梳理他们是否合适成为伴侣，包括但不限于以下几点：

## （一）爱情的多面性探讨

问题不仅限于单一的浪漫或激情，而是涉及爱情的多个层面，包括互相理解、支持、付出和牺牲等。示例话题是："选择我爱的人是给自己制造伤口，选择爱我的人是给自己一副盔甲"，探讨了爱情中的付出和牺牲。

## （二）爱情的复杂性和矛盾性关注

节目中多个环节与人工智能相契合，其中一个问题引人深思："爱人离世，你会把TA的记忆交给AI吗？"此问题不仅关注了爱情的复杂性，还与AI相关的节目环节形成了有趣的联动。

## （三）两人对未来的思考关注

我们根据校园恋爱展开，提出了一个关于未来规划的问题："有人说毕业季即分手季，当毕业后两人对未来规划不同时会怎么选择？"这个问题更关注校园恋爱的真实问题，引发共鸣，同时帮助男女嘉宾更明智地做出选择，摆脱快餐式恋爱。

## （四）个人经验和观点强调

我们提出了一个关于大学开恋爱必修课的问题："大学开恋爱必修课，你支持吗？"这个问题鼓励嘉宾基于自身学校经验和对校园爱情的看法来分享观点，使得话题更具真实感和可信度。

## 四、演播室布局

根据节目的需求和拍摄需求，将演播室划分为以下几个区域：主舞台、观众区和观众互动区、控制室和导演区、后期制作区和化妆区。每个区域功能设计如下：

## （一）舞台布置

舞台采用半圆形设计，象征着爱情的无限可能。舞台背景采用浪漫而明亮的粉色系，设置一些浪漫的装饰物，如花朵、心形气球、照片墙等，以增强恋综的主题氛围、突出年轻化有活力的大学生恋爱特色。舞台两侧各设有LED屏幕播放两位恋爱日常和互动环节的弹幕展示。中间设置四个灵活可移动的座椅，分别给两位男嘉宾、女嘉宾和主持人。随着观众投票数的增加，两位男嘉宾座椅会向女嘉宾方向移动，在视觉上直观呈现优胜之势。舞台侧边设置观察区，提供沙发座椅给专业嘉宾、飞行嘉宾和每期的特邀嘉宾组成的观察团，营造一个温馨而舒适的观看环境。

## （二）灯光设计

舞台主灯光采用柔和的灯光来营造浪漫而温馨的氛围，同时在舞台的两侧和上方设置一些辅助灯光，以增加演播室的立体感和层次感，采用不同的颜色和亮度来突出不同时间内嘉宾的情感变化和互动。选择一些浪漫、温暖、柔和的颜色，如红色、粉色、紫色等，通过调整灯光的滤色片或LED灯光的色温来改变颜色，以突出节目的情感氛围。根据舞台和嘉宾的位置，合理设置灯光的投射角度和强度。可以使用主灯、侧灯和逐渐渐变的灯光效果，以突出嘉宾情感的变化，营造戏剧感和舞台效果。

## （三）机位设计

在机位设计上，遵循实用原则，追求高性价比，尽量在有限的预算内达到最好的录制效果，我们共设置12个机位，具体分配如下：1个大全景机位、2个观众机位（不拍观众画面时可以去拍台上嘉宾们的特写镜头）、台上4个机位（3位心动嘉宾和1位主持人各配备1个）、旁边观察区给观察团配4个机位、1个摇臂机位。

## （四）观众席

该区域是观众观看节目和参与互动的主要区域，观众席设置在舞台的两侧和前方，方便观众观看和参与互动。采用阶梯式设计，保证观众的视线和舒适度。在观众席配置道具如可亮灯的玫瑰花道具、电子投票器等，以增加观看体验和互动效果，方便后续环节的推进。

## （五）控制室和导演区

该区域是控制室和导演监控、指挥节目的主要区域，包括控制室和导演席。在舞台的侧面或后方设置控制室，配备先进的音频和视频设备，以便对节目进行实时监控和调整。控制室内设置调音台、音频处理器、监视器和视频切换器等设备。在控制室的附近设置导演席，配备大屏幕显示器和监视器等设备，以便导演能够清晰地看到节目的拍摄情况和细节。导演席设置在离舞台较近的位置以便于导演监控和指挥节目。

### （六）后期制作区和化妆区

该区域是后期制作和化妆的主要区域，包括后期制作室和化妆间。后期制作室设置在演播室的附近，方便后期制作人员对节目进行剪辑和处理；化妆间设置在舞台的后方，方便化妆师为嘉宾化妆，也方便嘉宾上场。

总的来说，此档节目的演播室设计旨在突出恋综的主题和氛围，通过舞台、灯光、道具和装饰等元素的组合，打造出一个浪漫而温馨的演播室环境，让观众能够更好地沉浸在节目中，感受到青春爱情的美好。

## 五、营销规划

**1.Consumer（顾客）**

节目的受众群体主要是大学生和年轻人，因此对于节目来说，顾客的需求和利益是至关重要的。了解年轻受众的喜好和心理需求，节目可以设计针对他们的内容和互动环节，让受众感到参与和共鸣。营销策略可以通过社交媒体、校园宣传和线下活动等多种途径，吸引年轻受众的关注和参与。

**2.Cost（成本）**

营销策略需要考虑到适当的成本投入，使节目能够达到足够的曝光和观众吸引力。通过与合作伙伴的联合推广以及创新的推广方式，例如制作有趣的宣传视频、推出有吸引力的参与互动活动等，以较低的成本吸引更多的关注和参与。

**3.Convenience（便利）**

为了让受众能够更便捷地获取信息并参与节目活动，营销策略可以通过建立官方网站和社交媒体平台，提供便捷的观看方式和参与互动的渠道，使受众无论在校园还是在社交媒体上都能轻松地获取到节目信息并参与其中。

4.Communication（沟通）

及时、有效地与受众进行沟通和互动是营销策略的重要环节。节目可以利用线上直播、互动投票和评论互动等方式，增强与受众的互动交流，促进节目品牌形象的建立和受众忠诚度的提升。同时，通过精准定位和个性化推荐，让受众感受到被关注和被理解，从而进一步提高参与度。

## 六、时间轴规划

表2　时间轴规划

| 时间轴 | 节目预热 | 节目上线 | 二次传播发酵 |
| --- | --- | --- | --- |
| 抓手 | 硬广/报名线上线下活动 | 热点发酵/话题营销 | 自媒体二次传播 |
| 关键动作 | 社群媒体传播（微信/公众号/微博/小红书）<br>话题预热（短视频/话题/预约开播提醒） | 预热的热点发酵<br>嘉宾营业 直播间开播<br>和观众一起看/聊天互动 | 节目cut/自媒体/解说/后续营业<br>站外配合传播（微博/小红书/B站） |
| 核心内容 | 站内硬广资源<br>线上话题预热<br>线下活动进高校 | 节目热点话题<br>营销内容<br>嘉宾互动直播营业 | 站内外 自媒体/剪辑号/娱乐/明星本人/嘉宾 |
| 营销目的 | 扩大节目在高校知名度 | 观点输出、热点发酵 | 加强长尾效应 |

### （一）前期准备（1~2周）

在节目的策划阶段，我们首先要确定节目的核心理念和主题。我们将以当代年轻人的恋爱观和婚恋需求为切入点，打造一档充满活力和互动的恋爱综艺节目。同时，我们将注重节目的教育性和引导性，通过专业嘉宾的解读和分享，帮助大学生以及他们的亲友更好地理解和处理恋爱中的各种问题。

在确定节目理念和主题后，我们将开始制定节目的整体规划。包括节目形式、嘉宾选择、节目流程、后期制作等方面。我们将选择具有丰富经验和专业知识的制作团队，以确保节目的质量和效果。

为了提高节目的知名度和关注度，我们将邀请一些具有影响力的主持人和专业人士作嘉宾，例如李好、黄菡等。同时，我们还可以邀请一些明星剧宣CP和上一期的成功牵手CP作为飞行嘉宾，增加节目的吸引力和互动性。

在宣传方面，我们将制作一些精彩的预告片和宣传海报，通过微博、小红书等社交媒体平台进行广泛宣传。同时，还联合赞助商如海底捞、瑞幸等开展联合宣传活动，通过发行优惠券等方式吸引更多的观众关注我们的节目。

### （二）宣传推广（2~4周）

在宣传推广阶段，我们将通过多种渠道进行广泛宣传。

首先，我们将联合赞助商开展线下宣传活动，通过在各大高校摆摊的形式吸引更多的大学生关注我们的节目。【高校飞行计划】：因为每期节目我们都会选择一个定向的地区，并且选择优质男女嘉宾。所以在宣传推广阶段，可以走入各地区著名高校，将筛选嘉宾和宣传节目相结合，邀请大家扫码填写报名表，发朋友圈或在社交媒体相关话题下发帖宣传，可以获赠赞助商小礼品或代金券，为我们丰富了嘉宾库的同时扩大了节目在高校间的知名度，打通了线上线下的宣传渠道。

其次，我们还将通过微博、微信等社交媒体平台发布节目相关的录制花絮和幕后故事，与受众进行互动，引导他们关注节目的最新动态。

再次，我们还将利用热门话题和网络热点进行宣传推广。例如，我们可以围绕节目的某一期主题或嘉宾制造热门话题，吸引更多的人关注和讨论我们的节目。同时，还可以利用直播平台进行节目现场互动和观众抽奖活动，增加观众参与度和观看时长。

最后，为了提高观众的参与度和黏性，我们还将通过线上购票系统或抽奖活动推出观众线下见面会等互动活动。让观众可以近距离接触到嘉宾和主持人，增强他们对节目的忠诚度和喜爱度。

### （三）热播期：节目播出及推广（每期节目播出前后）

在每期节目播出前后，采取一系列措施来吸引观众的关注和参与，增强节目的互动性和热度。以下是一些策略：

1.制作精彩预告片段和特别节目

在每期节目播出前，我们将制作精彩的预告片段，展示本期节目的亮点和看点。这些预告片段将在各大社交媒体平台和视频网站上广泛传播，吸引观众的关注。同时，我们还将制作一些特别的节目，如嘉宾的专访、幕后花絮等，为观众提供更多元化的内容。

2.发布社交媒体内容和剧透猜测

在节目播出过程中，我们将利用社交媒体平台发布一系列关于精彩剧情透露和邀请观众猜测情节的内容。这些内容可以引发观众的兴趣和讨论，增加他们对节目的关注度。同时还可以通过前期调研采纳受众的反馈，及时调整和优化节目的结构与环节设置，持续产出优质的内容，打造更多的营销话题，确保节目的热度、活力与生命力。就像《权力的游戏》播出期间，通过社交媒体平台发布一系列关于剧情透露和邀请观众猜测的内容，引发了观众的热烈讨论和关注。

3.CP售后—入驻平台

每期节目我们邀请到的几位男女嘉宾其实都是比较有代表性的新时代青年，他们有着不同的性格特点、家庭背景、成长经历……除了在节目中展示的短短几十分钟，我们更希望向大家呈现嘉宾们立体生动的形象，也想让大家看到牵手成功的嘉宾们后续的恋情进展。于是我们计划让CP签约入驻平台如小红书、抖音等，在节目播出期间和播出后，以自己的视角来向大家展现他们美好的爱情，作为对节目的补充，也给观众们提供一个和嘉宾连接的平台，拉近距离，也为节目的宣传推广进行助力。

4.社交媒体互动和线上活动

我们将通过微博、小红书等社交媒体平台与观众进行互动，回答观众的问题和反馈。通过与观众的互动，我们可以更好地了解他们的需求和喜好，及时调整和优化节目的结构与环节设置。同时，我们还将开展一些线上活动，如抽奖、问答等，增加观众的参与度和黏性。如《明星大侦探》在播出期间，通过微博、微信等社交媒体平台与观众进行互动，开展投票选出"侦探"等线上活动,增强了观众的参与度和黏性。

在B站我们将设置粉丝激励计划,鼓励观众对节目内容进行二创,剪辑CP视频,可以获得我们的硬币奖励。不仅为节目增加了热度,可以吸引观众广泛宣传和转发,也为节目组提供了新的视角和建议,便于我们后续对节目环节和嘉宾设置及时做出调整,更加迎合受众需求。

5.直播平台互动和观众抽奖活动

在节目播出过程中,我们将利用直播平台开展互动和观众抽奖活动。观众可以通过留言、弹幕等方式参与互动,例如回答问题、发表观点等。同时,我们还将开展观众抽奖活动,为参与者提供精美的奖品和礼品,增加观众的观看体验和黏性。如《偶像练习生》在播出期间,通过直播平台与观众进行互动,开展投票选出"人气王"等线上活动,增加了观众的参与度和黏性,我们这档节目在播出时也会收集大家对场上嘉宾的看法,实时更新投票。

## (四)长尾期

在节目播出后,后续推广工作的重要性不言而喻。这一阶段的目标是保持节目的热度,增加观众的黏性,并通过各种方式扩大节目的影响力,提升品牌价值。为此,我们将采取以下策略:

1.制作特别节目和回顾内容

我们将制作一系列特别的节目和回顾内容,如幕后花絮、未播出的片段、嘉宾和主持人的访谈等。这些内容可以增加观众对节目的了解和兴趣,同时也能为新观众提供背景信息。此外,我们还会制作一些精致的节目回顾,以吸引那些已经观看过节目的观众再次观看。例如,《向往的生活》在每一季结束后,都会推出一些回顾性质的特别节目,即《向往的生活·回忆录》,以温馨和感人的方式回顾节目的点滴,增加了观众的情感黏性。

2.社交媒体互动和线上活动

我们将继续在各平台发布节目的有关内容并进行宣传,如幕后照片、预告片、嘉宾和主持人的动态等。此外,我们还会开展一些线上活动,如投票、问答、抽奖等，增加观众的参与度和黏性。比如《乘风破浪的姐姐》在播出期间及结束后，通过微博、微信等社交媒体平台开展了一系列互动活动，如投票选出最喜欢的姐姐、问答赢取签名照等，增加了观众的参与度和黏性。

举例：互动直播——情侣们可以定期在社交媒体上进行互动直播，与观众分享他们的日常生活、情感状态、未来计划等，这些直播可以增加观众的参与感和互动性，同时也可以提高节目的知名度。

3.合作推广和衍生产品

我们将与一些合作伙伴进行合作，共同推广节目和相关的产品。例如，可以与一些品牌合作推出联名产品，或者与一些平台合作推出衍生节目。此外，我们还会开发一些衍生产品，如主题T恤、手机壳、钥匙扣等，以延伸节目的影响力。《奇葩说》在播出结束后，推出了多季衍生节目《奇葩来了》，吸引了新的观众群体。同时，也与多个品牌进行了合作，推出了联名产品，进一步扩大了节目的影响力。我们也可以借鉴此营销措施，结合赞助商特色和需求来推广联名产品。

4.线下活动和路演

我们将组织一些线下活动和路演，如见面会、粉丝见面会、主题讲座等。这些活动可以让观众更近距离地接触节目和嘉宾，增加观众的情感黏性。同时，也可以为节目吸引更多的新观众。如《奔跑吧》在每一季结束后，都会组织一些线下活动，如粉丝见面会、主题讲座等。这些活动让观众更加深入地了解了节目背后的故事和制作过程，同时也吸引了更多新观众的关注。

通过上述策略的实施，我们的目标是保持节目的热度，增加观众的黏性，并通过各种方式扩大节目的影响力，提升品牌价值。这些后续推广活动不仅可以让观众更好地了解节目和嘉宾，还可以为新观众提供背景信息。同时通过与合作伙伴的协同推广和衍生产品的开发，可以进一步扩大节目的影响力。通过这些活动的组织和实施可以增强观众对节目的忠诚度和喜爱度。同时还可以持续产出优质的内容，打造更多的营销话题，确保节目的热度、活力与生命力。

**（五）内容全线策划**

1.根据环节内容策划，设计宣传策划

真情展示：节目注重真挚的交友和恋爱故事展示，真实的情感表达将更有观赏和共鸣感，深受大学生受众的喜爱。

创新互动环节：本节目设计了一些独特的互动环节，例如线下观众投票决定男女嘉宾座椅去向，增加受众的"磕CP"参与感。

多元受众考虑：不同背景和兴趣的大学生受众会有不同的需求，节目可以在内容和互动方式上多元化，让更广泛的人群找到归属感和共鸣。

专业导师团队：在节目中邀请专业的心理咨询师、恋爱导师等专业人士，为受众提供有水平的咨询和引导，增加节目的专业性和观赏性。

2.综合以上考虑，具体的营销内容策划为四个大方向

社交媒体营销：利用微博、微信、抖音等受年轻人群体喜爱的社交媒体平台，发布节目预告、花絮、互动话题等内容，增加节目的曝光度和吸引力。

校园宣传活动：与大学校园合作、组织校园线下活动，比如线下见面会、校园路演等，在校园生活领域进行全方位的营销宣传。

共创活动互动：推出线上共创活动，让受众参与节目内容的创作和决策，并提供相应的奖励和反馈机制，增加受众的积极参与和忠诚度。

合作联动推广：与相关品牌、校园机构进行合作联动推广，联合举办校园活动、赞助节目内容等方式，拓展节目的受众范围。

## 七、商业规划

**（一）三点布局**

1.演播室展示

用AR定制品牌资源，AR植入、AR角标、AR背景板、AR摆桌。在现今数字化媒体的潮流下，AR技术已经成为品牌展示和营销的重要利器。通过AR技

术的定制品牌资源，品牌可以以更生动、立体的方式展现在受众面前。例如，AR植入可以让品牌产品或标识以虚拟的形式直接出现在主持人开场及"广告后回来"等口播时，通过设计不同方案满足赞助商宣传需求。

2.宣发稿定制

针对不同平台和受众，进行宣发稿定制。在内容创作过程中，要根据不同平台的特点和受众画像进行定制化创作，以确保宣发效果最大化。例如，在新媒体平台——小红书上，可以采用更加生动有趣的文案和图片，符合年轻人的口味，吸引更多关注和转发；在央视频传统媒体上，宣发稿可以更加正式和专业，符合该平台的宣传风格与规范；而针对不同赞助商的产品，也定制不同版本的宣发稿，突出其特色与卖点，为赞助商提供优质权益。

3.多平台上线

就节目一个IP，形成全媒体矩阵，在多家媒体注册节目官方账号，宣发物料，吸引受众至播出观看平台，在网络环境中达成一定范围讨论度。

（二）内容方面策划

1.核心策略

内容×品牌×用户，用优质内容，助推品牌信息的深度传播。

2.展开分析

Attention关注：品牌曝光、品牌露出、节目包装；

Interest兴趣：品牌特性和人设、AR植入、口播提及、内容共创；

Search搜索：品牌种草、线下活动、话题合作；

Share分享/口碑传播：黏性增强、IP授权、创意衍生、App引流。

（三）赞助商权益

节目在演播室制作和播出外，节目组会为各赞助商在嘉宾介绍、口播、演播室AR图标、环节设计、社媒宣传、联合活动等项目进行合作及商务开发：

1.场景植入：赞助商可以在节目场景中植入自己的品牌元素，例如通过摆放产品、展示品牌logo、在演播室AR图标中加入品牌元素等方式进行品牌宣传。这种方式可以提高品牌曝光度和观众对品牌的认知度。

2.广告插播：在节目的自然过渡处，可以插入赞助商的广告，例如节目转场、嘉宾休息等时间。主持人在每个环节也会插入赞助商口播，结合赞助商产品特点融合进节目进程中而不显突兀。这种广告插播方式可以在不影响观众观看体验的前提下，增加赞助商的广告曝光量，也能让观众加强对赞助商品牌的了解。

3.嘉宾互动：赞助商可以与节目嘉宾进行互动，例如邀请嘉宾使用赞助商的产品或者进行品牌推广活动。这种方式可以提高嘉宾对赞助商品牌的认可度和观众对品牌的关注度。

4.节目环节设计：赞助商可以与节目组合作，设计一些与品牌相关的节目环节作为花絮播放，例如品牌挑战赛、品牌任务等。这种方式可以让观众更深入地了解赞助商的品牌和产品，同时也可以增加节目的趣味性和互动性。

5.社交媒体宣传：赞助商可以通过社交媒体平台与节目进行互动宣传，例如通过官方微博、微信等渠道发布品牌信息、参与话题讨论等。这种方式可以扩大赞助商的品牌影响力，提高品牌在年轻观众中的知名度。

6.联合推广活动：赞助商可以与节目组联合举办一些线下推广活动，例如前面提到的高校飞行计划、路演、粉丝见面会等。这种方式可以让观众更深入地了解赞助商的品牌和产品，享受到赞助商提供的折扣或礼品福利，吸引消费者，同时也可以增加节目的曝光度和话题度。

在节目中，赞助商的权益可以通过多种方式得到体现，我们要找到与品牌和节目内容相符合的宣传方式。同时，要注意保持广告与节目的协调性，避免过度商业化的影响。

## 参考文献

[1] 中国共产党中央委员会.中长期青年发展规划（2016—2025年）[EB/OL].（2017-04-13）[2024-05-01]https://www.gov.cn/zhengce/2017-04/13/content_5185555.htm#1.

[2] 田雪青，王毓川，张晨明.城市单身青年恋综"上头"的逻辑与影响[J].当代青年研究，2023（01）：66-75.

# 案例三：
# 《文化传送带》节目制作宝典

## 一、背景环境

"一带一路"合作从"大写意"进入"工笔画"阶段，把规划图转化为实景图，中国与共建国家广泛开展教育、科学、文化、旅游等领域合作，共同打造了一系列优质品牌项目，经历了十年的耕耘发展，新丝路上无时无刻不在发生着精彩的变化。共建"一带一路"行稳致远的压舱石是民心相通，在"一带一路"倡议提出10周年之际，节目将目光聚焦在与"一带一路"沿线国家多元立体的人文交流，促进民心相融，深化两国人民的交往与友谊。[①]

## 二、节目类型

本节目为一档文化访谈类节目。

## 三、节目理念

通过邀请"一带一路"沿线国家青年，围绕某一主题，通过富有亲和力、智慧、有趣的对话实现不同文化的沟通。每个人既代表自己的国家，又代表自己，结合所在国家特色，进行平等交流，凸显各个国家不同的文化风俗与习惯，完成文化交流的换位思考，为来自不同"一带一路"沿线国家的代表提供文化传播的场域，讲述可信、可爱、可敬的中国形象，让观众全方位、立体了

---

① 光明日报.通民心、达民意、惠民生[EB/OL].（2023-10-29）[2023-11-25]. http://epaper.gmw.cn/gmrb/html/2023-10/29/nw.D110000gmrb_20231029_1-07.htm.

解熟悉又陌生的"一带一路"沿线国家真实生活，在跨文化交流中"看到"蓝海与机会。

## 四、节目内容

一句话概括我们的节目：以年轻化的访谈与互动形式，科普和交流"一带一路"沿线国家文化及旅游特色。

节目涉及多国文化分享，以"一带一路"沿线国家青年代表对话实现为准绳，跟随他们的经历、故事，了解共建"一带一路"沿线国家的文旅资源、就业机会、衣食住行、兴趣爱好等各个方面，感受"烟火气"。嘉宾和代表们通过竞猜、互动、分享观点、提问等方式，展示"一带一路"重点合作项目，领略中国智慧、中国方案、中国力量为沿线国家带来的改变。

## 五、节目名称

本节目名称初步确定为《文化传送带》，其内涵如下：

### （一）直观性

这个名字直观地表达了节目的主题和宗旨，即通过"传送带"将不同国家的文化传送到观众的视野中。这种直观性可以让观众快速地理解节目的主题和内容。

### （二）简洁性

这个名字简洁明了，易于记忆。它没有过多的词汇和复杂的谐音，虽然节目内容丰富，但名字化繁为简，让人能够轻松地记住。

### （三）寓意深刻

通过将文化交流比喻为传送带，寓意着"一带一路"沿线国家的文化可以在这个平台上顺畅地交流和传递，体现了不同国家文化的多样性和共性。这种寓意可以引起观众的好奇心和兴趣，让观众深入理解节目的内在意义，进而让节目脱颖而出。

## 六、播放平台

湖南卫视及芒果TV共同播出。

### （一）青春

"青春中国"为口号的湖南卫视，无论是黄金档新品综艺的立意升级，还是特别节目的价值引领突破，都在延续独特青春气质之上探索与青年群体更强共振的决心，是讲好中国青春故事的笃行者和引领者，主流青年文化阵地的捍卫者和耕耘者。

### （二）台网同播

融合后双平台端口将汇聚形成超级用户池，形成最强硬广投放阵地，实现媒介终端和用户终端的双向组合投放，保障全域覆盖、精准触达。

芒果TV每周五晚10点准时更新，略晚于卫视，最大限度保证卫视收视率，也让无法收看电视的观众当天便能追平。目前越来越多的年轻人选择在移动端收看节目，入睡时间也不会太早，晚10点处于他们精神活跃期，娱乐欲望强；也可以作为一个睡前伴侣，在轻松的氛围里伴他们入梦。

保持节目的主要框架和核心内容在台网间相同。在节目中加入互动环节，如在线问答等，台网可以根据自己需求设计不同的互动方式。在不改变整体框架的前提下，对节目的风格进行小幅调整，网络编辑剪辑风格、视觉效果更为活泼丰富，卫视更加轻量化，简洁大方。

另外，为了保证更广泛地传播，需要设计网络独家内容。如幕后花絮、展示节目制作的幕后内容，如嘉宾采访、制作团队的工作等。额外访谈或剪辑，播出未在电视版本中展示的完整访谈或额外剪辑的内容。社交媒体活动，利用社交媒体平台进行节目宣传，发布节目相关的短视频、图片或幕后故事。通过社交媒体进行直播，增加与观众的实时互动。互动游戏或应用，开发与节目相关的互动游戏或应用，增加观众参与度。

## 七、节目结构

《文化传送带》节目结构为：片头—主持人开场—飞行嘉宾入场—竞猜游

戏环节+各国青年代表入场—转场—访谈环节—合影挑战+结尾—片尾。

## （一）片头（15秒）

**1.内容**

展示一系列动态图像，包括土耳其热气球、柬埔寨吴哥窟、马来西亚娘惹等标志性文化符号。

**2.风格**

快节奏的剪辑，结合动态的地图动画，展示沿线国家的标志性建筑，创造视觉冲击力。

**3.音乐**

选择融合多国风格的音乐，体现节目的国际化和多元化特色。

## （二）主持人开场（1分45秒）

**1.主持人**

主持人以轻松幽默的方式引入节目主题，如"服饰文化与贸易"。

**2.互动**

主持人通过讨论自己的社交媒体动态，如近期穿着打扮，为节目主题做铺垫。

**3.氛围**

营造一个轻松愉快的开场氛围，吸引观众的注意。

## （三）飞行嘉宾入场（3分钟）

**1.主持人请出嘉宾**

**2.嘉宾介绍**

邀请的飞行嘉宾根据当期主题（以"服饰文化与贸易"为例），分享个人经历，如在新加坡拍摄宣传片时的服饰体验，或在泰国的旅游趣事。

3.互动

主持人与嘉宾就主题进行初步探讨，设置节目的基调。

**（四）竞猜环节+各国青年代表入场游戏（8分钟）**

1.环节介绍

主持人简介竞猜环节规则：4位来自"一带一路"沿线不同国家的青年代表（含一位中国代表）隐匿真实国籍，展示各自国家的特色服饰。主持人和飞行嘉宾需根据服饰、举止和回答问题的方式来猜测每位代表的国籍。

2.主持人和飞行嘉宾"放狠话"

3.代表入场与展示

代表们依次入场，展示其特色服饰，但不透露任何国籍信息。

4.观察与交流环节

主持人和嘉宾观察代表的服饰细节，并基于此进行猜测。

5.互动环节

嘉宾和代表进行简单的文化互动游戏，如模拟传统礼仪或动作，以此为线索进行猜测。

6.揭晓答案

主持人和嘉宾在题板上写下各自的答案，猜测每位代表的国籍。代表们依次揭晓真实国籍，并进行简短的文化介绍。对于猜中最多正确答案的嘉宾，颁发"文化侦探"称号，并赠送与当期主题相关的纪念品。

**（五）转场（15秒）**

主持人对前一个环节进行简短总结，并引导观众进入下一环节，利用动画和音乐过渡。

## （六）访谈环节（23分40秒）

1.访谈区落座

2.深度访谈

主持人按顺序邀请四国青年代表深入介绍自己，自己与本期主题相关的经历以及自己和中国的渊源，包括但不限于为何来到中国，在中国生活的体验，在中国感受到的文化求同存异等。

3.互动

分享过程中主持人邀请嘉宾和代表进行互动，例如提问、分享小故事或进行现场调查等，以增加节目的趣味性和吸引力。

4.主持人引导第二个话题分享

"与本期主题相关的该国特色"，代表们就各自国家的文化、价值观和习俗进行对比，分析不同文化背景下的风物特色。以服饰文化为例。蒙古：女性袍服称为"额赫诺尔德勒"，由泡泡袖、袖筒、马蹄袖三部分组成；马来西亚男子，蜡染的花布长袖衬衣，马来西亚女子穿"卡巴雅"，无袖长领连衣长裙，配以头巾；柬埔寨阿普萨拉舞蹈下衣为纱笼腰间缠长布巾，吴哥窟传统宫廷舞蹈是高棉文化的象征；菲律宾赛亚裙，印有西班牙殖民色彩的"尼亚娜"；新加坡男子"宋谷"无边帽，女子上衣宽大如袍，下穿纱笼娘惹装。

5.互动游戏

穿插互动游戏，如以服饰为主题即可设置"服饰拼图"游戏，邀请飞行嘉宾与代表共同参与节目，旨在为观众带来更加丰富多元的观赏体验。

6.关键词讨论

主持人引导开启第一个延伸关键词话题交流，如服饰主题第一个关键词为"服贸发展"，即可讨论各国服装品牌、服贸会、建设国际服贸平台等。各国代表根据本国特色和自身经历、经验及"一带一路"倡议下两国合作成果展开分享。

主持人开启第二个延伸关键词话题交流，如服饰主题第二个关键词为"服饰非遗工艺"，即可展开服饰非遗工艺介绍，非遗项目体验基地、传统服饰打

卡地推荐等话题。【辅以相关视频、图片资料。】

主持人总结关键词，回顾分享内容的重点，邀请飞行嘉宾谈谈自己的收获和感悟。

### （七）转场（15秒）

主持人引领嘉宾和代表前往合影挑战区，通过快速的场景转换，保持节目的流畅性。

### （八）合影挑战（2分钟）

1.集体合影

每期节目最后，2位主持人，2位飞行嘉宾以及4位代表需要完成合影挑战。

2.创意姿势

设计具有象征意义的合影姿势，如模仿各国文化标志性动作或符号，增加合影的趣味性和文化深度。

### （九）结束词（1分30秒）

1.感言分享

每位嘉宾和代表依次分享对节目和"一带一路"倡议的感想和祝福。

2.感谢致辞

主持人对嘉宾表示感谢，向观众传达积极的信息，营造愉悦的结束氛围。

3.广告

进行简短的品牌或赞助商广告播放，以口播形式融入节目内容。

### （十）片尾（30秒）

1.花絮展示

展示节目幕后花絮和制作过程，让观众看到节目制作的人性化和幕后趣事。

## 2.视觉效果

使用动态图像和编辑技巧，为节目带来完美收尾。

### （十一）其他补充

#### 1.多语言字幕

提供多语言字幕服务，吸引更多国际观众。

#### 2.合影展览

节目结束后，将所有合影制作成一个在线展览或社交媒体专辑，让观众能够回顾和分享这些独特的文化瞬间。

#### 3.社交媒体活动

在社交媒体上进行相关话题的推广，比如联动微博发起#文化纽带挑战，邀请观众分享自己的文化故事。建立微博超话、话题，配合节目中嘉宾微博ID显示，提升节目话题度。

## 八、演播室场景设计

### （一）整体思路

紧贴节目主题和理念，体现"一带一路"开放、包容的理念，突出"一带一路"沿线国家与中国之间的和平共处、友好交流的关系，打造出一个富有创意和科技感、包容多元的演播室场景。

### （二）舞美主色调

以蓝色和金黄色为主；蓝色象征着海洋，寓意着"一带一路"连接世界的广阔空间，金黄色则代表着繁荣和辉煌，寓意着沿线国家的丰富文化和经济活力。

### （三）舞台设计

舞台整体形状呈圆形，寓意着全球一体化和交流互鉴，同时又隐含圆满、包容的美好祝愿。舞台边缘设置有一圈LED屏幕，可以播放沿线国家的风光短片，让观众感受各国风貌。舞台整体被分为ABC三个功能区。

### （四）沙漠底板背景

在舞台中央的地面设置一片模拟沙漠，用投影技术呈现出沙漠的细腻质感。沙漠上有一座象征性的烽火台，寓意着古丝绸之路的精神传承。

### （五）A功能区【各国民族文化展示区/访谈区】

舞台A区设置为民族文化展示区，可以用于展示不同国家代表所带来的民族特色元素，也可以放映各国特色文化表演小片或进行实地表演，如舞蹈、音乐、戏剧等。同时，这个区域也可以作为嘉宾访谈的功能区。

背景板风格参考图1：

图1（来源：AI自制绘图）

该功能区如设置表演区，舞台效果如图2：

图2（来源：AI自制绘图）

## （六）B功能区【中国特色展示区/访谈区】

在舞台B区设置一处模拟类似唐人街的街区，街区两侧布满了各种中国特色的店铺、餐馆和灯笼等装饰。这里可以作为节目中的互动环节场地，也可以根据每期不同主题灵活运用为嘉宾访谈功能区。

该功能区整体风格可参考以下概念图3：

图3（来源：AI自制绘图）

## （七）C功能区【科技互动功能区/主舞台】

在舞台的C区设置安排高科技互动屏，嘉宾和观众可以通过触摸屏互动，查询沿线国家的相关信息，如地理位置、文化特色、经济发展等。节目开场在此进行，节目小片等也可以在此放映。

背景板及互动屏效果参考图4：

图4（来源：AI自制绘图）

该功能区整体风格参考图5、图6：

图5、图6（来源：AI自制绘图）

### （八）灯光设计

运用智能灯光系统，根据节目氛围和场景变化进行调节，强调舞台的科技感和现代感。

### （九）座椅设计

嘉宾座椅采用中式设计，融合各国元素，呈现出包容和多元的特点。同时，座椅周围种植绿植，营造一个舒适和谐的谈话环境。

### （十）背景板设计

背景板以世界地图为基础，用艺术手法呈现出"一带一路"沿线国家的地标建筑和特色文化，突出节目的全球视野。

## 九、节目台本

青年国际文化交流访谈综艺电视节目
Youth International Cultural Exchange Interview Variety TV Program
《文化传送带》Go Sightseeing the Belt and Road

### （一）主持人台本框架 Moderator Script EP01

Production Plan /节目制播：

录制时间：2023年11月27日

录制地点：湖南卫视T2区演播室

播出时间：2023年12月29日

节目时长：40分钟

播出平台：湖南卫视及芒果TV

本期嘉宾：DLRB（维吾尔族/演员/《花儿与少年丝路季》联动）、AYG（蒙古族/音乐剧演员；歌手/"一带一路"晚会献唱）

文化交流代表：共4位，1位土耳其人，1位哈萨克斯坦人，2位中国人。外国代表要求与中国有深厚渊源；中国代表要分别与土耳其和哈萨克斯坦有联系，或具有两国文化交流经历。可选择自媒体博主等，有一定知名度或影响力的青年。

（二）Moderator Script /节目脚本

1. 固定用词

（1）确定几个称呼

·嘉宾每期不固定；

·4个文化交流青年称为"文化交流代表"（下称"代表"），呼应节目主题，拉近和观众的距离。

（2）确定一个口号

《文化传送带》体验青春文化魅力，共同探索世界精彩之旅！

舞美或包装

要有"一带一路"与中国的概念，如沙漠、民族文化、唐人街等元素，并融合一些科技感。目前设定场景设计为较为轻松舒适的客厅。

（三）具体节目流程

1.主持人入场，主题音乐

2.主持人宣布进入游戏环节（代表穿着特色服饰入场，动感/富有民族特色的BGM）

4个代表分别穿着土耳其、哈萨克斯坦、我国维吾尔族和蒙古族服饰。主持人随机应变进行分析引导；两位嘉宾根据自身民族特色分析维吾尔族和蒙古族服饰。

土耳其：他们的传统服装多由花色繁杂的棉质与丝质布料制成，基本款式没有太大变化，但各地区之间的差异也较小。其中最普遍、最具代表性的一种服饰是宽大松垮的无裆裤莎伐。

哈萨克斯坦：哈萨克斯坦是一个以草原游牧文化为特征的国家，其传统民族节日服饰色彩丰富、图案独特并充满了浓郁的草原生活气息。其中最具代表性的是"吉娃"，它由长袍、松紧腰带和头巾组成，鲜艳的色彩在阳光下闪烁着独特的光芒，展现了哈萨克斯坦的独特魅力。

维吾尔族：他们的服饰讲究精细的手工制作和绣花工艺。男性的服饰以黑白为主，展现出粗犷奔放的风格。而女性则更喜欢用对比色彩来装点自己，使红色更亮，绿色更翠。无论是男性还是女性，他们都非常喜欢鲜花，因此他们的帽子、衣服、鞋子、头巾和袋子上都绣满了各种花朵的图案。这种独特的审美观念和精美的手工艺，使得维吾尔族的服饰被列入了第二批国家级非物质文化遗产名录。

蒙古族：他们的传统服饰包括长袍、马褂、靴子和头饰等，以袍服为主，从他们的服饰就可以看出他们的草原特色，豪放、洒脱。蒙古族的服饰也称为蒙古袍，主要包括长袍、腰带、靴子、首饰等。因地区不同在式样上有所差异。蒙古族长期生活在塞北草原，因此他们的服饰具有浓郁的草原风格特色，便于鞍马骑乘。[1]

·环节设置不难，更多是引入4位代表和热场；

·2位外国代表为本国人，中国代表不一定是维吾尔族和蒙古族，需要的是有土耳其和哈萨克斯坦旅游及文化交流经验；

·服饰更偏向于奢华和民族风情，最好与迎接新年有关，例如节日礼服。

3.公布代表身份【主持人、嘉宾和4位代表落座】

·每期设定4个关键词进行讨论交流。

---

[1] 张永珍.浅谈传统科尔沁部落和传统扎鲁特部落服饰文化[J].文物鉴定与鉴赏，2019（07）：142-144。

两个固定关键词：①我的经历及与中国的渊源 ②与本期主题相关的该国特色

延伸关键词：①该国家相关机会（就业、教育、旅行等，主要是文旅部分）②"一带一路"提倡以来两国的合作（如基础建设互助等）……

4.【合影挑战，本期节目所有嘉宾集体完成】

## 十、受众分析

### （一）年龄层次

该节目主要针对年轻人群体，尤其是15~35岁的年轻观众。这个年龄段的观众对于文化和娱乐节目有较高的关注度，喜欢跟随明星和同龄人的脚步去探索世界，感受不同的文化和风景。年轻人通常对于新鲜事物和未知领域充满好奇，如今越来越多的年轻人向往"活在当下""及时行乐"，旅行是逐渐复苏的潮流。

1.嘉宾阵容

邀请到的嘉宾包括一些具有影响力的年轻艺人，如迪丽热巴、阿云嘎等。他们的加入可以吸引年轻观众的关注和喜爱，同时也能为节目带来更多的活力和创意。

2.情感认同

节目中的情感认同度很高，嘉宾和跨文化代表们通过分享自己的故事和经历，传递积极向上的价值观和正能量。这样的情感认同可以引起年轻观众的情感共鸣。

3.文旅元素

节目中的文旅元素，可以吸引年轻观众对于旅游和探索的热情。年轻人通常对于新鲜事物和未知领域充满好奇，旅行是一种年轻人喜爱的生活方式。

## （二）性别比例

### 1.情感共鸣

女性观众在受众中占据较大比例。这类节目通常具有较强的情感共鸣和观赏性，女性观众更容易被节目中的美景、美食和明星之间的互动所吸引。

### 2.对文化多样性的兴趣

女性往往对文化多样性和社会关系的探索表现出更强的兴趣。跨文化交流节目中关于风俗习惯、生活方式等方面的内容，对女性观众具有较大吸引力，并拥有更强的文化消费欲望。

### 3.审美和视觉体验

女性观众通常对视觉美学有较高的要求。跨文化综艺节目中，不同文化的视觉元素，如服饰、艺术、建筑风格等，可能更能吸引女性观众。

### 4.交际和语言能力

研究表明，女性在语言学习和交际能力方面往往表现得更好。因此，她们可能对涉及语言交流和社交互动的跨文化节目更感兴趣。

## （三）地域分布

该节目在全国范围内都有较高的收视率，但在丝绸之路沿线地区城市和发达地区的观众关注度更高。前者的观众与节目主题具有贴近性，后者的观众生活节奏较快，对于轻松愉快的娱乐节目有较高的需求。

## （四）教育背景

节目包容性强，各个受教育层次人群均适宜观看，并能通过收看节目拓宽视野，增长知识。

### 1.拓宽视野

节目中的嘉宾们来自不同的领域和文化背景，他们带来了各自独特的见解和思考方式。这种跨文化交流可以提供更多的国际视野，帮助中高学历观众更好地理解不同国家的文化特点。

2.教育价值

节目中的对话和互动环节可以作为知识引导，帮助观众了解不同国家的文化、历史、社会等方面的知识，这种学习方式比传统的课堂教学更加生动有趣，可以增强受众的学习兴趣和动力，科普文化知识。

## 十一、播放时段

这档节目是一个跨文化交流的平台，可以让观众了解到不同国家的文化和生活方式，同时也可以展现中国形象和促进文化传播。基于此，我们选择在（每周五晚8点档）湖南卫视播出，（每周五晚10点）芒果TV播出，具体理由如下：

### （一）黄金时段

晚上7~10点是大多数电视观众选择打开电视最为集中的时间段，也是最能够吸引观众的时间段，在这个时间段播放节目可以获得更多的关注度和收视率。考虑到湖南卫视一般在周五晚新闻联播后先播出一集电视剧，再播出综艺，我们的节目承接电视剧播出可以借助电视剧留下的余热，有了一定的收视基础。

周五晚意味着周末的开始，是观众结束了一周的疲惫终于能够放松休闲的时间段，这一晚打开电视的人甚至比周日晚还要多。同时，由于是周末的前一天，观众对于轻松愉快的文化交流节目也会有更高的需求，更乐于敞开心扉接纳新事物，新观点，有利于让观众在轻松愉快的氛围中了解不同国家的文化。此外，我们的节目在内容和阵容上与《花儿与少年：丝路季》（简称（花少））形成联动，《花少》的卫视播出时段为每周四晚10点档，我们的节目承接前一天的《花少》播出更能唤起观众的记忆，趁热打铁。

（二）周末前一天

## 十二、准备小片

### （一）嘉宾出场介绍

用简短的小片回顾嘉宾演艺高光时刻和体验他国文化的背景、经历，帮助观众更好地了解嘉宾，增加观众对嘉宾的兴趣和认知。通过精美的画面、音乐和文案，营造出适合的氛围，为主持人和嘉宾的互动提供更好的背景和情感基础。

### （二）竞猜环节

在竞猜环节进行的过程中，可以适时播放一些关于"一带一路"沿线国家的文化、历史、风土人情的短片（一定是短片，点到即止），帮助主持人和嘉宾初步了解和认识这些国家。这些短片可以提供一些背景信息，为主持人和嘉宾以及观众的猜测提供线索和提示，提高播出时观众的参与度和观赏体验。

### （三）代表日常Vlog

用第一视角拍摄代表们在国外学习、工作、休闲娱乐等生活方面的Vlog，更直观有趣地展现代表们的背景及经历，使观众更加了解他们，增加观众对代表的认知和兴趣。Vlog可以展示不同国家、不同文化之间的差异和特色，增加观众的欣赏体验，也可以为主持人和嘉宾的讨论提供更多的灵感和切入点。Vlog是年轻人喜欢的轻松的分享方式，可以拉近代表们与观众的距离，让人身临其境，也更直观、更具可信度。

### （四）访谈环节

在访谈环节中，可以根据嘉宾和代表重点讨论的内容播放一些与本期主题相关的小片（相比于竞猜环节更加细致），例如关于各国传统服饰的制作过程、各国文化中的礼仪习俗等。这些短片可以丰富节目的内容，作为补充为嘉宾和观众展现一些无法在录制现场演示的内容，为主持人、嘉宾和代表的讨论提供更多的素材和话题。

## 十三、节目亮点

用年轻化的方式，用民生视角、大众视角和微观视角，将"一带一路"的庞大主题，拆解成一个个让观众们易感知、易理解、易共鸣的生活细节，用生活化的场景和内容，增加与观众之间的亲密感与陪伴感，与生活更加贴近地联系起来，也让合作共赢的力量直抵人心。

## 十四、核心竞争力

### （一）关键词

"一带一路"国家级顶层合作倡议；青春力量；明星效应；跨文化交流；科普性；娱乐性；商业化可行。

### （二）节目描述

在政策上，积极响应"一带一路"国家级顶层合作倡议，以年轻人视角致敬伟大的时代。

通过演播室深谈，以及一系列生动有趣的环节设置，展现"一带一路"国家人民与中国人民之间的故事、轶事，让观众全方位、立体了解熟悉又陌生的"一带一路"沿线国家真实生活，将"一带一路"国家倡议与观众生活更加贴近地联系起来。而青春化的表达方式消解了这类题材带来的严肃和宏伟，以更接地气的形式拉近了年轻观众和主旋律题材的距离，也闯入了年轻人的精神世界。

## 十五、演播室机位设置

### （一）节目应用摄像机种类

飞猫摄像机（Drone Camera）

可以在演播室上空进行飞行，捕捉到大全景，展示整个演播室的场景。在节目中，可以根据需要调整飞行轨迹，增加视觉效果。

斯坦尼康摄像机（Steadicam）

用于拍摄主持人及嘉宾的动作，可以跟随嘉宾在演播室内走动，提供多人物小全景的视角。斯坦尼康摄像机可以灵活地捕捉到嘉宾间的互动和对话。

固定摄像机（Fixed Camera）

设置在演播室摄影区的固定镜头，分别拍摄主持人、嘉宾以及整个演播室的环境。通过调整镜头焦距，可以实现大全景和多人物小全景的切换。

主播台前方摄像机（Host Desk Camera）

设置在主播台前方，主要用于拍摄主持人的特写镜头，以及与嘉宾的互动。可以捕捉到主持人的表情和手势，增加观众的亲近感。

嘉宾区摄像机（Guest Area Camera）

设置在嘉宾区域，捕捉到嘉宾的特写镜头以及与主持人、其他嘉宾的互动。可以通过切换镜头，展示每位嘉宾的表现。

侧面摄像机（Side Camera）

设置在演播室两侧，用于捕捉嘉宾区和主持人区的全景，以及嘉宾间的互动。可以通过调整镜头角度，拍摄到大全景和多人物小全景。

舞台背景摄像机（Stage Background Camera）

设置在舞台背景前方，用于拍摄节目背景以及与嘉宾互动的全景。可以在节目开始和结束时，展示舞台效果。

（二）具体应用（预计13~15个机位）

1.开场/首尾环节

• 主持人【2+1台摄像机】：2位主持人每人1台，专门用于跟随主持人，拍摄其特写镜头及常规镜头；另外1台用于拍摄两人的小全景镜头。

2.游戏环节+访谈环节+其他

• 主持人及飞行嘉宾【4+3台摄像机】：2位主持人和两位飞行嘉宾每人1台，另外3台分别用于拍摄3人全景镜头，以及4人全景镜头。

• 民族代表【2台摄像机+1斯坦尼康摄像机】：2台摄像机用于交替拍摄4位民族代表，斯坦尼康灵活应用，可以跟随拍摄对象在演播室内走动，提供多人物小全景的视角。

·全场【2台摄像机+1飞猫摄像机】：用于拍摄人物小全景、演播室整体大全景。

## 十六、商业化设计

### （一）广告收入和冠名赞助

1.冠名商

·唯品会

唯品会，作为一个以品牌特卖为核心的电商平台，一直致力于为消费者提供高性价比的品牌商品。其特色之一就是"全球购"，旨在为用户带来全球各地的精品商品。赞助一档以"一带一路"沿线国家文旅特色跨文化交流为核心的节目，正好与唯品会的品牌特性和全球购背景相契合。

唯品会赞助"一带一路"沿线国家跨文化交流节目，不仅能够有效地传播品牌理念，扩大市场影响力，还能加深消费者对品牌的情感认同，进一步巩固其在电商行业的地位。

"一带一路"作为连接东西方的古老贸易路线，它的历史和文化内涵与唯品会"全球购"的理念不谋而合。通过这一主题，唯品会可以展示其全球化的品牌形象和对多元文化的尊重及融合。节目中对各国文化的深入探索和展现，可以增强唯品会品牌的国际化形象，同时提升消费者对于品牌提供的全球商品的认知和兴趣。另外，赞助这样的节目，也符合唯品会一直以来的品牌调性——年轻、时尚、有品位。它不仅是一次简单的品牌宣传，更是一种文化和价值观的传递，这对于提升品牌形象，构建独特的品牌文化具有重要意义。

2.赞助商

·携程旅行

携程作为一家领先的在线旅行服务公司，一直致力于提供全面的旅游服务和体验，从机票、酒店到旅游路线和全球旅游资讯等。其品牌特性不仅包括方便快捷的旅行预订服务，还包含对于不同文化的深度探索和尊重。赞助一档以"一带一路"沿线国家的文化旅游特色和跨文化交流为主题的节目，完美契合了携程的品牌特性和全球购背景。

- 安慕希

安慕希品牌特点突出健康、活力与国际化元素。

谈话类节目通常需要一种轻松愉悦的氛围。节目中，嘉宾和主持人在谈论各国文化和旅游体验时，可以品尝安慕希酸奶，为节目增添一种亲切和放松的感觉，也能有效地展示安慕希产品的实用性和美味性。

另外，通过赞助此类节目，安慕希可以展现其对多元文化的尊重和对国际交流的支持，提升品牌的国际形象。在节目中，不同背景的嘉宾尝试安慕希酸奶，可以突出产品的国际化特质，同时增加品牌的全球知名度。

### （二）周边内容开发

基于芒果TV，播放页面下方设置讨论区、竞猜答题等播放页卡，增加互动性和参与感。压缩观看者和节目之间距离，以讨论互动形式形成节目粉丝群体，提升节目热度和网感。

利用小芒平台展开带货。小芒平台是一个集短视频内容创作分享和电商购物于一体的新型平台，将视频内容与电商购物相结合，打造出一个全新的消费体验。

将本节目内容IP与商品深度植入，设置"一键买同款"等跳转方式，在平台内上架节目同款好物，将节目本身流量拓展到小芒App，带来更多周边产品收入。打造独特的艺人联名品牌，让用户可以在小芒平台上购买到与喜欢的艺人、节目相关的商品，满足粉丝的追星需求。

## 十七、节目特点

### （一）文化多样性交流

通过展示不同国家的文化符号和代表物，强调"一带一路"沿线国家文化多样性与文化间交流。

### （二）主题式探讨

每期节目围绕一个特定主题（例如"服饰文化与贸易"），通过不同环节深入探讨，展示主题的多方面内容和意义。

### （三）互动与娱乐

通过竞猜环节、访谈、互动游戏和合影挑战，不仅提供信息，还增添趣味性和娱乐性，促进观众参与。

### （四）国际视角与本土联系

将国际视角与中国本土联系结合起来，通过各国代表和他们在中国的经历桥接全球和本地视角。

### （五）教育启发

通过对特色文化、非遗工艺、贸易发展等话题的深入讨论，具有教育意义，启发观众对文化和经济议题的深思。

### （六）参与感共鸣

通过飞行嘉宾和代表的亲身经历和故事，节目增加了观众的参与感和共鸣。

### （七）视觉与听觉体验

通过生动的音乐、多样的视觉元素和动态编辑，提供丰富的视觉和听觉体验。

## 十八、节目顾问

下述专家学者和研究机构的工作有助于深入了解"一带一路"沿线国家的政策、发展和影响，为中国的政策制定者和国际社会提供有关这一重要倡议的有价值信息和见解。此外，中国也积极与其他国家的专家学者和国际研究机构合作，共同推动"一带一路"倡议的研究和合作。

### （一）清华大学"一带一路"战略研究院研究员或负责人

该院的研究人员专注于"一带一路"倡议的政策研究和战略分析。

### （二）北京大学"一带一路"国际合作研究中心研究员或负责人

致力于研究与"一带一路"相关的国际问题。

## （三）对外经济贸易大学国际经济研究院和中国—东盟研究院等机构

相关机构都在研究"一带一路"倡议的影响和发展。

## （四）个别专家学者

如中国人民大学国际事务研究所所长、国际关系教授兼博士生导师、欧盟研究中心主任——王义桅。他是"一带一路"最前沿的研究者和呐喊者。

## （五）"一带一路"沿线国家向导、当地华人

如《花儿与少年丝路季》节目中的向导马哥。

## 参考文献

[1] 光明日报.通民心、达民意、惠民生[EB/OL].（2023-10-29）[2023-11-25]. http://epaper.gmw.cn/gmrb/html/2023-10/29/nw.D110000gmrb_20231029_1-07.htm.

[2] 张永珍.浅谈传统科尔沁部落和传统扎鲁特部落服饰文化[J].文物鉴定与鉴赏 2019（07）：142-144.

## 案例四：

## 《古妆里的中国》节目制作宝典

### 一、节目概况

#### （一）节目简介

在中国悠久的历史长河中，古代名画与妆容文化宛如两颗璀璨的明珠，它们不仅是艺术与时尚的杰出代表，更是各个历史时期独特文化与历史的生动见证。然而，由于时间久远，我们往往难以直接领略这些珍贵艺术形式的魅力。因此，本期节目旨在通过现代科技手段，让古画焕发新生，重现当时的背景故事，并深入解读各朝代的妆容文化，带领观众穿越时空，身临其境地感受古代艺术的独特魅力。

近年来，国风文化类节目层出不穷，如《国家宝藏》《如果国宝会说话》等，它们都以独特的方式呈现中华文化的博大精深。然而，尚未有一档节目能够将朝代妆容与古画复原相结合，展现出如此丰富的文化内涵。我们计划选取众多中华瑰宝中的古画作为展示对象，结合特定朝代的妆容进行精心演绎，让观众在欣赏艺术的同时，也能深入了解古代文化与审美观念。

通过这样的节目，我们期望为观众提供一个了解朝代妆容和古画故事的窗口与平台，帮助不同年龄段的观众提升文化素养和审美水平。同时，我们也希望通过这样的形式，唤起观众对中华文化的自信，激发民族自豪感，让传统文化在现代社会中焕发出新的活力。

## （二）节目主题

节目聚焦中国古代各个朝代的传统妆容和服饰，通过复原古画中的妆容和场景，利用虚拟技术和演员的演绎让古画"动"起来，让观众了解古代人物的形象特点、服饰妆容等文化元素，讲述中华传统服饰美学在五千年历史长河中远期，流转以及其背后的朝代气象和人们审美变化的过程，展现出其中蕴含的中华传统美学观念，感受古代文化的魅力。

## （三）节目背景与目标

近几年随着国风文化的兴起，中国古风妆容和服饰成为年轻人之中的一股新潮流和热门话题。本节目旨在深入挖掘中国传统美术和装扮的魅力，将中国古典美学与现代舞台技术相结合，展现其独特的艺术性和文化内涵，在欣赏和宣扬中华传统美学的同时，同时为观众实用的化妆技巧和灵感。

## （四）节目主旨

节目的主旨是展现古代文化的魅力，通过演员的化妆和扮演，将古代名画中的人物形象生动地展现出来，让观众了解古代人物的形象特点、服饰妆容等文化元素，感受古代文化的魅力。本节目致力于传承与弘扬中国悠久的传统文化及艺术，旨在丰富观众的文化内涵，提升其审美鉴赏力。通过嘉宾的讲解和解读，观众可以更深入地了解古代文化的内涵和价值，加深对传统文化的认识和理解。

## （五）节目目标受众

本节目的目标受众是历史爱好者、美妆迷和广大文化艺术爱好者。他们对古代文化、艺术和历史有着浓厚的兴趣，同时对新颖、有趣的美妆类节目也非常关注。

## （六）播放时段

每日20：00~21：00。

## （七）节目时长

**表1  节目时长分配**

| 结构 | 时间 | 内容 |
| --- | --- | --- |
| 开端 | 00′00″~02′00″ | 播放节目小片，视觉震撼，引人入胜，吸引观众兴趣 |
|  | 02′00″~05′00″ | 现场舞美引出主持人（介绍节目形式，节目定位以及本期节目主题） |
|  | 05′00″~06′00″ | 舞美开场，本期还原妆容的古画在舞台LED屏上徐徐展开 |
|  | 06′00″~15′00″ | 主持人介绍本期复原的古画，节目主持人和嘉宾谈论这幅画的创作背景、主要内容、妆容、朝代等 |
|  | 15′00″~20′00″ | 主持人介绍本期的古画复原师（化妆师）、入画演员（邀请一些跟本期古画人物形象比较符合的明星或话剧演员通过妆造复原古画）和嘉宾（主要是一些对古画和中华传统服饰有研究的历史学家和美术家大学教授等） |
| 发展与高潮 | 20′00″~40′00″ | 在化妆环节—复原妆容，和嘉宾们进行交流，古画复原师给入画演员化妆的过程中嘉宾和主持人就可以围绕这个妆容和装饰品发钗等进行细节的讲解 |
|  | 40′00″~50′00″ | 挑选衣服换装—复原服装及形态，在衣服挑选和穿戴的过程中，嘉宾讲解服饰细节 |
|  | 50′00″~55′00″ | 场景复原 |
| 结尾 | 55′00″~58′00″ | 比赛结束，主持人致结束词 |
|  | 58′00″~60′00″ | 播放结尾小片，节目结束 |

## （八）播放频道

河南卫视：作为一家地方电视媒体，河南卫视一直致力于传承和弘扬中华传统文化，尤其是与河南地区相关的文化遗产。

首先，河南是中华文明的重要发源地之一，拥有丰富的历史文化遗产。河南卫视深入挖掘这些资源，通过各种形式的节目向观众展示传统文化的魅力。例如，河南卫视精心策划的"中国节日"系列节目，精选中国传统佳节的独特元素，通过电视媒介的鲜活叙事，细腻描绘每一个文化习俗背后蕴含的丰富故事。该系列节目深入探索传统节日深厚的文化底蕴，致力于传播和赞颂博大精深的中华美学精神。这些节目包括《清明上河图》《端午惊魂》《月圆中秋》等，涵盖了传统节日、民俗、艺术等多个方面。

其次，河南卫视在节目制作中注重对传统文化的创新性表达。他们不仅注重传统文化的呈现，还通过现代化的手段和形式，将传统文化与现代元素相结合，打造出新颖的节目形式。古风与现代的结合，为中华传统文化注入了新的活力。例如，《武林风》是一档以武术为主题的节目，它将传统武术与现代竞技相结合，让观众在欣赏武术的同时，也了解到武术的实战性和现代应用。

再次，河南卫视还通过与文化机构、专家学者的合作，提高节目的专业性和文化内涵。例如，在"中国节日"系列节目中，河南卫视邀请了多位文化专家和历史学者参与策划和制作，为节目提供了更加深入和全面的文化解读。

最后，河南卫视与中华传统文化的联系体现在多个方面，包括对河南地区文化遗产的挖掘和展示、对传统文化的创新性表达以及与文化机构、专家学者的合作等。这些努力为传承和弘扬中华传统文化作出了积极的贡献。

另外，河南卫视有以下几个显著的特点：

地域特色：河南卫视作为服务于河南地区的电视媒体，具有鲜明的地域特色。它深入挖掘河南地区的文化、历史、人物等资源，呈现出丰富多彩的节目内容。

文化传承：河南是中华文明的重要发源地之一，有着丰富的文化遗产。河南卫视致力于传承和弘扬中华传统文化，通过各种形式的节目向观众展示传统文化的魅力。

创新性：河南卫视在节目形式和内容上不断创新，融合现代元素和传统文化，打造出了一系列观众喜闻乐见的节目。

公益性：河南卫视关注社会公益事业，积极参与各种慈善活动和文化公益活动，为社会作出了积极贡献。

## 二、节目前期准备

### （一）节目可行性分析

市场需求：目前，随着人们对传统文化的关注和热爱，对古代文化的研究、展示和传播越受到社会的重视。同时，观众对于文化类节目的需求也在不断增加。

资源支持：制作节目需要相应的资源支持，包括人才、技术和资金等方面。然而，目前有许多专业机构、制作公司和艺术家可以提供相应的支持，包括专业的化妆师、服装设计师、演员等。此外，一些文化机构和博物馆也可以提供古代画作的资源和支持。

制作能力：制作节目需要具备较强的制作能力和技术水平，包括化妆与拍摄技术、后期制作等方面。然而，目前有许多制作公司和团队具备这些能力和技术，可以保证节目的质量和效果。

文化价值：本节目融汇了丰富的文化底蕴与深远的社会寓意，旨在通过精心策划的播出内容，向观众展现古代文化的博大精深和独特魅力。每一帧画面，每一段故事，都致力于提炼历史的智慧，传递文明的光辉，以期在提升观众文化修养的同时，激发他们对于美的深层追求和感悟。同时，节目也可以促进传统文化的传承和发展，增强社会的文化自信和认同感。

### （二）节目资源需求

嘉宾资源：合适的古画演员专业古风化妆师和服装设计师文化学者（包括历史学古画专家、艺术评论家、美术家等）；

拍摄场地：室内演播室环境，注重装饰和布局，营造古画内的氛围；

虚拟技术：通过虚拟技术让古画"动"起来；

设备资源：摄像机、灯光设备、音响设备等；

后期制作：剪辑软件、特效软件等；

赞助资源：赞助商广告。

### （三）赞助合作

国货美妆品牌：与完美日记等知名品牌展开合作。完美日记以其独特的品牌形象和产品设计，深受消费者喜爱。其产品灵感来源于中国传统文化，如"十二色眼影盘"系列融入古典文化元素。通过与完美日记的合作，我们可以共同推广中国传统文化的美学价值，实现品牌与文化的共赢。

国货护肤品：与一叶子等年轻护肤品牌合作。一叶子以其出色的市场表现和年轻化的品牌形象受到广泛关注。其产品线涵盖多种护肤品类，深受年轻消费者喜爱。通过与一叶子的合作，我们可以共同推广年轻、时尚、健康的生活方式，吸引更多年轻观众关注节目。

其他品类合作：与故宫文创、中国丝绸博物馆等机构合作。故宫文创以丰富的文化内涵和独特的品牌形象著称，可以为节目提供古画、文物等元素支持。而中国丝绸博物馆则代表了中国丝绸文化的精髓，可以为节目提供更多关于古代服饰和妆容的深度内容。通过与这些机构的合作，我们可以共同提升节目的文化内涵和品质。

## （四）核心竞争力："内""外"兼修

### 1.内容上的亮点

中国传统东方美学以及古代的服饰文化、妆容特色、风土人情等本身都颇具亮点，即使在互联网高速发展的现在，传统东方美学依旧绽放着它独有的魅力。以小见大，从服化等微小方面以小见大，而且过程中穿插着对古代历史文化的讲解，可以让素人和观众对各个朝代的特点有更加身临其境的体验，进行一场跨越千万年的"穿越"。以中华传统文化为核心，以中国传统东方美学以及古代的服饰文化、妆容特色、风土人情为亮点，传统文化是中华民族的集体记忆，对中华民族美学精神的传承和弘扬是文化类节目永恒的主题。

### 2.形式上的亮点

古画复原的形式，让古画"动"起来，过程中会对古代优秀传统绘画作品进行介绍，人们将对古代绘画大师的作品有更加深入的理解，也是一种对中华优秀传统绘画作品的传承，在新时代激发这些古画更加蓬勃的生命力；同时也能了解古时候各个朝代不同绘画作品的风格以及不同朝代的大方向的审美取向等。

美妆类的节目形式，越来越受到大众尤其是年轻群体的喜爱，"爱美之心，人皆有之"，这档节目以传统美学文化为核心，同时在仿妆过程中会对素人进行一些小妆教，可以提升人们的化妆技巧乃至改善审美风格。

整体古风造型很吸引眼球，整体古风服饰的还原也可以吸引一批热爱古风文化甚至热爱古风COS的二次元群体。近年来古风写真在各地极其流行，这档节目跟在景点单纯拍一组古风写真相比，可以让你沉浸式"穿越"到古代，体验当时的风土人情与文化，而且是专业美妆师根据你的自身特点为你设计专属仿妆，不同于在景点拍的"流水线"式写真。

## （五）节目小片

表2 节目小片内容

| 结构 | 内容 | 作用 |
| --- | --- | --- |
| 导入 | 开场前的导入小片，介绍传统古风文化 | 形成悬念并造成视觉震撼 |
| 发展 | 嘉宾个人小片展示 | 向观众展示嘉宾风采 |
| 高潮1 | 古画小片 | 进行古画的展示以及介绍 |
| 高潮2 | 妆容和服饰宣传片 | 给用户更全方位地理解和感受 |
| 尾声 | 本期精彩片段混剪回顾 | 加深用户记忆 |

## （六）节目市场安排

市场安排是确保节目成功推广和传播的关键环节，以下是对市场安排的详细说明：

节目制作：邀请具有丰富经验的古风美妆大V（美妆博主）、专家学者参与节目录制，确保节目质量。节目制作团队应具备一定的审美水平和制作能力，以保证节目画面和视觉效果的优美。

宣传推广：利用社交媒体、短视频平台、直播平台等进行线上宣传，结合线下活动，提高节目知名度。具体措施包括：在微博、抖音、B站等社交平台发布节目预告、花絮、幕后制作等，吸引关注度和粉丝；合作网红、自媒体进行节目推广，扩大节目影响力；举办线下活动，如美妆大赛、古风市集等，吸引古风爱好者参与，增加节目曝光度。

合作渠道：与美妆品牌、文化机构、旅游景区等展开合作，共同推广传统文化。合作方式包括：节目中植入合作品牌的美妆产品，或邀请品牌赞助节目（如国货美妆品牌卡姿兰、花洛莉亚、花西子等；传统古风服饰品牌：织造司等）；与文化机构共同举办线下活动，如讲座、展览等，传播传统文化；联合旅游景区推出特别节目或活动，吸引游客参观体验。

衍生产品：开发与节目相关的美妆产品、周边商品，满足观众的购物需求，进一步提升节目影响力。具体包括：推出节目定制美妆产品，如化妆品、护肤品等；设计制作节目周边，如T恤、抱枕、手机壳等；在节目官方商城出售衍生产品，为观众提供便捷的购买渠道。

## （七）演职人员

表3 节目演职人员说明

| 演职人员 | 工作内容 | 上场数量 |
| --- | --- | --- |
| 古画复原师 | 就是美妆师（进行复原古画妆造的人），为入画演员准备装造并进行妆容讲解 | 依据本场入画演员数量而定 |
| 入画演员 | 邀请一些跟本期古画人物形象比较符合的明星或话剧演员通过妆造复原古画 | 依据每期节目展示的画作具体内容而定 |
| 嘉宾 | 主要是一些对古画和中华传统服饰有研究的历史学家和美术家大学教授等，在节目中起着画作讲解、历史科普、气氛调动等作用 | 3位固定嘉宾，1位特邀嘉宾 |

## （八）舞美设计

为了打造一场独具特色的古画复原视听盛宴美妆类节目，我们从以下几个方面进行场景构思：

舞台风格：以古画为灵感，将舞台背景设计成一幅巨型LED屏，屏幕上用虚拟技术动起来的古画徐徐展开，舞台上搭配设置一些精美的亭台楼阁、琼楼玉宇，两侧种植垂柳、翠竹等植物，营造出一种宁静典雅的氛围。（根据每期画风的不同，布景可以有小的调整）

色彩搭配：以柔和的古风色调为主，如淡雅的粉色、蓝色、绿色等。舞台灯光暖色调，营造出温馨、浪漫的氛围。（根据每期画风的不同，色彩可以随之调整）

舞台布置：舞台两侧可布置一些展示古风美妆的摊位，摆放各种古代化妆品和饰品。舞台中央设置多人化妆台，分别摆放相应数量的古典圆凳，供入画演员坐下化妆。

道具设置：根据每期绘画作品的内容，准备相应的古风道具，如古典乐器、扇子、丝绸等。在表演过程中，适时运用这些道具，增添舞台趣味。

表演区域（场景还原展示区域）：舞台分多个表演区域，可以设置主舞台、演播观察室。主舞台用于展示古画场景以及人物的还原，演播观察室用于展示嘉宾以及顾问的点评及互动。

灯光效果：运用不同灯光照射舞台，形成美轮美奂的光影效果。利用光影变化，表现的韵味，其中根据每期画风的不同，灯光可以随之调整。

音效配合：结合画风内容，选择恰当的古风音乐作为背景音乐，增强观众沉浸感。

通过以上七个方面的舞台设计，我们将打造出一个充满古风韵味的美妆类节目舞台，让观众在欣赏节目的同时，感受到中华传统文化的魅力。

### （九）互动设计

节目设计多方面互动，包含古画复原师与嘉宾之间的互动；古画复原师与入画演员之间的互动；嘉宾和入画演员之间的互动。其中也包含线上观众互动，鼓励观众线上参与节目互动，提高观众黏性。具体措施包括：设立线上互动话题，引导观众参与讨论，增强观众归属感；举办线下观众见面会，增加观众参与度；设立节目投稿邮箱，鼓励观众为自己的古风美妆作品投稿，优秀作品将在节目中展示。

## 三、节目内容介绍

### （一）节目内容概况

聚焦中国古代各个朝代的传统妆容和历史故事，选取极具代表性的名画，让古画动起来。节目中，通过复原古画上特有的妆容，让明星嘉宾结合当时的历史背景，复原画上的故事。明星嘉宾的选择主要来源于出演过的代表性古装电视剧和个人形象与古画形象贴合度。

节目结合传统文化与现代科技，通过现代化的技术手段，如VR、AR、全息投影等，让观众更加深入地了解古画和古代妆容，增强了传统文化的表现力和吸引力。

以下是我们节目的核心环节：

古画展示：节目选取具有代表性的古代绘画作品进行展示，这些作品涵盖不同时期、不同流派、不同风格，使观众能够全面了解古代绘画的发展历程。同时，通过专家的讲解和解读，让观众了解每幅作品的艺术特点、历史背景和创作故事。

妆容展示：与古代绘画作品相对应，节目还选取了具有代表性的古代妆容进行展示；专业人士的讲解，使观众了解古代妆容的特点、用料、技巧以及与当时社会文化的关系。同时，为了增强观众的参与感和体验感，可以设计一些互动环节，如邀请观众参与化妆体验等。

古画演绎：节目通过舞蹈、戏剧、音乐等艺术形式，将古代绘画作品进行动态演绎，使观众能够更深入地理解作品所表达的情感和故事。这种演绎不仅增强了节目的观赏性，同时也为观众提供了更加直观、生动的艺术感受。

以下是我们几期节目中打算选取的古画作品：

春秋战国《人物龙凤帛画》：《人物龙凤帛画》此前又名《夔凤美女图》，画中的主要对象是个挽着高髻的女子，她的形象，细腰、长裙曳地、神态庄重，衣袍上还有云状花纹装饰，显然是一位贵族女子。它是我国发现的年代最早的一幅帛画，也是现在能看到的中国最早的人物画之一。

三国两晋南北朝东晋顾恺之《女史箴图》《洛神赋图》：《女史箴图》以其精湛的笔触，生动地描绘了宫廷女性群像，各具特色的身份和形象，不仅展现了她们的日常生活，更折射出当时社会对女性角色的期待与规范。《洛神赋图》算是故事画，是根据曹植的《洛神赋》改编的，主要描绘了曹植和洛水之神宓妃两人从邂逅相恋到分离的故事。

唐代张萱《虢国夫人游春图》、周昉《簪花仕女图》《挥扇仕女图》：[1]

---

[1] 个人图书馆. 从仕女画看唐代社会审美思想形成的原因[EB/OL]. （2022-01-01）[2023-11-25]. http://www.360doc.com/content/18/1218/08/11387532_802568996.shtml.

唐代是毫无疑问的仕女画的鼎盛时期，这时的仕女画有着非常明显的时代特征，都说唐朝以胖为美，所以画中女子的体态都显得非常丰腴，服饰也穿着特别富丽，很有盛唐气象。此时，比较盛行的是张萱的《虢国夫人游春图》《捣练图》，周昉的《簪花仕女图》《挥扇仕女图》，还有他俩合作的中国十大传世名画之一《唐宫仕女图》。

五代顾闳中《韩熙载夜宴图》：作为唐于宋的过渡阶段，其实五代十国的仕女画发展也非常繁盛，而且在唐代的基础上还有创新。顾闳中的《韩熙载夜宴图》虽然不是仕女画题材为主，但里面也出现了不少女性，可以看到当时仕女图的人物塑造和设色等方面的创新。

宋代佚名《四美图》：画中四个盛装打扮的仕女，虽然在衣着饰物上都模仿了唐代样式，但人物少了一些丰腴体态，画风已经有了明显改变。

元代周朗《杜秋图》：这幅画是改编自唐代杜牧的《杜秋娘诗》，画中杜秋娘梳着高髻，穿着直筒形长裙，手执排箫，脸上没有什么表情，而面相比较丰润，显然是承袭了唐代仕女的特征，但设色淡雅，和唐代的重彩法也不相同。

明代仇英《明妃出塞图》：此画为了笔垂彩，在人物造型上，一方面注意到服饰、面相的汉胡相界之处，另一方面用对比手法衬托中心人物——明妃的形象。作品塑造的人物各具情态，明妃镇定自若，汉宫持重端肃，匈奴武士粗犷强悍。每个人物的个性气质和内心活动都刻画十分细腻。

清代佚名《胤禛美人图》作品以单幅绘单人的形式，分别描绘12位身着汉服的宫苑女子品茶、观书、沉吟、赏蝶等闲适生活情景，同时还以写实的手法逼真地再现了清宫女子冠服、发型、首饰等当时宫中女子流行的妆饰。①

**（二）节目流程**

1.开场小片

动画和现实场景交融视觉震撼引人入胜，树立节目的内涵和核心内容。

---

① 参考网.App界面设计在传承"非物质文化遗产"中的应用[EB/OL].（2019-12-26）[2023-11-25]. https://www.fx361.com/page/2019/1226/6233128.shtml.

**表4　示例脚本**

| 结构 | 时长 | 具体内容 |
|---|---|---|
| 开端 | 20s | 画面：一幅幅画卷慢慢展开，露出中国古代各朝各代人物的妆容和装束图案，背景音乐起。<br>旁白：（轻柔的女声）在中国千年的历史长河中，传统画作犹如一颗璀璨的明珠，闪耀着独特的光芒。<br>今天，让我们一起穿越时空，探寻那久远年代里的美丽秘密 |
| 发展1 | 25s | 画面：快速切换不同朝代的画中的古风装扮，如秦汉的端庄、唐代的华贵、宋代的清新等。<br>旁白：从秦汉的端庄到唐代的华贵，再到宋代的清新，一幅幅画卷见证了各朝代人们的智慧与审美。<br>它们不仅是身体的装饰，更是心灵的表达，是历史的见证，是文化的传承 |
| 发展2 | 15s | 画面：化妆师在为一位嘉宾化妆，精细的技巧展现出美丽的古风妆容。<br>旁白：化妆，是一种语言，一种情感，更是一种文化，我们一起在古画复原师的带领下走进古画的世界 |
| 发展3 | 20s | 画面：文化学者站在古代画作前，详细解读古风装扮的历史文化内涵。<br>旁白：在这背后，蕴含着丰富的历史文化内涵。从古代的审美观念到礼仪制度，都将在这期节目中得到深入解读。让我们一起提升对古风妆容的理解和欣赏能力，感受中国古代文化的魅力 |
| 尾声 | 8s | 画面：节目logo出现，背景音乐渐弱。<br>旁白：《古妆里的中国》，带你领略千年之美 |

2.现场舞美引出主持人

主持词引出本期间节目主题，介绍本期节目的背景和主要内容。主持词主要包含本期节目精彩片段，以混剪吸引观众兴趣；介绍节目的主题和背景，同时展示古代文化的魅力。小片可以包括一些历史场景、古画展示、文化符号、表演精彩片段等元素，以引起观众的兴趣和好奇，抓住观众的眼球。

3.舞美开场

主持人宣布本期要复原的古画，本期还原妆容的古画在大屏幕上徐徐展开，呈现出逼真的立体感。画作的选择将根据每期节目的主题和内容来确定，为每一期节目提供独特的视觉效果。

4.主持人介绍本期的嘉宾和演员

古画复原师：包括专业的化妆师、服装师和形体指导老师，主持人可通过专业背景、实践经验和合作经历等方面来进行具体的介绍。

入画演员：包括明星、话剧演员、表演专业学生等，主持人介绍演员的姓名、演艺经历等，除此之外，还可以简单介绍一下演员与本期展示的画作的相关点。

嘉宾：主要是一些对古画和中华传统服饰有研究的历史学家和美术家、大学教授等，主持人需要介绍他们的姓名、名衔和与古画相关的研究和实践经验。

5.介绍本期复原的古画

大屏展示，节目主持人和嘉宾交谈，首先介绍古画的历史背景、作者、创作年代等基本信息，让观众对画有一个初步的了解。其次可以解读画作的主题、人物形象、场景，让观众了解画作的表达的故事和情感。最后可以延伸到画作的文化内涵、艺术价值等，为观众提供专业的解读和认知。

6.化妆环节—复原妆容

化妆师给演员嘉宾化妆的过程中，按照化妆的顺序依次解析古风妆容中的技巧和难点，如晕染、描眉、唇妆等，让观众了解各个朝代古风妆容的特点，以及怎样打造出精致的古风妆容。例如化到眉毛就向观众介绍今天画的是什么眉，包括眉形特点和化妆手法。嘉宾和主持人就可以围绕这个妆容和装饰品发钗等进行讨论，引经据典，讲解古风妆容背后的历史文化内涵，例如古代的审美观念、礼仪制度等，提升观众对古风妆容的理解和欣赏能力，在这个过程中起到文化科普的作用。

7.挑选衣服—复原服装

服装是历史文化的重要载体之一，邀请专业服装设计师为演员打造古画中古代人物的形象，根据画作中的人物形象进行穿搭设计，不仅可以生动地展现古代人物的形象特点、社会地位、时代背景等，真实地还原历史，合适的服装还能提升节目的视觉效果，使演员的表演更加生动、形象，增强观众的观赏体验。在衣服挑选和穿戴的过程中，主持人可引导嘉宾讲解服饰细节，增强观众对古代文化的了解和认识。

8.场景展示—复原场景

整个舞台设计通过现代技术和古典美学相结合，古琴、棋盘、书画等道具尽量与画像贴合，尽可能地复原出古画中的场景，同时增添一些动态的设计，更加生动形象地为观众呈现出古代文化的独特魅力，确保演员能够自如地表演和互动，为观众呈现出一场精彩的古画场景。

9.整体展示

请入画嘉宾在各自的位置上就位，沉浸式还原并合理延伸古画中场景的情节，演员在舞台上展示画作中人物的特点和故事情节，通过表演让观众更生动地了解古代人物的生活状态和社会风貌等。

在整体展示时，嘉宾也可以针对古画中人物正在进行的行为进行阐释解读，为观众呈现画作背后的历史文化内涵和艺术价值。

10.主持人致结束词

主持人总结本期节目内容，感谢嘉宾和电视机前的观众，以及说明赞助词。

11.结尾小片

在节目结束时，可以播放一段结尾混剪小片，总结节目的内容，同时感谢嘉宾和观众的参与。小片可以包括精彩瞬间、演员和嘉宾的感言等元素，以增强观众对节目的印象和好感。

## 四、节目后期准备

### （一）宣传方式

1.线下推广

实体活动：在博物馆、艺术馆等文化场所，我们计划举办系列线下宣传活动。邀请专家学者进行专题讲座，深度解读古画背后的历史文化内涵，以此吸引广大观众的参与和关注。

跨界合作：为了增强节目的创新性和吸引力，我们将与知名口红品牌展开合作。以古代不同朝代的特色为灵感，推出限定口红色号。口红外壳将采用古画元素作为装饰，每期节目后都将推出新品，以此吸引消费者的目光。

线下互动：随着节目知名度和影响力的提升，我们将组织系列线下活动，包括展览、文化讲座、艺术演出等。观众将有机会近距离接触和感受古代文化的魅力，与专家学者进行互动交流，进一步加深对节目的了解和认同。

2.线上推广

社交媒体平台：通过微博、微信、抖音等主流社交媒体平台，我们将定期发布节目预告、精彩片段、幕后花絮等内容。同时，与业内意见领袖合作，共同推广节目内容，扩大影响力。

虚拟现实体验：运用先进的虚拟现实技术，为观众提供沉浸式的古画观赏体验。观众可通过手机等终端设备，利用AR技术全方位感受古画的魅力。结合人物的语言和音乐，让用户仿佛置身于古代名画之中。此外，观众还可以互动点击感兴趣的人物，深入了解其妆容特点和文化内涵。

## （二）应急预案

本节目有以下可能会出现的问题：

1.本节目的化妆环节在演播室后台的化妆间进行，预计时间会很久，可能会让前方的主持人和嘉宾等不耐烦，观众观看过程中可能也会因为无聊而感到厌烦。为了解决这些问题，在前期录制过程中需要注意调配好主持人、嘉宾的活动，不能让主持人和嘉宾等待太久，在后期制作的过程中需要注意保留化妆过程中的重要部分，如关键妆容的详细介绍、化妆师对嘉宾肤质与化妆品的适配性介绍等内容，避免冗杂内容，以免让观众感到无聊，让观众感到反感。

2.本节目作为一档演播室节目，可能无法展现出美妆产品的真实效果和适用性，无法充分展示不同肤质和需求下的美妆效果，无法让观众学到一款美妆产品是否适用于自己以及无法知晓一款美妆产品实际应用到自己皮肤上的效果如何，观众的代入感可能会较差。此外，由于演播室节目存在时间把控问题以及主持人、嘉宾个人经验的不足，节目可能无法深入探讨美妆技巧和产品知识，无法满足观众的深入需求。因此要尽最大努力把这几点问题协调到最好。

3.节目的主持人可能没有足够的化妆技巧和美妆产品知识，无法为观众提供专业的指导和建议，也无法与嘉宾、化妆师进行深入交流，在节目主要环节的参与度可能不高。因此主持人的选择和具体环节要安排合理。

4.由于这是一档美妆类节目，为了宣传节目赞助商的美妆产品，节目中一定会植入一定量的硬广告或软广告，可能会影响节目的质量和观众的观看体验。因此广告植入的时机和植入内容一定要合适且合理。

5.本节目由于是一档美妆类节目，对拍摄设备和拍摄技术有着较高的要求（如拍摄设备的色彩还原度不够准确，可能会导致色彩偏差，影响美妆产品的颜色展示和观众的判断，或是在拍摄过程中，如果灯光效果不佳，可能会影响美妆产品的展示和主持人的形象，导致观众无法准确判断产品的真实效果），因此，可能会影响节目的质量和效果。因此，这个问题要尽最大努力去规避，确保带给观众最真实的化妆品使用效果。

6.本节目的受众较窄，本节目的目标受众是历史爱好者、美妆迷和广大文化艺术爱好者，再加上播出平台为地方电视台的限制，可能会导致收视率和后期收益出现问题。因此可以在节目播出之后去争取网络平台的版权，拓宽节目传播面。

7.本节目由于在演播室后台的时间较长，可能不会邀请现场观众，因此可能会造成演播室资源和演播室内布置的灯光、摄像机等资源的浪费。因此在非设备使用期间一定要确保设备处于关闭状态。

## 参考文献

[1] 个人图书馆.从仕女画看唐代社会审美思想形成的原因[EB/OL].（2022-01-01）[2023-11-25].http://www.360doc.com/content/18/1218/08/11387532_802568996.shtml.

[2] 参考网.App界面设计在传承"非物质文化遗产"中的应用[EB/OL].（2019-12-26）[2023-11-25].https.//www.fx361.com/page/2019/1226/6233128.shtml.

# 案例五：

# 《文化织锦：丝路传承之旅》节目制作宝典

## 一、节目概述

### （一）节目类型

《文化织锦：丝路传承之旅》是一档以丝绸之路为背景，深入挖掘和展示非遗文化的探索类节目。节目将邀请明星和专家参与，通过观察、展演、体验"一带一路"国家非物质文化遗产传统文化，从而让观众了解和领略"一带一路"国家非遗文化的魅力，体会非遗手艺文化背后的故事。

### （二）节目样态

以展演、体验为具体形式。

通过展演的形式，可以将目标文化以更直观、生动的方式呈现给观众。展演包括艺术表演、手工艺展示等，直接展示目标文化的特色和魅力，从而增强观众对目标文化的认知和兴趣。

观众通过观看明星嘉宾参与和体验目标文化，更直接地感受文化的内涵和特点，从而增强对目标文化的理解和认同。

展演、体验相结合的节目形态，对于文化传播节目而言，能够更全面、深入、生动地展示和传播目标文化，提高观众对目标文化的认知和兴趣，促进文化的交流和传播。同时，这种节目形态也有助于提升观众的文化素养和跨文化交流能力，推动文化多样性和包容性的发展。

## （三）录制时间及场地安排

录制时间及场地可灵活安排。演播室选择：五维凤凰演播厅，节目演播室：2400平方米，大型演播室。

## （四）播出平台及时段

CCTV-3、央视频19：30~20：15同步播出。

## （五）节目受众分析

《文化织锦：丝路传承之旅》的目标受众主要是对非遗文化、手工艺品、文化探索类节目感兴趣的观众。此外，该节目也旨在吸引对文化传承、多元文化交流和艺术欣赏感兴趣的观众。

## （六）节目宗旨与核心理念

### 1.节目宗旨

每期节目介绍一个"一带一路"沿线国家的手工艺作品，通过节目的播出传递中国声音，与丝路各国进行文化交流。该节目旨在唤起公众对非遗文化的关注和热爱，同时传承和弘扬世界优秀传统文化。

### 2.节目立意

节目市场：文化探索交流类综艺节目在当前中国综艺节目的市场中具有重要的地位。随着我国经济、社会进入新发展阶段，观众对文化、历史和艺术等方面内容的需求不断增加，这类节目逐渐受到了广泛的关注和喜爱。文化探索交流节目满足了观众对于多元文化的好奇心和探索欲望。本节目以不同的非遗文化为主题，通过实地探访、交流体验等方式，让观众深入了解不同文化的内涵和特点。在这个过程中，观众可以感受到不同文化之间的魅力和差异，从而增进对多元文化的认识和尊重。本节目具有较高的观赏性和娱乐性，邀请明星嘉宾参演，同时结合了旅游、艺术等多种元素，以轻松愉悦的方式呈现给观众。观众在观看节目的同时，可以感受到不同国家手工艺品的制作乐趣和艺术魅力，获得更多的娱乐享受。不仅如此，《文化织锦：丝路传承之旅》的节目内容还具有较高的教育价值。观众通过观看节目，了解参与"一带一路"倡议的国家和地区的历史文化、风土人情，可以拓宽视野、增长见识。这对于提高观众的文化素养和认知水平具有积极的作用。因为"一带一路"作为我国的政策性导向，很多考试会涉及相关内容，因此会吸引相关考生观看，增加收视率。

当前我国综艺节目的市场中文化探索类节目具有很大的发展潜力。未来，随着观众对文化内容的需求不断增加，这类节目将会继续受到关注和追捧。

文化价值：《文化织锦：丝路传承之旅》节目以各国手工艺作品和文化搭建的交流之桥，不但可以突破物理空间限制，而且可以突破时间的限制，让各国手工艺代表人站在各国视角分享自己国家的文化，通过手工艺作品传递不同国家的文化声音，使各个国家以无国界的方式，实现融合和文化交流。

不同国家的手工艺作品反映了当地人民对美好生活的向往和追求，也体现了他们对自然、艺术和文化的热爱。这些作品不仅展示了当地人民的智慧和创造力，还传递出他们对生活的热爱和乐观精神。

在《文化织锦：丝路传承之旅》这档节目中我们能够看到"一带一路"沿线国家的手工艺作品展演，帮助我们更好地了解各国的文化、历史和社会背景。这些手工艺作品不仅展示了各国独特的艺术风格，还传递了丰富的文化信息。观众可以了解各国人民独特的生活方式和审美观念。我们可以了解各国的文化遗产和历史传承。许多手工艺作品都反映了当地的历史文化传统，如中国的陶瓷文化、印度的纺织艺术、阿拉伯的刺绣艺术等。这些作品不仅展示了各国悠久的历史和文化遗产，还传递了它们所代表的文化价值和意义。因此《文化织锦：丝路传承之旅》这档跨文化交流节目能够让我们更好地了解全球文化交流和合作的情况，当前不同国家之间的文化交流和合作是全球文化发展的重要组成部分。所以以节目为切入口我们可以更好地了解全球文化交流和合作的情况，以及各国在文化交流和合作中发挥的作用。因此《文化织锦：丝路传承之旅》给观众提供了一个深入了解各国文化的窗口。

娱乐性：当娱乐明星学习非遗手工艺并在舞台上展演时有助于传承和弘扬非遗手工艺。首先，非遗手工艺是一个国家和民族的文化瑰宝，它们代表着历史、文化和人民的智慧。然而随着现代化的进程，许多传统手工艺逐渐失传，这样的现象不仅发生在中国，在"一带一路"沿线国家也是这样。娱乐明星学习制作非遗手工艺能够将这些传统技艺展现给更广泛的观众，引起更多人对非遗手工艺的关注和兴趣，从而有助于传承和弘扬这些宝贵的文化遗产。其次，他们对于非遗手工艺的一段历史故事进行生动演绎，这有利于观众对于非遗工艺品的背后价值的理解，促进文化交流和理解，明星们的行为和表演能够影响大众的观念和态度，当他们在舞台上展演非遗手工艺时，他们不仅是在展示自己的技艺，更是在传递一种文化精神。这种文化精神能够跨越国界和民族，促进不同文化之间的交流和理解，有助于增进"一带一路"国家和人民之间的友谊和合作。

同样这也是一次双向互利的合作有助于提升娱乐明星自身的艺术素养和形象。学习非遗手工艺需要耐心、专注和精益求精的精神，这些品质也是娱乐明星在职业生涯中所需要的。很多明星都希望通过文化类节目来增加自己的人气，改变以前的负面行为。在舞台上展演非遗手工艺，娱乐明星能够展示自己的多面才华和艺术魅力，提升自己的形象和影响力。

综上所述，《文化织锦：丝路传承之旅》这档节目的价值有以下几点：

促进文化交流：展示"一带一路"沿线各国的手工艺作品，可以让观众更好地了解不同国家的文化、历史和艺术，从而促进不同国家的文化交流。

推广旅游产业：以手工艺品为切入点，让观众们窥探一个国家的风土人情，可以吸引更多的游客前往这些国家旅游，从而促进沿线国家旅游产业的发展。

促进经济发展：通过展示"一带一路"沿线各国的手工艺作品，可以吸引更多的投资者和消费者，从而促进经济发展。

3.核心理念

节目邀请流量明星作为体验嘉宾；将非遗文化具象化并搬上舞台，坚持政策导向——具备娱乐性的同时又不失文化内涵。

## 二、节目流程

### （一）流程简介

主持人开场并邀请嘉宾进场；嘉宾表演；"一带一路"沿线各国的手工艺专家将被请到演播室，进行一小段采访；专家现场演示制作手工艺品；明星嘉宾在专家的指导下尝试制作，并最终将成品放置舞台中央进行展演；现场观众和专家评委投票，胜出的嘉宾获得非遗专家真传手工制品一份。

### （二）详细流程

**1.主持人出场**

自我介绍并介绍本期明星嘉宾。

**2.嘉宾表演**

嘉宾表演节目热场，可以是歌舞节目，也可以是小剧场等节目。

注：小剧场环节应具有以下特色：

情境化：小剧场环节通常以情境为核心，通过角色扮演、现场表演等形式，扮演"一带一路"上与传统工艺有关的故事，让观众身临其境地感受传统工艺的内涵等。这种情境化的表现方式，使观众更容易理解和接受节目内容，对接下来要演示的传统工艺有更清晰的认识。

艺术性：小剧场环节注重艺术表现，结合舞台表演、戏剧、舞蹈等多种艺术形式，呈现出精美的视觉盛宴，提升节目审美价值，使观众在享受节目的同时，感受到非遗文化独特的艺术魅力。

寓教于乐：小剧场环节以娱乐性为载体，融入非遗文化教育性内容，使观众在轻松愉快的氛围中获取非遗文化相关知识，使小剧场更具吸引力和感染力。

短小精悍：篇幅较短，以精炼的表现手法，突出重点内容。在短时间内让观众了解本土手工工艺等的历史或故事，提高观众的观看效率。

突出主题：通过对相关文化的深入挖掘和创意表现，使主题更加鲜明突出。

融合历史：小剧场环节往往以"一带一路"上的历史事件的话题和情节为

素材，使观众在观看过程中对本期相关非遗文化的背景更加了解。

3.访谈

主持人介绍本期特邀"一带一路"国家非遗传统工艺传承人、播放该手艺人VCR，并邀请手艺人入场与嘉宾共同进行简单的访谈。

访谈结束后，手艺人现场演示制作传统工艺，并进行细致讲解。

4.嘉宾制作

嘉宾尝试制作传统手艺，现场播放手艺人制作慢动作演示，手艺人到嘉宾身边指导等。

点评环节：嘉宾结束制作，手艺人及专家点评。

点评环节不在于好坏，侧重普通人做这件事时所感悟到的意义。例如，嘉宾在体验过程中产生了疑问与思路，给手艺人启发；嘉宾制作过程遇到困难，专家进行帮助。

投票环节：手艺人投票占最大比例：50%、嘉宾投票占比：40%、现场观众占比：10%。

颁奖环节：胜出嘉宾获得本期专家真传手工制品一份，并获得以嘉宾名义进行相关手工艺的公益项目。

## 三、节目演职人员

### （一）节目主持人

拟邀请中国广播电视总台主持人，拥有多年的节目主持经验，同时家乡也在"一带一路"沿线地区，符合节目的特点。

### （二）节目嘉宾

每期邀请3至6位流量明星作为本期节目的飞行体验嘉宾。

### （三）节目专家

1.固定专家

节目固定4位相关成就显著的专家。

2.特邀专家

第一期：山西祁县人工吹制玻璃的手工艺人。玻璃器皿是古丝绸之路交易的稀有瓶品，也是现代"一带一路"经贸往来的常见货品，山西祁县生产的玻璃器皿出口到40多个"一带一路"共建国家，玻璃器皿不仅是祁县重要的经济支柱，在国际市场的品牌影响也日益凸显。

第二期：景德镇陶瓷手工艺人、非遗传承人宗鸿新与迪兰（景德镇陶瓷大学博士研究生、土耳其人）。从古丝绸之路到如今的"一带一路"，瓷器的传播生生不息，且数百年前产自波斯的矿物质钴料沿着丝绸之路传到中国，并与瓷器相结合，诞生了惊艳全世界的元代青花瓷；在土耳其普卡比皇宫中珍藏的67件元青花瓷瓷瓶上印有阿拉伯与异域图饰。

第三期：吴江鼎盛丝绸之路有限公司产品设计研发部副总经理何丽荣。何丽荣是为数不多的宋锦手工艺人。

第四期：土陶工艺第八代传人祖里甫卡尔·阿巴拜克里。喀什曾出土大量陶制品，2006年当地土陶烧制技艺入选第一批国家非物质文化遗产名录。

第五期：伊朗波斯地毯大师。伊朗作为波斯地毯的发祥地，其地毯与我国新疆地区的地毯均属于东方地毯的范畴。新疆地毯在图案设计和拴结栽绒的技艺上，尤其是其独特的"8"字扣，与伊朗生产的波斯地毯有着显著的相似之处。而生产这些东方地毯的重要区域，恰好与我国汉代开辟的丝绸之路的部分途经点相重合，这进一步彰显了东西方文化在地毯艺术上的交流与融合。

第六期：印度尼西亚哇扬戏大师。哇扬戏是印尼国粹，是印尼古典文化戏剧，于2008年被纳入联合国教科文组织列入世界非物质文化遗产名录。

## 四、人工智能设计

### （一）智能交互体验

语音识别和交互：为了提升节目的交互设计和现场观众的节目体验，《文化织锦：丝路传承之旅》节目将引入语音识别技术，让现场观众通过语音与节目进行互动。现场观众可以提问、发表观点或参与讨论，推动节目录制。

图像识别和互动：节目运用图像识别技术，让网络观众通过上传自己的照片合成与非遗手工艺品的合照，以参与节目相关话题讨论。

《文化织锦：丝路传承之旅》节目结合语音识别、图像识别等技术，让观众与节目实现多通道交互，满足场内外观众的参与热情，实现节目与观众的双向沟通交流。

### （二）数据分析

观众行为分析：《文化织锦：丝路传承之旅》节目制作组将通过人工智能技术对观众的行为进行分析，可以了解观众的观看习惯、兴趣偏好等，根据观众的需求，对于节目内容进行适度的调整。

观众反馈分析：《文化织锦：丝路传承之旅》将重视观众的反馈并进行分析和挖掘。通过收集和分析观众的评论、投票等数据，了解观众对节目的评价和需求，根据观众的相关建议进行讨论整改，从而为观众提供更符合其需求的内容和服务。

### （三）虚拟现实体验

通过虚拟现实技术，为现场观众打造沉浸式的观看体验。在节目中适当引入非遗文化地区虚拟现实场景，让现场观众身临其境地直观感受非遗文化的魅力。

利用全息展柜成像的多媒体显示系统，它是通过光学系统、显示系统和三维软件的巧妙结合来完成的。将三维画面悬浮在实景的空中进行成像，营造出一种虚幻真实的氛围。效果奇特，纵深感强，整体外观可谓时尚美观，科技感十足。真实空间成像色彩鲜艳，对比度高，清晰度高；有空间感和透视感。

全息展柜的互动系统，可以随时切换展示的内容，自由切换和旋转，全方位地展示产品特性，不需要借助任何设备就可以实现3D立体显示的效果，清晰度高，具有强烈的纵深感。全息技术将还原非遗手工艺品中被破坏的精美作品，通过技术进行还原，让观众看到工艺品本来的面貌。

将虚拟现实技术和全息技术完美融合，给观众带来极致的视听体验。

## 五、舞美设计

### （一）舞台布置

**1. 主舞台布置**

主舞台面积约24×15平方米，每集呈现不同的体验项目。舞台上中后部设有三张直角形工作台，总体大致呈扇形状分布，面向评审席及观众；前部设有1.8×7.2平方米的可升降桌，供专家及展示环节使用。

工作台呈直角形，增大工作区域。工作台上配备相应工具，依据每期节目主题配备。例如：制作陶艺所需要的模具（用于制作陶瓷的形状）、刀具（用于切割、修整陶瓷）、磨具（用于打磨陶瓷表面）、釉料（用于涂覆在陶瓷表面）、颜料（用于给陶瓷上色）、刷子（用于涂覆釉料和颜料）、钳子（用于夹持陶瓷）、天平（用于称量釉料和颜料）、水桶（用于清洗工具和坯体）、筛子（用于筛除釉料中的杂质）等。

开场环节、访谈环节、嘉宾制作环节，不升起主舞台可升降桌。专家演示环节、点评环节、投票环节，升起可升降桌：充当专家演示的工作台；用于放置嘉宾制作的成品。

此外，升降桌的作用是在开场环节，主持人用于吸引观众注意力，是一种使观众带着好奇期待本期主题的方式，升降桌在主持人开场时随即升起展示。

**2. 副舞台布置**

副舞台为主舞台旁边的四分之一扇形小型的舞台，半径大致与主舞台宽度相等，面积约176.625平方米，供嘉宾表演环节使用。嘉宾应面向与主舞台方向夹角45°的方向进行表演。

### （二）专家席位及观众席

**1. 专家席位设置**

位于主舞台之下、观众席之前。共设5个专家席位，正对主舞台呈一字排开。在确保不遮挡拍摄舞台的机位的前提下尽量靠近舞台。间距较小，便于各专家交流。最靠近副舞台的专家席位属于当期特邀手艺人专家，在开场环节、嘉宾表演环节、访谈环节、演示环节均空出，在嘉宾制作环节以及之后的点评投票环节供当期特邀专家使用。

2.观众席设置

观众席位于主舞台和副舞台前，前后阶梯式，为现场观众提供了良好的视野。主舞台前观众席呈直线形排布；副舞台前观众席有一定弧度，呈扇形分布，大致方向面向主舞台。座位数量较少，以保证录制或直播的效果。

（三）舞美效果

1.舞台背景设置

在演播室内设置用于装饰和衬托节目的背景，覆盖主舞台、副舞台背部，使用LED显示屏，以展示主题画面、节目标志、节目小片等。包括布景、道具、灯光和音效等元素，旨在为节目提供一个逼真的环境，增强观众的视觉和听觉体验。

节目背景的设计和制作需要考虑到当期节目的主题、风格和内容，以及演播室的空间和设备，旨在为节目提供更加逼真的环境和氛围，为节目营造出不同的氛围和情感。

2.灯光设置

主舞台、副舞台照明均使用可调节的LED灯，以确保台上主持人和嘉宾以及台下专家席位的良好照明。设计不同的照明场景，以适应不同的节目段落。例如在嘉宾表演环节的灯光设计应与访谈环节不同。特别注意色彩还原。为了确保摄像机能够准确地捕捉到节目中的色彩，需要使用特殊的灯光设备和滤镜，以确保色彩的准确性。

3.音响效果

演播室现场安装高质量的音响系统，确保清晰的声音传输。预定适当的音乐和音效，以增强情节和氛围。现场与录机分频道收音，音频师降低演播室内部收音音量，确保录入主持人嘉宾等声音清晰。

#### 4.特效和过渡

环节与环节之间使用过渡效果和虚拟效果，以增加画面吸引力。下面是几个过渡效果示例。

画面切换：通过在两个节目之间进行画面切换，可以实现过渡效果。制作团队可以使用切换台、虚拟现实技术等设备来实现画面的切换。特效：制作团队可以使用特效软件来制作各种视觉效果，如粒子特效、光效、烟雾等，以实现过渡效果。

音乐：在两个节目之间播放合适的音乐，可以实现过渡效果。制作团队可以选择与节目风格相符的音乐，以增强节目的氛围。

主持人介绍：主持人可以通过介绍下一个节目的内容，实现过渡效果。

字幕：制作团队可以使用字幕软件来制作各种字幕效果，如淡入淡出、飞入飞出等，以实现过渡效果。

## 六、机位设置

**表1　机位设置**

| 节目环节 | 拍摄内容 | 机位数量 | 机位安排 |
| --- | --- | --- | --- |
| | 演播室总共设置15个机位：1~10号机、14~15号机为主舞台机位，12~14号机为副舞台机位（14号机负责两个舞台），11号机是飞猫索道摄像机，15号机是主舞台斯坦尼康。各个机位各有分工，现以环节为单位进行说明。 ||||
| | 注：14号机位于主舞台与副舞台之间，三脚架可左右小幅度平移。开场环节、访谈环节、演示环节时，14号机未启用。表演环节时，14号机负责拍摄副舞台单人近景。制作环节、点评环节时，14号机负责拍摄最靠近副舞台一侧的专家席；机位依照拍摄景别进行设置，数量可依实际调整 ||||
| 先导片 | 主持人开场，介绍嘉宾、专家 | 11台（与台上实际人数有关，以台上5人为例）。 | 1号机：全景安全机位；<br>2、3、4号机：说话人近景；<br>5、6号机：多人中景/中近景。<br>专家席机位：4台；<br>7、8、9、10号机：专家单人过胸近景。<br>其余机位：11号机（飞猫）（拍摄观众） |

续表

| 节目环节 | 拍摄内容 | 机位数量 | 机位安排 |
|---|---|---|---|
| 嘉宾表演 | 主持人介绍特邀专家入场。主持人、嘉宾、专家、特邀专家进行谈话交流 | 4台（与台上实际人数有关，以台上2人为例） | 副舞台机位：4台（与台上实际人数有关，以台上2人为例）；<br>12号机：全景安全机位；<br>13、14号机：单人近景。<br>其余机位：11号机（飞猫）（拍摄观众） |
| 嘉宾访谈 | 主持人介绍特邀专家入场。主持人、嘉宾、专家、特邀专家进行谈话交流 | 11台（与台上实际人数有关，以台上5人为例） | 主舞台机位：6台（与台上实际人数有关，以台上5人为例）；<br>1号机：全景安全机位；<br>2、3、4号机：说话人近景；<br>5、6号机：多人中景/中近景。<br>专家席机位：4台；<br>7、8、9、10号机：专家单人过胸近景。<br>其余机位：11号机（飞猫）（拍摄观众） |
| 技艺展示 | 嘉宾现场模仿、制作 特邀专家进行基本演示，嘉宾现场学习 | 11台（与台上实际人数有关，以台上5人为例） | 主舞台机位：6台（与台上实际人数有关，以台上5人为例）；<br>1号机：全景安全机位；<br>2、3号机：说话人近景；<br>5号机：专家手部特写、桌面特写等。<br>专家席机位：4台；<br>7、8、9、10号机：专家单人近景。<br>其余机位：11号机（飞猫）（拍摄观众） |
| 嘉宾仿制 | 嘉宾现场模仿、制作 | 12台（与嘉宾实际人数有关，以嘉宾人数3人为例） | 主舞台机位：8台（与嘉宾实际人数有关，以嘉宾人数3人为例）；1号机：全景安全机位；<br>2、3、4号机：各工作台特写；<br>7、8、9号机：各嘉宾近景；<br>5号机：主持人、专家近景。<br>专家席机位：2台；<br>10、14号机：专家单人近景。<br>其余机位：15号机（台上斯坦尼康）、11号机（飞猫） |

续表

| 节目环节 | 拍摄内容 | 机位数量 | 机位安排 |
| --- | --- | --- | --- |
| 点评投票颁奖 | 专家、特邀专家进行点评。专家、特邀专家、现场观众投票，并为胜者颁奖 | 12台（与台上实际人数有关，以台上人数4人为例） | 专家、特邀专家进行点评。专家、特邀专家、现场观众投票。为胜者颁奖。<br>主舞台机位：6台（与台上实际人数有关，以台上人数4人为例）<br>1号机：全景安全机位；<br>2号机：特写机位；<br>3、4号机：说话人近景；<br>5、6号机：多人中景/中近景。<br>专家席机位：5台。<br>7、8、9、10、14号机：专家单人近景。<br>其他机位：11号机（飞猫） |

## 七、广告赞助

### （一）赞助商选择

#### 1.茅台酒

茅台镇，藏匿于贵州省遵义市仁怀市的群山之间，孕育了举世闻名的液体黄金——茅台酒。这不仅是中国的国家地理标志产品，更是世界三大蒸馏名酒之一，与苏格兰威士忌、法国科涅克白兰地齐名，被誉为"茅五剑"中的璀璨明珠。

秉承八百余年的历史传承，茅台酒以其大曲酱香型白酒的开创者身份，向世人展示了其非凡的酿造艺术。每一滴茅台酒都是时间的沉淀，是传统与创新的完美交融。其风格质量特点——"酱香突出、幽雅细腻、酒体醇厚、回味悠长、空杯留香持久"——均源自一系列复杂而独特的传统酿造技艺。这些技艺不仅与赤水河流域的农业生产相得益彰，还顺应自然节气，如端午踩曲、重阳投料，保留了当地深厚的文化痕迹。

1996年，茅台酒的神秘工艺被国家列为机密，加以保护。2001年3月29日，茅台酒荣获"原产地域保护产品"的殊荣。2013年3月28日，国家市场监督管理总局进一步批准调整其地理标志产品保护名称和范围，确保这一传奇佳酿的卓越品质得以世代相传。

合理性：茅台自身也在不断创新，与近年来新兴产品联名等，打造品牌新形象，与时俱进。因为在新时代，酒文化需要新表达。无论视听节目还是地方文化节庆，都属于新表达的范畴。文化的新表达传递到品牌上，可以为品牌附着更强大更能传承和延续的生命力，加速品牌与目标消费群的共振、同驱。

在2023年的8月，一场别开生面的跨界合作即将拉开帷幕，茅台与瑞幸咖啡携手，精心策划的联名款咖啡将于9月4日隆重登场。而在9月16日的这个金秋时刻，15时30分，一款名为"茅小凌"的酒心巧克力悄然上市，这是茅台与德芙的灵感碰撞，预示着味蕾的全新奇遇。同日，阿里巴巴旗下的飞猪平台也宣布了与茅台的独家合作，推出限量的999元尊享酱香大床房体验，为追求独特体验的人们开启一段醉人的旅程。

正因为与时俱进的特征在打造文化白酒方面，酒企需要践行"走出去"策略，把白酒和传统文化带到国外；一些酒企则以文化为媒，将白酒产业与地方旅游产业、文化产业相结合，打造地方文化产业的大概念。而《百味人生》这档走出国门、与世界沟通的节目正是白酒品牌所需要的。

2.途牛旅游

为线上线下消费者提供一系列的旅游服务，建设了全品类动态打包系统，消费者可以自主定制、任意组合旅途中的衣食住行等，让产品供给与需求的连接高效地满足了客户多样化出游需求，同时具有"打包订，更便宜"的产品优势。

合理性：途牛可根据节目基于的"一带一路"，可为沿线国家打造独特的旅游路线。

3.元景文创

元景文创科技（深圳）有限公司，元景，一家做能落地的文创产品供应商，具有"打造会讲故事的精巧美物"的设计理念，为多家博物馆、文旅景区、高校等打造独家文创方案接受过央视采访等。

合理性：元景赞助本节目，并为本节目打造独家文创产品，部分产品可带有"元景"公司相关元素，既扩大元景知名度，增加品牌文化厚度，又为本节目带来精美文创产品，可通过文创产品本身魅力，吸引来更多元景的消费者，抑或是因为精美的文创产品而关注到本节目，实现双赢。

### （二）节目的营利点分析

1.相关企业的赞助费。

2.每期节目发布过程中的广告收入。

3.网民的图像、语音等智能交互体验，节目方与智能交互平台合作方的分成收入。

4.节目嘉宾以节目名义的代言费分成。

5.全息展柜（虚拟现实技术和全息技术的融合）成果的销售收入（博物馆为主要合作方）。

6.新媒体平台的节目账号收入（橱窗非遗产品售卖、栏目化短视频流量分成）。

7.图书等其他衍生产品的收入（非遗传承人节目录制的访谈札记，手艺制作师故事集、非遗项目短视频介绍作品、节目联名文创产品等）。

8.节目文旅体验项目收入。

### （三）赞助商权益

1.节目的新媒体账号定期链接相关软广，如短视频平台的购物橱窗、微信公众号的阅读链接。

2.节目出版的图书等衍生品的广告免费。

3.节目播出画面设置赞助商角标区域。

4.节目的文旅体验项目，报名等线上系统链接赞助商App，线下展示赞助商相关产品。

5.制作赞助商特定的新媒体节目海报与封面，如公众号分享页面，微信红包页面等。

## 八、节目宣发

### （一）宣发目标

提高节目品牌知名度：通过多元化的宣传手段，让更多的观众了解和关注《文化织锦：丝路传承之旅》节目，提高其品牌知名度。

增强节目影响力：通过宣传推广，扩大节目的社会影响力，促进非遗文化的传承和传播。

吸引更多观众收看：通过精彩的预告片、宣传海报等手段，激发观众对节目的兴趣，引导他们收看节目。

提高节目口碑：与观众进行互动，收集他们的反馈和建议，不断改进节目质量，提高节目口碑。

促进文化交流与传承：通过节目的宣传推广，促进不同地区、不同民族之间的文化交流与传承。

### （二）宣发策略

1.线上宣发策略

制作精美的宣传片：通过制作富有视觉冲击力的宣传片，展示"一带一路"沿线国家特色工艺品的精美画面，吸引观众关注。

联合宣传：与沿线国家的使领馆、旅游局、文化机构等合作，共同宣传这档节目，扩大影响力。

社交媒体营销：利用微博、微信、抖音、快手等社交媒体平台，发布节目预告、幕后花絮、嘉宾介绍等信息，吸引网友关注和讨论。如：在微信推出栏目独家微信公众号，可用于推发节目相关信息、每期节目相关故事相关背景、购票、知识问答互动小游戏、抽奖、文创产品售卖等；微博话题互动：设立微博栏目官微，打造相关话题，鼓励观众参与讨论和分享，例如举办"你最喜欢的'一带一路'国家特色工艺品"评选活动，提高观众参与度。

定制专属文创产品：为节目制作专属且精美的文创产品，如T恤、徽章、冰箱贴等，可在微信公众号上售卖，也可抽奖获得等。

合作伙伴推广：与旅游机构——"途牛"合作，推出特别旅游线路。

2.线下宣发策略

举办观众见面会、工艺品展览等活动，让观众更深入地了解和体验"一带一路"沿线国家的特色工艺品。

在高校、社区等地方举办节目宣传活动，邀请高校学生、社区居民等观看节目，参与互动环节，提高节目在目标受众中的知名度。可以设置展示区或体验区，让观众亲身感受非遗文化的魅力。

国际国内同步宣传：在我国与"一带一路"沿线国家进行宣传推广，如将宣传片等投放至各大相关国家、城市的户外广告牌、LED显示屏等，扩大节目在国际市场的知名度。

3.节目宣发周期

节目宣发预热期。主要任务是建立节目的品牌形象和知名度，让观众对节目有初步的了解和认识。重点是通过多种手段展示节目的主题和亮点吸引观众的关注。抓住短视频的风口，建立官方抖音账户。制作一些有趣的短视频展示节目的精彩片段和亮点内容、邀请嘉宾进行访谈录制、制作精美的混剪视频等，并在平台发布。短视频要求具备娱乐性，主题多样化，标题语言生动等。

节目宣发升温期。主要任务是提高节目的社会影响力和关注度，让更多的人知道和期待节目。重点是通过社交媒体网络论坛视频平台等线上渠道进行推广同时结合线下宣传活动扩大节目的知名度。安排线上互动活动，如抽奖投票等吸引观众参与并分享到社交媒体上，增加曝光度；在商场地铁站等公共场所设置展示区和体验区，吸引观众关注，并邀请他们参加线下活动；在高校举办宣传活动，吸引学生群体关注等。

节目宣发爆发期。主要任务是引爆节目的关注度和口碑，让更多的人收看节目，并对节目进行评价和分享。重点是通过电视广告、网络广告等手段提高节目的曝光率，同时结合线上和线下的互动活动提高观众的参与度和黏性。组织线下见面会或粉丝活动，让观众与主创团队、演职人员等进行互动交流，分享对节目的感受和看法，同时收集观众的反馈和建议。

宣发运营要整合每期节目，进行热点话题策划，形成矩阵传播，在每期上映前后推流。

## 九、示例台本

### （一）拟定主题

宋锦，中国传统的丝制工艺品之一。

苏州，一地锦绣，孕育了流光溢彩的宋锦。在华美的色彩渲染下，每一纹每一络皆显精致至极，质地之坚柔，更映照出非凡匠心。尊崇为华夏"锦绣之冠"，宋锦与南京云锦、四川蜀锦齐名，共铸中国三大名锦之盛誉。

春秋时期，江南吴国的贵族们已将织锦艺术融入日常，其生活之繁华，可见一斑。随着时光流转，织锦工艺在北宋时代迎来巅峰，技艺精进，品质卓越。唐宋年间，苏州崭露头角，成为丝绸制作的心脏地带。至南宋，苏州作院的设立，标志着苏州织锦进入黄金时代，诞生了苏州宋锦——一种质地上乘、工艺精湛的织锦新典范。

宋锦，作为苏州丝绸传统文化的瑰宝，不仅承载着中国丝绸传统技艺的精髓，更象征着非凡的历史文化价值。千年岁月流转，它以恒久不变的古朴典雅，与独特不凡的艺术魅力，赢得了国内外的广泛赞誉。2014年，这项珍贵的"非遗"文化在APEC会议上绽放光彩，成为国际交流的一道亮丽风景线。在那历史性的时刻，来自世界各地的领导人身着以"海水江崖纹"为灵感的宋锦华服，其面料的丝绸服装在"水立方"熠熠生辉，彰显了东方艺术的深邃与魅力。

### （二）特邀专家介绍

钱小萍，汉族，1939年9月生，江苏省武进县人。国家级丝绸专家，以其卓越的专业成就，荣获全国茧丝绸行业终身成就奖，为丝绸艺术与工艺的传承和发展贡献了无尽的光和热。1939年，钱小萍出生于江苏省武进县的一个普通农民家庭，因为家中经济贫困，初中毕业的钱小萍放弃了升高中考大学的机会，考进了新成立不久的浒墅关蚕丝学校（苏州丝绸工学院的前身，后改为苏州工学院，1997年并入苏州大学）。

在校期间，钱小萍爱上了精致、华美的丝绸，简单的一根蚕丝，能织出各种厚薄或光滑柔软，或自然褶皱、图案繁复、色彩艳丽的丝绸，爱美的钱小萍从此把自己的一生都和美丽的丝绸联系在了一起。

在此之前，中国虽然有着悠久的丝织业历史，但一直是手工作坊，师徒相传，既没有人专业去研究，也没有系统的理论，更没有专业学校培养专业人才。从苏州丝绸工业学校毕业出来的19岁的钱小萍，成为新中国培养出的首批丝织专业人才。1995年9月，钱小萍携手匠心与梦想，缔造了一方文化瑰宝——中国丝绸织绣文物复制中心。这里，不仅传承了千年丝路的精髓，更以现代之手法，复兴了历史的华彩，让世人得以窥见古代织绣艺术的非凡魅力。专门从事古丝绸复制工作。十余年间，钱小萍与中国历史博物馆合作，共研究复制了不同时代的具有代表性的古丝绸文物二十件。其中有安阳大司空村出土的商代"商绢"，湖北江陵马山一号墓出土的战国"塔形纹锦"和"舞人动物纹锦"，新疆民丰出土的东汉"延年益寿大宜子孙锦"，湖南长沙马王堆一号墓出土的西汉"绀地绛江纹锦"，以及青海都兰出土的隋唐"花鸟纹锦"和"花瓣团窠瑞鸟衔锦"等，这些复制项目分别于1991年和1996年获得了国家文物局文物科技进步三等奖和一等奖。2007年6月，钱小萍荣获列入首批国家级非物质文化遗产项目代表性传承人的殊荣。

在丝绸路上，她奋斗一生，既是一位设计丝绸织物的科技工作者，也是一位挖掘古丝绸技艺的追梦者，更是一位研究和传承丝绸文化的圆梦者。

### （三）拟邀嘉宾

拟邀3位分别具有以下资历的嘉宾。

A：拥有表演、主持经验，爱好演绎，多才多艺，来自"一带一路"沿线国家，来华生活多年，能够根据自身经历来介绍中外文化交流。

B：美食类自媒体博主，主要进行非遗文化宣传，在社交媒体平台拥有大量粉丝，能够给节目带来热度，同时动手能力较强，可以让手工艺制作完美呈现。

C：具有丰富的演艺经历以及对于文化交流感兴趣的艺人，同时具有知名的角色加持，能够吸引观众，能够更好地演绎非遗手工艺品。

**表2 节目环节及内容制作概览**

| 环节分类 | 环节名称 | 内容 | 备注 | 作用 |
|---|---|---|---|---|
| 引入篇 | 先导片 | 三位嘉宾前往苏州，学习宋锦并尝试制作。节目组将安排老师前去教学 | 教嘉宾一些基础的制作原理和方法 | 引出新一期节目主题<br>展示宋锦的精美<br>强调宋锦制作技术的难度 |
| 表演篇 | 嘉宾表演 | 由C扮演吴建华，讲述宋锦走上亚太经合会议的故事 | | 情景演绎，让观众更好地走进非遗故事中去 |
| 访谈篇 | 嘉宾访谈 | 钱小萍老师被邀请到演播室，分享与宋锦的渊源和展望 | 播放钱小萍老师的自我介绍小片，主持人和钱小萍老师进行简单的访谈 | 让非遗手工艺的故事娓娓道来，增添故事感 |
| 展示篇 | 技艺展示 | 钱老师现场编制宋锦，并向观众介绍技艺原理和方法 | 钱老师现场编制一段简单的宋锦 | 全方位展示手工艺品的制作 |
| 体验篇 | 嘉宾仿制 | 嘉宾进行模仿编制，手艺人指导 | 为保障节目顺利录制，嘉宾有去到当地学习的经历，因此并不会在演播室内过于手忙脚乱。<br>其他话题—A将提到宋锦与伊朗的地毯制作工艺一样烦琐 | 嘉宾趣味性模仿，增加观众对宋锦的了解 |
| 互动篇 | 点评投票 | 评委老师对嘉宾制作的宋锦进行评分，观众参与投票 | 例如制作过程是否正确，制作手法是否熟练，制作过程有没有加入新的创作等 | 观众投票，增强互动性，了解宋锦制作要点 |
| 公益篇 | 颁奖 | 获奖嘉宾获赠钱老师制作的宋锦，节目组捐款给苏州宋锦研究所 | 获奖嘉宾将获得钱小萍老师亲手制作的一套宋锦，同时节目组将以他/她的名义捐赠50万元给苏州宋锦研究所，帮助传承宋锦手工艺 | 公益活动，提高社会影响力，助力宋锦传承 |